U0182352

"十四五"时期国家重点出版物出版专项规划·重大出版工程规划项目

国家出版基金项目
NATIONAL PUBLICATION FOUNDATION

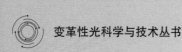

变革性光科学与技术丛书

Fiber Lasers：Principle, Technology and Applications

光纤激光器：
原理、技术与应用

林金桐 施进丹 著

清华大学出版社
北京

内 容 简 介

第一台稀土掺杂的光纤激光器诞生至今已有 60 余年。而对于光纤激光器的科学研究、技术开发和应用领域的拓展至今仍方兴未艾。

本书的两位作者，一位参与过早期光纤激光器的发明研究，一位仍然在这个领域的前沿探索着。他们从原理、技术和应用三个层面向读者系统介绍了光纤激光器的基础理论和技术发展。书中前 4 章重点介绍了光纤激光器早期研究所取得的重要科学技术成果，以及偏振效应、增强操作等核心技术理论。第 5～7 章分别阐述了目前光纤激光器在高功率、单频窄线宽、超快脉冲和超连续谱 4 个关键方向的产生技术。最后两章概述了光纤激光器的应用和未来。全书各章自成体系，内容丰富、层次分明，对光纤激光技术进行了深入浅出、透彻翔实的分析与呈现。

本书可供高等院校的本科生、硕士研究生和博士研究生学习参考；在光电子领域从事激光技术研究与开发的科研工作者和工程技术人员也可以从本书中获得创新的灵感与启发。

图书在版编目(CIP)数据

光纤激光器：原理、技术与应用/林金桐，施进丹著.—北京：清华大学出版社，2023.11
(变革性光科学与技术丛书)
ISBN 978-7-302-62341-0

Ⅰ．①光…　Ⅱ．①林…②施…　Ⅲ．①纤维激光器　Ⅳ．①TN248

中国国家版本馆 CIP 数据核字(2023)第 010046 号

责任编辑：佟丽霞
封面设计：意匠文化·丁奔亮
责任校对：赵丽敏
责任印制：沈　露

出版发行：清华大学出版社
　　　　网　　址：https://www.tup.com.cn，https://www.wqxuetang.com
　　　　地　　址：北京清华大学学研大厦 A 座　　　　邮　　编：100084
　　　　社 总 机：010-83470000　　　　　　　　　　邮　　购：010-62786544
　　　　投稿与读者服务：010-62776969，c-service@tup.tsinghua.edu.cn
　　　　质量反馈：010-62772015，zhiliang@tup.tsinghua.edu.cn
印　装　者：北京雅昌艺术印刷有限公司
经　　销：全国新华书店
开　　本：170mm×240mm　　印　张：17.25　　字　　数：327 千字
版　　次：2023 年 11 月第 1 版　　　　　　　　印　　次：2023 年 11 月第 1 次印刷
定　　价：199.00 元

产品编号：090486-01

丛书编委会

主　编

罗先刚　中国工程院院士,中国科学院光电技术研究所

编　委

周炳琨　中国科学院院士,清华大学

许祖彦　中国工程院院士,中国科学院理化技术研究所

杨国桢　中国科学院院士,中国科学院物理研究所

吕跃广　中国工程院院士,中国北方电子设备研究所

顾　敏　澳大利亚科学院院士、澳大利亚技术科学与工程院院士、中国工程院外籍院士,皇家墨尔本理工大学

洪明辉　新加坡工程院院士,新加坡国立大学

谭小地　教授,北京理工大学、福建师范大学

段宣明　研究员,中国科学院重庆绿色智能技术研究院

蒲明博　研究员,中国科学院光电技术研究所

丛 书 序

　　光是生命能量的重要来源,也是现代信息社会的基础。早在几千年前人类便已开始了对光的研究,然而,真正的光学技术直到 400 年前才诞生,斯涅耳、牛顿、费马、惠更斯、菲涅耳、麦克斯韦、爱因斯坦等学者相继从不同角度研究了光的本性。从基础理论的角度看,光学经历了几何光学、波动光学、电磁光学、量子光学等阶段,每一阶段的变革都极大地促进了科学和技术的发展。例如,波动光学的出现使得调制光的手段不再限于折射和反射,利用光栅、菲涅耳波带片等简单的衍射型微结构即可实现分光、聚焦等功能;电磁光学的出现,促进了微波和光波技术的融合,催生了微波光子学等新的学科;量子光学则为新型光源和探测器的出现奠定了基础。

　　伴随着理论突破,20 世纪见证了诸多变革性光学技术的诞生和发展,它们在一定程度上使得过去 100 年成为人类历史长河中发展最为迅速、变革最为剧烈的一个阶段。典型的变革性光学技术包括激光技术、光纤通信技术、CCD 成像技术、LED 照明技术、全息显示技术等。激光作为美国 20 世纪的四大发明之一(另外三项为原子能、计算机和半导体),是光学技术上的重大里程碑。由于其极高的亮度、相干性和单色性,激光在光通信、先进制造、生物医疗、精密测量、激光武器乃至激光核聚变等技术中均发挥了至关重要的作用。

　　光通信技术是近年来另一项快速发展的光学技术,与微波无线通信一起极大地改变了世界的格局,使"地球村"成为现实。光学通信的变革起源于 20 世纪60 年代,高琨提出用光代替电流,用玻璃纤维代替金属导线实现信号传输的设想。1970 年,美国康宁公司研制出损耗为 20 dB/km 的光纤,使光纤中的远距离光传输成为可能,高琨也因此获得了 2009 年的诺贝尔物理学奖。

　　除了激光和光纤之外,光学技术还改变了沿用数百年的照明、成像等技术。以最常见的照明技术为例,自 1879 年爱迪生发明白炽灯以来,钨丝的热辐射一直是最常见的照明光源。然而,受制于其极低的能量转化效率,替代性的照明技术一直是人们不断追求的目标。从水银灯的发明到荧光灯的广泛使用,再到获得 2014 年诺贝尔物理学奖的蓝光 LED,新型节能光源已经使得地球上的夜晚不再黑暗。另外,CCD 的出现为便携式相机的推广打通了最后一个障碍,使得信息社会更加丰富多彩。

20 世纪末以来,光学技术虽然仍在快速发展,但其速度已经大幅减慢,以至于很多学者认为光学技术已经发展到瓶颈期。以大口径望远镜为例,虽然早在 1993 年美国就建造出 10 m 口径的"凯克望远镜",但迄今为止望远镜的口径仍然没有得到大幅增加。美国的 30 m 望远镜仍在规划之中,而欧洲的 OWL 百米望远镜则由于经费不足而取消。在光学光刻方面,受到衍射极限的限制,光刻分辨率取决于波长和数值孔径,导致传统 i 线(波长为 365 nm)光刻机单次曝光分辨率在 200 nm 以上,而每台高精度的 193 光刻机成本达到数亿元人民币,且单次曝光分辨率也仅为 38 nm。

在上述所有光学技术中,光波调制的物理基础都在于光与物质(包括增益介质、透镜、反射镜、光刻胶等)的相互作用。随着光学技术从宏观走向微观,近年来的研究表明:在小于波长的尺度上(即亚波长尺度),规则排列的微结构可作为人造"原子"和"分子",分别对入射光波的电场和磁场产生响应。在这些微观结构中,光与物质的相互作用变得比传统理论中预言的更强,从而突破了诸多理论上的瓶颈难题,包括折反射定律、衍射极限、吸收厚度-带宽极限等,在大口径望远镜、超分辨成像、太阳能、隐身和反隐身等技术中具有重要应用前景。譬如,基于梯度渐变的表面微结构,人们研制了多种平面的光学透镜,能够将几乎全部入射光波聚集到焦点,且焦斑的尺寸可突破经典的瑞利衍射极限,这一技术为新型大口径、多功能成像透镜的研制奠定了基础。

此外,具有潜在变革性的光学技术还包括量子保密通信、太赫兹技术、涡旋光束、纳米激光器、单光子和单像元成像技术、超快成像、多维度光学存储、柔性光学、三维彩色显示技术等。它们从时间、空间、量子态等不同维度对光波进行操控,形成了覆盖光源、传输模式、探测器的全链条创新技术格局。

值此技术变革的肇始期,清华大学出版社组织出版"变革性光科学与技术丛书",是本领域的一大幸事。本丛书的作者均为长期活跃在科研第一线,对相关科学和技术的历史、现状和发展趋势具有深刻理解的国内外知名学者。相信通过本丛书的出版,将会更为系统地梳理本领域的技术发展脉络,促进相关技术的更快速发展,为高校教师、学生以及科学爱好者提供沟通和交流平台。

是为序。

罗先刚

2018 年 7 月

序

　　在人类进入信息化社会的进程中,激光器和光纤起到了至关重要的作用。前者为人们在频率、时间和能量维度上操控光信号提供了前所未有的技术手段,后者则为遍布全球的大容量通信网络提供了最优异的信息通道。可以说,这两项技术是人类通信技术和工业技术革命的两根支柱。两者的结合同时也孕育了一系列重要技术,其中光纤放大器和光纤激光器的问世堪称两项支柱技术融合的典范。光纤放大器使长距离、无电中继、大容量的光信号传输成为可能,并与波分复用技术完美契合,奠定了全球光纤通信网络架构的基础。而光纤激光器则在工业制造、军事国防、医疗、电子、测绘、科学研究等领域迸发出异彩。各种结构紧凑、稳定高效的能量型光纤激光器正在代替固体激光器和气体激光器,成为工业制造的主流光源。同时,具有超短脉冲、超宽光谱范围、超窄线宽等特性的光纤激光器也在各行各业中发挥着重要作用。

　　利用半导体激光器泵浦掺杂稀土的光纤,既可以实现对入射光的放大,也可以实现激光激射。这种在现在看来相当普遍的技术,在它发明之初,却经历了大量基础原理性探索和技术尝试。20 世纪 80 年代,英国南安普顿大学凭借最早拉制出的低损、高增益的掺杂稀土光纤,在光纤放大器和光纤激光器技术领域起到了奠基性作用。本书的作者之一——北京邮电大学前校长林金桐教授,早年在南安普顿大学留学期间,参与了光纤放大器和光纤激光器的发明工作,也是最早对光纤激光器偏振效应展开研究的学者。在光纤激光器的早期研究中,他在实验中发现了掺钕光纤激光器的偏振效应,完成了相关理论工作和实验验证,并在 1987 年欧洲光通信会议(ECOC)进行了首次汇报。随后在电气与电子工程师协会(IEE)年会以及国际光学工程学会(SPIE)光纤专题会议上做特邀报告时对此项技术进行了更系统的阐述。偏振是影响光纤激光器内光场演化、耦合的基本参数,在相干合束中是一个重要的影响因素。据悉,在南安普顿大学研究组讨论会上,戴维·尼尔·佩恩(David Neil Payne)教授(光纤放大器发明人)多次将林老师所发现的光纤激光器偏振效应称为"林效应"。这也足见当时林老师工作的重要性。

　　我们实验室与林金桐教授的合作始于 20 世纪 90 年代,至今仍有紧密的学术和人员交流。两个研究组的合作也是半导体激光器技术和光纤技术融合的结果。

这一融合在未来的研究中还将继续，并会衍生出更多的新兴技术。

　　本书的两位作者，林金桐教授与施进丹教授以光纤激光器发展亲历、亲为和见证的视角对光纤激光器的基本原理、技术实现以及发展情况做了全面的介绍。相信本书能够为从事光纤激光器及其应用研究的广大研究生、科研工作者以及工程师提供价值颇丰的技术参考。

中国科学院半导体所研究员，中国科学院院士　王圩

2022 年 11 月

前　言

　　清华大学出版社计划出版"变革性光科学与技术丛书",询问我是否愿意参与撰写一本。其实我已经退休多年,研究组里教授职责也早就从责任教授改成了顾问教授。但这"变革性"三个字对我还是有吸引力的。我于是想到写这一本《光纤激光器:原理、技术与应用》。

　　我1985年到英国留学,在英国学习和工作了八年。在南安普顿的光纤研究组里参与了光纤激光器的早期发明研究。回国后虽然当教授创建和领导了一个研究组,但主要的研究领域偏向了通信,加上行政上承担着一些职务,因此一直没有时间去整理出版一本光纤激光器方面的书籍。

　　出书是耗费时间和精力的工作。为了不至于把出书时间拖得太长,就想到把一些"技术与应用"的章节请年轻学者来完成。我邀请到一位年轻女教授施进丹。

　　施进丹是我研究组里毕业的硕士,她在南安普顿大学攻读了博士,又在那里从事博士后研究几年,后来还在英国SPI公司(简称SPI公司。2020年11月,SPI公司并入德国通快集团TRUMPF)以高级工程师的身份从事高性能光纤激光器的研发工作。SPI公司是光纤激光器/放大器先驱戴维・尼尔・佩恩(David Neil Payne)教授创办的公司,公司的光纤激光器产品在全球享有盛名。2016年,施进丹回国在江苏师范大学任教并入选2017"江苏特聘教授"。近年来,她从事的国家自然科学基金委、中英合作、欧盟多国合作的几项科研项目等都与"光纤激光器"相关。因此,把"技术与应用"的章节让她来写,是再合适不过的。

　　本书分9章,前言和前4章由我完成,后5章由施进丹完成。为了让对某一章内容感兴趣的读者阅读起来方便,各章节自成体系。我们两位作者的前后章节中有个别重复的地方也就保留了,好在重复的篇幅很小。

　　我们两位作者,一位参与过早期光纤激光器的发明研究,一位仍然在这个领域的前沿探索着。我们试图从原理、技术与应用三个层面向读者介绍光纤激光器。高等院校的硕士研究生、博士研究生,可以从这本书学习光纤激光器的原理,或许同时也能学习怎样寻找研究方向;在光电子领域创业公司从事技术开发工作的读者,可以学习到技术,或许也可以从书中描述的实验设计和技术介绍章节获得创新的灵感;对于设计应用产品的工程师,可以了解光纤激光器的近期发展和未来展望,或许也可以从光纤激光器的应用不断拓展的历史中得到设计新产品的启发。

我们两位作者,都是光纤激光器研发过程的亲历者和见证人。在这本科技书籍中,我们增添了"花絮"内容,用图片和文字向读者介绍了一些研发过程的人文故事,希望读者会得到科技内容以外的一些收获。

笔者感谢江苏师范大学冯宪教授、南京邮电大学张祖兴教授、中国科学院半导体所陆丹研究员在写作过程中提供的有益讨论和帮助。感谢北京邮电大学在读博士研究生刘畅对于写作的计算机及网络技术的支持。笔者感谢国家出版基金对于本书出版的资助。

限于作者水平,书中难免有不妥和遗漏之处,恳请读者批评指正。

本书配有导读视频和图库,请扫二维码观看。

2022 年 12 月

本书导读视频

本书图库

目　录

第1章　基础理论概要 ……………………………………………………………… 1

1.1　电磁波原理 ………………………………………………………………… 1

　　1.1.1　麦克斯韦方程组 ……………………………………………………… 1

　　1.1.2　电磁波 …………………………………………………………………… 2

　　1.1.3　电磁波的衰减 ………………………………………………………… 3

　　1.1.4　电磁波谱 ………………………………………………………………… 4

　　1.1.5　平面波、亥姆霍兹方程与标量解 …………………………………… 5

1.2　激光原理 …………………………………………………………………… 6

　　1.2.1　能级与粒子数分布 …………………………………………………… 6

　　1.2.2　自发辐射与受激辐射 ………………………………………………… 7

　　1.2.3　光学谐振腔 ……………………………………………………………… 7

　　1.2.4　荧光、超荧光和激光 ………………………………………………… 8

　　1.2.5　激光条件、阈值和输出功率 ………………………………………… 10

　　1.2.6　光的偏振 ………………………………………………………………… 11

1.3　光纤原理 …………………………………………………………………… 12

　　1.3.1　光纤导光原理：全反射 ……………………………………………… 12

　　1.3.2　阶跃光纤的射线分析基础 …………………………………………… 14

　　1.3.3　光纤的数值孔径 ……………………………………………………… 15

　　1.3.4　阶跃折射率光纤的模式 ……………………………………………… 16

　　1.3.5　阶跃折射率光纤的标量近似解 …………………………………… 18

　　1.3.6　模式截止条件 ………………………………………………………… 20

　　1.3.7　单模光纤的电磁场分布 ……………………………………………… 22

参考文献与深入阅读 …………………………………………………………… 24

第 2 章　光纤激光器的早期研究 ································ 26

2.1　历史回顾 ·················· 26
2.2　稀土元素和稀土掺杂玻璃的能级 ·········· 28
2.3　稀土掺杂光纤的制备 ············· 32
2.4　光纤激光器的谐振腔 ············· 36
2.5　光纤激光器早期研究成果 ··········· 37
2.6　光纤激光器的优点 ············· 40
参考文献与深入阅读 ·············· 42

第 3 章　光纤激光器的偏振效应 ·············· 44

3.1　光纤激光器与传统激光器的区别 ·········· 44
　　3.1.1　线偏振窄带泵浦光 ··········· 44
　　3.1.2　双折射谐振腔 ············ 45
　　3.1.3　纵向泵浦系统 ············ 45
3.2　实验样本与实验装置 ············· 46
3.3　泵浦光传输和荧光的偏振特性 ·········· 48
3.4　光纤激光器的偏振效应现象 ··········· 49
　　3.4.1　自发辐射的荧光与泵浦光偏振取向无关 ······ 50
　　3.4.2　"单模"光纤激光器存在两个正交的偏振激光模 ·· 50
　　3.4.3　激光器输出激光的偏振度与泵浦光偏振取向有关 ··· 53
3.5　光纤激光器的偏振效应理论 ··········· 54
　　3.5.1　玻璃结构 ············· 54
　　3.5.2　电偶极子模型 ············ 55
　　3.5.3　电偶极子辐射 ············ 55
　　3.5.4　斯托克斯效应 ············ 57
　　3.5.5　自发辐射和受激辐射 ·········· 58
　　3.5.6　三点假设 ············· 59
　　3.5.7　速率方程 ············· 59
　　3.5.8　两个正交的本征偏振模 ········· 60
　　3.5.9　激光输出的偏振与泵浦光偏振取向的关系 ····· 61
　　3.5.10　偏振受激截面比 ··········· 61

　　　　3.5.11　有效吸收泵浦功率 ························· 63

　　　　3.5.12　偏振选择率 ····························· 64

　　　　3.5.13　泵浦功率的偏振耦合 ····················· 65

　　3.6　激光特性分析 ······························· 66

　　　　3.6.1　单程增益 ······························ 66

　　　　3.6.2　阈值 ·································· 67

　　　　3.6.3　斜率效率 ······························ 69

　　　　3.6.4　弛豫振荡频率 ·························· 70

　　　　3.6.5　偏振度 ······························· 74

　　　　3.6.6　偏振截面比的测量 ······················· 75

　　　　3.6.7　光纤激光器的单偏振操作 ··················· 77

　　　　3.6.8　单偏振操作的偏振效率 ····················· 79

　　3.7　光纤激光器偏振效应的应用 ····················· 81

　　　　3.7.1　单偏振光纤激光器 ······················· 81

　　　　3.7.2　光纤激光器的偏振开关 ····················· 86

　　3.8　结论 ··································· 90

　　参考文献与深入阅读 ··························· 91

第 4 章　光纤激光器的增强操作 ···························· 93

　　4.1　单模单频 ·································· 94

　　　　4.1.1　单向环形光纤激光器 ····················· 94

　　　　4.1.2　短腔光栅光纤激光器 ····················· 95

　　　　4.1.3　腔内附加窄带选频器件的光纤激光器 ··········· 99

　　4.2　包层泵浦 ································· 102

　　　　4.2.1　包层泵浦的概念 ························· 102

　　　　4.2.2　双包层光纤的折射率分布 ··················· 103

　　　　4.2.3　双包层光纤的结构设计 ··················· 105

　　4.3　混合掺杂 ································· 107

　　　　4.3.1　铒镱混合掺杂的光纤激光器 ················· 107

　　　　4.3.2　混合掺杂介质的速率方程 ··················· 113

　　　　4.3.3　混合掺杂需要注意的问题 ··················· 114

　　4.4　频率上转换 ································ 116

　　　　4.4.1　频率上转换的概念 ······················· 116

4.4.2 频率上转换光纤激光器 ································ 116

4.5 自调 Q 自锁模 ································ 122

4.5.1 同时自调 Q 和自锁模光纤激光器 ················ 122

4.5.2 主动调 Q 和被动锁模光纤激光器 ················ 124

4.5.3 一例半导体激光器自调 Q 实验 ················ 127

4.5.4 同时自调 Q 和自锁模机理猜想 ················ 128

4.6 多波长操作 ································ 129

4.6.1 多波长输出的早期探索 ······················ 129

4.6.2 基于非线性偏振旋转效应产生多波长的技术 ········· 130

参考文献与深入阅读 ································ 135

第 5 章　高功率光纤激光产生技术 ····················· 140

5.1 包层泵浦技术 ································ 140

5.1.1 双包层光纤结构 ·························· 140

5.1.2 GT-WAVE 光纤结构 ······················ 145

5.2 大模场光纤技术 ······························ 147

5.2.1 传统双包层低 NA 大模场掺杂光纤 ·············· 147

5.2.2 传统大模场光纤激光器输出突破千瓦瓶颈 ·········· 149

5.2.3 掺杂离子和激光波长 ······················ 150

5.2.4 近单模传统大模场光纤激光器单纤输出功率 ········· 152

5.2.5 传统大模场光纤激光器的单纤理论输出功率极限 ······ 152

5.3 双包层大模场光子晶体光纤技术 ····················· 154

5.4 级联泵浦技术 ································ 157

5.5 合束技术 ····································· 161

5.5.1 相干合束技术 ·························· 161

5.5.2 光谱合束技术 ·························· 162

5.6 激光器光束质量参数 ···························· 164

5.7 商用高功率光纤激光器 ·························· 165

参考文献与深入阅读 ································ 168

第 6 章　单频窄线宽光纤激光产生技术 ················· 171

6.1 单频窄线宽光纤激光产生机理 ···················· 171

6.2　有源光纤短直腔 DBR 激光产生技术 ···························· 174

6.3　有源光纤 DFB 激光产生技术 ································· 176

6.4　无源光纤非线性 DFB 激光产生技术 ······················· 179

　　6.4.1　概述 ·························· 179

　　6.4.2　拉曼-DFB 光纤激光器理论模型 ···················· 181

　　6.4.3　拉曼-DFB 光纤激光信号的动态演变过程 ············ 183

　　6.4.4　高功率拉曼-DFB 光纤激光器的实现及其输出特性 ··· 187

　　6.4.5　拉曼-DFB 光纤激光器的其他非线性现象 ·········· 192

6.5　高功率单频窄线宽光纤激光最新进展 ······················ 195

参考文献与深入阅读 ······································· 196

第 7 章　光纤超快脉冲和超连续谱产生技术 ················· 200

7.1　光纤超快脉冲产生机理 ···························· 200

　　7.1.1　光纤调 Q 脉冲激光产生技术 ···················· 201

　　7.1.2　光纤锁模脉冲激光产生技术 ···················· 201

　　7.1.3　光纤啁啾脉冲放大技术 ······················· 205

7.2　光纤超连续谱光源产生机理 ······················· 206

7.3　光纤超快脉冲和超连续谱技术的最新进展 ·············· 208

　　7.3.1　光纤超快脉冲技术最新进展 ···················· 208

　　7.3.2　光纤超连续谱技术最新进展 ···················· 209

参考文献与深入阅读 ······································· 223

第 8 章　光纤激光器的应用 ····························· 227

8.1　高功率光纤激光器的典型应用 ······················ 227

　　8.1.1　在传统加工制造方面的应用 ···················· 227

　　8.1.2　在增材加工及制造方面的应用 ·················· 231

　　8.1.3　在激光清洗方面的应用 ······················· 236

　　8.1.4　在国防领域的应用 ··························· 237

8.2　单频窄线宽光纤激光器的应用 ······················ 239

8.3　超快脉冲光纤激光器的应用 ······················· 242

8.4　超连续谱光源的应用 ···························· 246

参考文献与深入阅读 ······································· 248

第 9 章 光纤激光器的未来 ·· 252

   9.1 从市场角度看光纤激光器的机遇与挑战 ················· 252

   9.2 超大功率光纤激光器的光场调控技术 ···················· 254

   9.3 高平均功率超快光纤激光器的未来发展趋势 ·········· 256

   9.4 单频窄线宽光纤激光器的未来应用前景 ··············· 257

   参考文献与深入阅读 ··· 258

索引 ·· 259

第 ① 章

基础理论概要

本书在写作时设想读者已学习过"电磁场原理""激光原理"和"光波导原理"等大学本科、研究生课程。本章只是重新将本书用到比较多的一些基本原理概括地陈述复习一遍,如果读者希望更深入地了解这些基本原理,笔者推荐四本中文专业书籍:《电磁场与电磁波(第三版)》[1]、《激光原理(第 7 版)》[2]、《信息光子学物理》[3]和《光波导理论简明教程》[4]。

1.1 电磁波原理

1.1.1 麦克斯韦方程组

1865 年,英国科学家麦克斯韦(James Clerk Maxwell)在总结前人研究电磁现象的基础上,提出电磁波学说,即麦克斯韦方程组。

方程组的微分形式为

$$
\begin{cases}
\nabla \times \boldsymbol{E} = -\dfrac{\partial \boldsymbol{B}}{\partial t} \\[2mm]
\nabla \times \boldsymbol{H} = \boldsymbol{J} + \dfrac{\partial \boldsymbol{D}}{\partial t} \\[2mm]
\nabla \cdot \boldsymbol{D} = \rho \\[2mm]
\nabla \cdot \boldsymbol{B} = 0
\end{cases}
\tag{1.1.1}
$$

式中,

$$
\begin{cases}
\boldsymbol{D} = \varepsilon \boldsymbol{E} \\[1mm]
\boldsymbol{B} = \mu \boldsymbol{H} \\[1mm]
\boldsymbol{J} = \sigma \boldsymbol{E}
\end{cases}
\tag{1.1.2}
$$

式(1.1.1)和式(1.1.2)中有 4 个电磁场矢量：E 是电场强度，D 是电通量密度，H 是磁场强度，B 是磁通量密度。J 是电流密度，3 个希腊字母 ε、μ、σ 是反映传播电磁波介质性质的常数，分别是介电常数、磁导率和电导率。如果电磁波在真空中传播，那么介电常数、磁导率均为 1，电导率为 0。

式(1.1.1)的第一个方程左边是微分运算符号"$\nabla \times$"，可以理解为对于坐标位置的变化，右边是磁场对时间的变化率。而第二个方程恰好对称，左边是磁场对于坐标位置的变化，右边是电场对于时间的变化率与电流密度之和。这就是说，麦克斯韦方程组揭示出，电和磁是按照一定的规则互相关联的。

式(1.1.2)则揭示了，电和磁的这种关联也和介质的特性有关。

从麦克斯韦方程组可以推导出：

$$\frac{\partial^2 E}{\partial x^2} + \frac{\partial^2 E}{\partial y^2} + \frac{\partial^2 E}{\partial z^2} = \mu\varepsilon \frac{\partial^2 E}{\partial t^2} \tag{1.1.3}$$

方程式(1.1.3)的左边是电场强度 E 对位置(x,y,z)的偏微商，右边是电场强度 E 对时间的偏微商。这说明，电场强度 E 随时间的变化会随着位置传递。数学上把这样的方程称为波动方程。

振动的传递就是"波"。电场强度和磁场强度振动的传递也是"波"，称为电磁波。

1.1.2 电磁波

电磁波是横波，电场强度和磁感应强度的振动方向与波的传递方向垂直。

电磁波的传递不需要介质，可以在真空中传播。这是因为，变化振动的电场会产生变化振动的磁场；而变化振动的磁场又会再产生变化振动的电场，于是把这种振动持续传递下去。

光也是电磁波，所以它可以在真空中传播。

电场强度的方向与磁感应强度的方向是相互垂直的。

有一个坡印廷矢量公式：空间某处的电场强度为 E，磁场强度为 H，则该处电磁场的能流密度为

$$S = E \times H \tag{1.1.4}$$

能流密度概念是 1884 年由英国物理学家坡印廷(John Henry Poynting)建立的。矢量 S 的方向代表能量流动的方向，也就是电磁波传递的方向。

坡印廷矢量的单位是 W/m^2。如果一个高耸的无线电天线向四周发射电磁波信号，因为球体表面积为 $4\pi r^2$，所以，能流密度与传输距离 r 的平方成反比。

对于波动方程(1.1.3)，可以求得它在 z 方向上传递的解，即 E 和时间 t 以及位置z的函数关系为

$$E(t) = A e^{-\alpha z} \cos(\omega t - \beta z + \theta) \tag{1.1.5}$$

这是一个很重要的结论：电磁波是正弦波。也就是说，电场强度 E 与时间 t 和传播方向 z 都是正弦变化的关系。注意，按照教科书习惯，式(1.1.5)表述为余弦函数，和正弦函数只相差一个相位常数。

在式(1.1.5)中，A 表示振幅；指数项 $e^{-\alpha z}$ 代表振幅随着传播方向呈指数下降的规律，我们称 α 为衰减系数；ω 是电磁波的圆频率，与频率 f 的关系为 $\omega=2\pi f$；β 是传输常数，与电磁波长 λ 的关系为

$$\beta=\frac{2\pi}{\lambda} \tag{1.1.6}$$

θ 是初始相位，与起始时间的确定有关。

电磁波在真空中以光速 c 传播，

$$c=3\times10^8 \ \mathrm{m/s} \tag{1.1.7}$$

电磁波的频率、波长和传播速度之间的关系与机械波一样，满足

$$v=\omega/\beta \tag{1.1.8}$$

式中，v 是光在介质中的传播速度；ω 是电磁波的圆频率；β 与波长的关系如式(1.1.6)所示。在真空中，就是 $c=\lambda f$。

在介质中，电磁波的传播速度小于真空中的光速 c，表示为

$$v=c/n \tag{1.1.9}$$

式中，n 是介质的光折射率，它与介质的介电常数 ε 和磁导率 μ 的关系为

$$n=\sqrt{\varepsilon\mu} \tag{1.1.10}$$

1.1.3　电磁波的衰减

电磁波在传输过程中的衰减对于光通信和无线通信至关重要。哪一个波段的电磁波适合用于哪一种电信技术，最重要的决定因素就是衰减。式(1.1.5)中的衰减常数 α 与反映介质特性的 3 个常数 ε、μ、σ 有关，也和电磁波频率有关。将电磁波的表达式(1.1.5)代入电磁波动方程(1.1.3)，便能得到 α 与电磁波频率以及介电常数、磁导率、电导率的关系表达式[1]：

$$\alpha=\omega\sqrt{\frac{\mu\varepsilon}{2}\left[\sqrt{1+\left(\frac{\sigma}{\omega\varepsilon}\right)^2}-1\right]} \tag{1.1.11}$$

式(1.1.11)告诉我们，衰减与电磁波频率、传输媒质的介电常数、磁导率和电导率有着比较复杂的关系。

在真空中，介电常数、磁导率都等于 1，电导率为 0，因此 $\alpha=0$。也就是说，电磁波的传输没有衰减。在空气中，电磁波的传输因为式(1.1.11)引起的衰减也很小。至于距离移动通信的基站越远，手机信号越弱，那是因为基站信号向四周传播，电磁波的能流密度与传输距离 r 的平方成反比。

在金属中,电导率极大,式(1.1.11)表示的电磁波衰减也就会很大。因此,金属对电磁场有着"屏蔽"的效应。

不同的材料有着不同的衰减谱。只有那些在信息传输距离内衰减比较小的电磁波频率才适合用作信息的载波。

式(1.1.5)中,αz 的乘积在幂指数上,而指数只能是无单位、无量纲的数字。因此,α 的量纲应该是长度单位的倒数,或 m^{-1},或 km^{-1}。人们用分贝每千米作为 α 的单位,记作 dB/km。其定义如下:

$$\alpha = 10\lg\frac{P_1}{P_2} \tag{1.1.12}$$

式中,P_1 和 P_2 分别是相差 1 km 处的两点所测量到的电磁场能量。此时的衰减单位称为分贝每千米,如果 $P_1/P_2=100$,那么,α 等于 20 dB/km。

推而广之,如果是相差 1 m 处的两点测量的结果,就称为分贝每米。

式(1.1.12)也常被用作广义的衰减或增益定义公式。当 $P_1/P_2=2$ 时,α 近似等于 3,所以 3 dB 增益就是指功率增加了一倍;3 dB 损耗就是指功率衰减了 1/2。

1.1.4　电磁波谱

人类迄今认知的电磁波可以绘制成一张电磁波谱,如图 1.1.1 所示。这是一幅很宽广的谱,下方是三个坐标,分别是频率、波长和能量,所采用的单位分别是赫兹(Hz)、米(m)和电子伏特(eV)。右方排列的便是人们对各个频段电磁波的命名。

对于电磁波谱,人们以频率高低划分成不同波段。各个波段的电磁波在大气中或介质中传播的特性(主要是衰减特性)不同,有着不同的应用,也有着不同的命名。

频率低于 300 kHz 的无线电波称为长波,频率在 300 kHz～3 MHz 的称为中波,频率在 3～30 MHz 的则称为短波。这三个波段主要用于无线电调幅(AM)广播。在这个频率范围内,也有海底通信和无线射频识别(RFID)方面的应用,其中无线射频识别是物联网的一个十分重要的应用。

30～300 MHz,用于广播电台的频率调制(FM)、电视广播和海上移动广播。

300 MHz～3 GHz,用于电视广播、移动电话、无线局域网和全球定位系统(GPS)。

3～30 GHz,用于无线局域网、卫星电视广播、卫星通信。

至于 200～300 GHz 的频段,通常称作毫米波,因为波长是毫米量级;而对于 300～3000 GHz 的频段,则称作亚毫米波。

激光物理学所研究的"光",涵盖了红外光、可见光和紫外光。

比毫米波波长更短、频率更高的电磁波是红外光,波长为 0.8～1.7 μm。这是

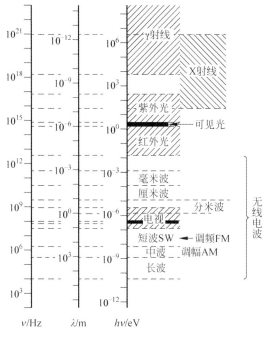

图 1.1.1　电磁波谱

目前光纤通信所使用的波段。

　　人眼能够感觉的电磁波是可见光,在很宽广的电磁波谱中只是很窄的一部分,色感是红、橙、黄、绿、青、蓝、紫 7 种,对应的波长为 $0.76 \sim 0.4\ \mu\mathrm{m}$。

　　比紫色光频率更高的是紫外线。

　　比紫外线频率更高的是 X 射线和 γ 射线。在 γ 射线以外,频率更高。

　　当电磁波的频率提高到一定的程度,比如红外光、可见光,电磁波就呈现出明显的粒子性,物理学中称之为光子或光量子。光波具有波粒二向性,已经是现代物理学的共识。

　　光子的能量为 $h\nu$,其中 h 是普朗克常量,ν 是光波频率。

1.1.5　平面波、亥姆霍兹方程与标量解

　　电磁波动方程的一个特解,式(1.1.5)所表示的随时间正弦(或余弦)变化的电磁波,实际上描述的是一个平面波。这个波,是沿 z 方向传播的电磁波。或者说,坡印廷矢量指向 z 方向,当确定了坐标 z,那么在这个平面上各点的电场强度 E 都有同样的大小。虽然 E 随时间在作简谐振荡,但是平面上的各个点,E 的简谐振荡都是完全同步的。

当电磁波远离波源时，平面波就是很好的近似解。当光纤弱导、单模时，如本书后续章节所讲解的，平面波也是很好的近似解。

我们将简谐振荡的电磁场称作时谐场（time harmonic fields），此时，$\partial/\partial t = j\omega$，$\partial^2/\partial t^2 = -\omega^2$，则方程（1.1.3）可以推导成为如下的亥姆霍兹方程（Helmholtz equation）[4]：

$$\nabla^2 \boldsymbol{E}_x + k^2 \boldsymbol{E}_x = 0 \qquad (1.1.13)$$

式中，已经设定 $\boldsymbol{E}$ 的方向为 x 方向，$k^2 = n^2 k_0^2$，$k_0 = 2\pi/\lambda$，即真空中的波数。

对于平面波的描述，$\boldsymbol{E}$ 的方向确定之后，$\boldsymbol{H}$ 是在 $\boldsymbol{E}$ 的垂直方向上。所以，此时的电磁波只需一个电场强度的简谐振荡幅度就可以完全描述。复杂的麦克斯韦方程组简化为一个标量亥姆霍兹方程：

$$\nabla^2 \psi + k^2 \psi = 0 \qquad (1.1.14)$$

标量场在介质 1 和介质 2 的边界是连续的，因此边界条件是函数连续和导数连续，即

$$\psi_1 = \psi_2 \qquad (1.1.15a)$$
$$\mathrm{d}\psi_1/\mathrm{d}x = \mathrm{d}\psi_2/\mathrm{d}x \qquad (1.1.15b)$$

1.2 激光原理

1.2.1 能级与粒子数分布

现代物理学已经清楚，发射光对应的是分子、离子、原子中的电子从高能级向低能级跃迁的过程。吸收光所对应的则是相反的过程。对于发光过程，爱因斯坦给出一个简洁易懂的公式：

$$E_2 - E_1 = h\nu \qquad (1.2.1)$$

式中，E_2 是高能级；E_1 是低能级；如前所述，$h\nu$ 是发射光子的能量。

在热平衡状态下，各能级的粒子分布遵从玻尔兹曼统计分布：

$$\frac{N_1}{N_2} = \mathrm{e}^{-(E_2 - E_1)/kT} \qquad (1.2.2)$$

式中，N_1、N_2 分别是能级 E_1、E_2 上的粒子数；T 为绝对温度；k 是玻尔兹曼常量。式（1.2.2）表明，热平衡状态下，高能级的粒子数少于低能级的粒子数。这里以及本章后面的讨论，都没有考虑能级的兼并度。

这种两能级系统比较简单明了，常被用来描述发光过程。如式（1.2.1）所示，电子吸收一个光子的能量 $h\nu$，便能从低能级 E_1 跃迁到高能级 E_2，此时称 E_2 为激发态，E_1 为基态。

如果吸收了能量为 $h\nu$ 的光子足够多,就有可能使得 $N_2 > N_1$,此时,称为粒子数反转。实现了粒子数反转的媒质称为激活媒质。使得粒子数反转的光源称为泵浦光。

1.2.2　自发辐射与受激辐射

电子在激发态能级 E_2 上只能停留一段很短的时间,就会自发地跃迁到较低能级 E_1 中,同时辐射出一个光子。这个过程称为自发辐射。

自发辐射是不受外界辐射场影响的自发过程,各个原子在自发跃迁过程中是彼此无关的,不同原子产生的自发辐射光在频率、相位、偏振及传播方向上都是随机的。因此,自发辐射的光是非相干的,称为荧光。又因为实际原子的基态和激发态的能级有一定的宽度,所以自发辐射的光分布在一个较宽的频率范围 $\Delta\nu$ 内。

在高能级 E_2 上的粒子受到 $\Delta\nu$ 范围内频率为 ν 的光子的激发,会立即跃迁到低能级 E_1 上,在这个过程中,辐射出一个光子,称为受激辐射。

受激辐射的光子与激发光子在频率、相位、偏振及传播方向上完全一致。

粒子数变化关系,也称为速率方程,可以作如下推演:能级 E_2 上的粒子数因为受激辐射而减小的速率为

$$(\mathrm{d}N_2/\mathrm{d}t)_{\mathrm{st}} = -B_{21}\rho\nu N_2 \tag{1.2.3a}$$

因为自发辐射而减小的速率为

$$(\mathrm{d}N_2/\mathrm{d}t)_{\mathrm{sp}} = -A_{21}N_2 \tag{1.2.3b}$$

能级 E_1 上因为受激吸收而减小的速率为

$$(\mathrm{d}N_1/\mathrm{d}t)_{\mathrm{st}} = -B_{12}\rho\nu N_1 \tag{1.2.3c}$$

式中,$\rho\nu$ 是单色能量密度;B_{21}、B_{12} 和 A_{21} 称为爱因斯坦系数。运用普朗克黑体辐射公式,可以得出两个重要结论:

$$B_{21} = B_{12} \tag{1.2.4a}$$

$$A_{21}/B_{21} = 8\pi h\nu^3/c^3 \tag{1.2.4b}$$

式中,c 为光速。式(1.2.4a)说明,在不考虑能级兼并度的前提下,受激辐射和受激吸收的跃迁概率相等;式(1.2.4b)说明受激辐射系数与自发辐射系数之比是一个常数,与激光频率有关。

1.2.3　光学谐振腔

如果在激活媒质的两端放置两块与激活媒质轴线垂直的平面或凹型的球面反射镜,就形成了一个光学谐振腔,使得受激辐射的光束方向越来越趋同于媒质轴线,也使得光子的频率越来越趋同于 ν,各个光子的相位也越来越趋同。

这种形式上最为简单的谐振腔称为法布里-珀罗谐振腔(Fabry-Perot cavity)，简称F-P腔。

光学谐振腔有两个功能，一个是提供正反馈，再一个是控制腔内振荡光束。

光在谐振腔内可能的振荡形式称为"模式"。图1.2.1的F-P腔是在纵向振荡，称沿着谐振腔轴向的稳定光波振荡为纵模。

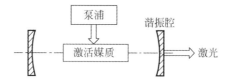

图 1.2.1 法布里-珀罗谐振腔组成的激光器示意图

在光学谐振腔中，若光波振荡稳定存在，必须满足驻波条件：

$$\lambda = 2nl/q \tag{1.2.5}$$

式中，n 为折射率；l 为谐振腔长；q 为整数。

只有那些波长落在增益谱宽范围内的纵模才可能得到放大。设增益谱范围为 $\lambda_1 \sim \lambda_2$，则只有满足条件 $\lambda_1 < 2nl/q < \lambda_2$ 的纵模才可能产生激光。

不同的模式，具有不同的波长或频率。对激光器纵模的选取称为激光的选频技术。腔内如果只有一种光场分布，称为单纵模，否则称为多纵模。

1.2.4 荧光、超荧光和激光

图1.2.2是笔者(林金桐)从事光纤激光器初期研究的实测结果[5]，分别对应着光源的三种状态：荧光、超荧光和激光。实验样品是掺钕光纤激光器。

荧光频谱也就是激活媒质的增益谱。

荧光频谱之所以有相当的宽度，是因为上、下能级都有一定的宽度。加宽的物理机理多种多样。以本书主题为例，在玻璃为基质的掺杂稀土金属钕或铒的光纤激光器中，由于玻璃结构的无序性，各个激活离子处于不同的电磁场环境中，各自的能级就有所不同，在宏观测试中，表现出来的便是由图1.2.2(a)证实的57 nm荧光谱宽。

稀土掺杂的有源光纤具备这么宽的增益曲线，是光纤放大器后来用于光通信网络的波分复用技术的物理学基础。

自发辐射在泵浦下的有源介质里的行波放大产生超荧光。产生超荧光有两个条件：强泵浦和长距离介质。强泵浦提供足够多的激活离子，而长距离介质则保证了激活离子与自发辐射相互作用的持续。

光纤激光器初期研究报道过激光器历史上最长的介质距离，有着产生超荧光态的理想介质条件。

超荧光态是既与荧光态有区别，又与激光态有区别的一个物理状态。荧光态有两个特征：一是粒子在上能级寿命 τ_{21} 只取决于自发跃迁的概率 A_{21}，具体关系是互为倒数，即 $\tau_{21} = 1/A_{21}$；二是自发辐射在空间均匀分布。激光态下，受激辐射起着决定性的作用。激光光子不再均匀分布在空间，而是聚集一束，甚至一个模式——单模。超荧光态是介于两者之间的状态。超荧光态下，上能级粒子的寿命 τ_{21} 比荧光态缩短了，光子空间辐射的方向聚集了，频谱也明显收窄了。

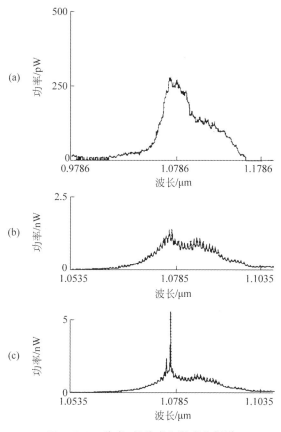

图 1.2.2　荧光、超荧光和激光的频谱

从图 1.2.2 中可以读出，荧光的 3 dB 谱宽 $\Delta\lambda = 57$ nm，超荧光谱宽 $\Delta\lambda = 16$ nm，而激光的谱宽 $\Delta\lambda < 0.2$ nm。

从荧光到超荧光，再到激光，是一个提高泵浦光能的过程，是一个从以自发辐射为主转变到以受激辐射为主的过程，也是一个辐射光的频谱越来越窄、相干性越来越强的过程。

1.2.5　激光条件、阈值和输出功率

由上述理解,可以概括激光产生的条件:

(1) 激光媒质;

(2) 谐振腔;

(3) 泵浦;

(4) 在谐振腔内振荡的光波,在振荡过程中,获得的增益必须大于损耗,即增益大于损耗,这也是实现激光最为重要的。

作一数学推导如下:

设腔内激活媒质的增益为 G,腔内总损耗为 α,两端反射镜在激光波长上的反射率分别为 R_1 和 R_2。如果一束光强为 I_0 的光沿着轴向从右向左行进,一个完整来回之后,光强

$$I = I_0 R_1 R_2 e^{2(G-\alpha)} \qquad (1.2.6)$$

增益大于损耗,即 $I > I_0$,亦即

$$R_1 R_2 e^{2(G-\alpha)} > 1 \qquad (1.2.7)$$

若称 $\beta = R_1 R_2$ 为正反馈系数,$k = e^{2(G-\alpha)}$ 为放大系数,那么产生激光振荡的条件就是 βk 大于或等于 1。

振荡的激光可以由一个在激光波长具备一定透射率的镜面 R_2 输出,如图 1.2.1 所示。

如前所述,从荧光到超荧光,再到激光,是一个提高泵浦光能的过程。激光器开始振荡产生激光所需的泵浦功率称为阈值。阈值条件是:光子在腔内的增加率等于损耗率。即

$$(N_2 - N_1)/\rho v \tau_2 = 1/\tau_c \qquad (1.2.8)$$

式中,τ_2 和 τ_c 分别是电子在上能级 N_2 的寿命和光子在谐振腔内的寿命。

激光器阈值很容易直接通过实验测得。图 1.2.3 是笔者(林金桐)实测的由半导体激光器作为泵浦的掺钕光纤激光器的功率输出图[6]。

图 1.2.3 中,横坐标是泵浦源镓铝砷半导体的输出功率,纵坐标是掺钕光纤激光器的输出功率。从图中很容易理解"阈值"的概念。

一个激光器的输出功率取决于泵浦功率、泵浦效率、介质增益参数、谐振腔反射镜、腔内损耗等众多因素。在一般的激光物理教科书上,都可以找到反映输出功率和泵浦功率关系的公式:

$$P = \eta(P_p - P_{th}) \qquad (1.2.9)$$

式中,等式左侧 P 是激光器输出功率;右侧 P_p 是泵浦功率;P_{th} 是激光器阈值功率;η 是与激光器参数和多种效率相关的常数[2]。图 1.2.3 所呈现的输出功率与

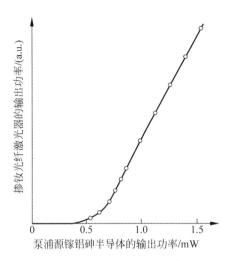

图 1.2.3　掺钕光纤激光器的功率输出图

泵浦功率的线性关系证明了式(1.2.9)的正确。

1.2.6　光的偏振

电磁波的极化方向定义为电场强度的方向。

极化和偏振,在英文里是同一个词 polarization,只是中文翻译不同,不同领域的学者译为不同的名词。

可以采用电偶极子的模型来解释电磁波的极化。电偶极子是一对分隔一段距离、电量相等、正负相反的电荷。由这样一对正负电荷组成的电偶极子,其电场线分布如图 1.2.4 所示。试想,正负电荷周期性地改变相互的距离,那么向四方传播的电场就一定是电磁波了。因此,图 1.2.4 中的电力线方向便是电磁波的极化方向。

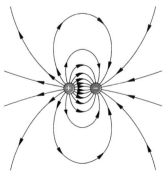

图 1.2.4　电偶极子

11

这虽然是一个理论上的、抽象的模型。但许多微观的分子、离子、原子内部的结构,都可以理解为正负电荷稍有偏离的状态。产生光的过程可以用这种半经典的电偶极子的模型来描述[1]。

就单个原子来讲,它发射的光子的偏振平行于电偶极子的方向。然而,一般的发光体,可以设想原子的电偶极子的取向分布是随机的,因此宏观发射的光是没有偏振的,例如白炽光、荧光、发光二极管产生的光。经过特殊设计的发光体,或者激活媒质波导本身对于偏振具有选择性,例如染料激光器、半导体激光器,才能发射线偏振光。

度量光的线偏振特性的物理参数是偏振度。偏振度的定义为[7]

$$\mathrm{DOP} = (I_{max} - I_{min})/(I_{max} + I_{min}) \qquad (1.2.10)$$

式中,I_{max} 是偏振最强的方向上的光强,I_{min} 是偏振最弱的方向上的光强。

在谐振腔内的激活媒质里,当受激辐射逐步成为发光的主导原因时,输出光的偏振度就会明显提高,图 1.2.5 是一支商用半导体激光器的输出功率、偏振度与驱动电流的实测关系图[5]。

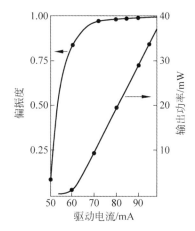

图 1.2.5　半导体激光器(Sharp-LTO15)的输出功率、偏振度与驱动电流的关系图

1.3　光纤原理

1.3.1　光纤导光原理:全反射

图 1.3.1 演示的是一家游乐场的导光水柱,能清楚地说明光纤导光的原理:全反射。

当光从光密介质射向光疏介质时,如果入射角 θ 增大到一定程度,折射角将达

图 1.3.1　游乐场喷射水柱传导可见光

到 $90°$，称此时的 θ_c 为临界角。若入射角大于临界角，则无折射，全部光线均返回光密介质，这种现象称为全反射。

临界角公式为

$$\theta_c = \arcsin(n_2/n_1) \qquad\qquad (1.3.1)$$

式中，n_1、n_2 分别为光密、光疏介质的折射率。

当光线由光疏介质射到光密介质时，不会发生全反射。

水的折射率大于空气，因此与水柱轴线夹角比较小的一部分光，在水柱与空气的界面会产生全反射，因此光就能在水柱中传导。当水柱因为重力而弯曲成拱门形状时，又会产生折射光而射出，于是我们能看见整个导光的情景。

光的全内反射现象在 1854 年就发现了。基于这个理论，20 世纪 20 年代诞生了世界上第一批光纤。最初的光纤传输损耗高达 1000 dB/km，因此光纤基本上只用于短距离医疗图像的传输。

1966 年，高锟博士(2009 年诺贝尔物理学奖得主)和他的合作者乔治·霍肯发表了一篇重要论文[8]，预言若提高制作光纤材料的化学纯度，光纤的传输损耗可以下降到 20 dB/km。到 1970 年，国际最好水平光纤的传输损耗果然降到了 20 dB/km。而到了 1979 年时，光纤的损耗更是降到了 0.2 dB/km，极大地推进了光纤通信科技和产业的发展。

光纤的结构如图 1.3.2 所示，纤芯(core)通常由石英玻璃构成，包裹在包层(cladding)里，再向外还有一层涂覆层(jacket)。根据全反射定律可知，包层折射率要小于纤芯折射率。根据纤芯横截面上折射率分布规律可以把光纤分为两大类：阶跃折射率光纤(step-index fiber)和渐变折射率光纤(graded-index fiber)。对于阶跃折射率光纤,折射率在纤芯中均匀分布,在纤芯和包层的界面上发生突变;而对于渐变折射率光纤,折射率在纤芯中是连续变化的。

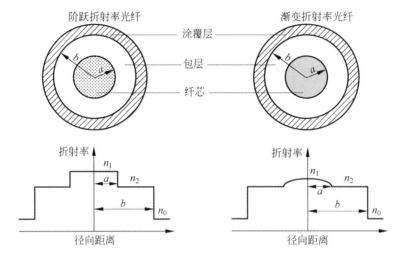

图 1.3.2　光纤结构和光纤的横截面折射率分布

　　光纤能够导光的原理,与水柱导光一样,纤芯的折射率高于包层折射率,使得输入的光能在纤芯与包层交界面上不断产生全反射,如图 1.3.2 所示。通信工程使用的光纤,包层外还有涂覆层。

1.3.2　阶跃光纤的射线分析基础

　　用射线法分析光纤,清晰而直观。

　　光纤波导中包含两种射线:子午线和偏射线。子午线是与光纤轴相交的光线,即在光纤轴组成的子午面上传输的光线。偏射线或斜射线是不与光纤轴相交的光线。

　　根据斯涅尔定律(Snell's Refraction Law):

$$n_1 \sin\theta = n_2 \sin\theta' \qquad (1.3.2)$$

以子午剖面为例,当一束光线射到介质 n_1 和 n_2 的界面,如果入射角 θ 小于临界角 θ_c,那么光如图 1.3.3 中最左边的轨迹。如果入射角 θ 等于临界角 θ_c,那么折射的光线将与介质的界面平行。而当入射角 θ 大于临界角 θ_c,全反射发生,所有光能折回到 n_1 介质。

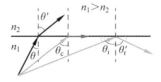

图 1.3.3　不同光纤在介质界面的折射或全反射

1.3.3　光纤的数值孔径

设 n_1 为光纤纤芯折射率，n_2 为包层折射率，当 $n_1 > n_2$ 时，光纤就能成为那些贴近光纤轴传输光的波导。

假设图 1.3.4 中射线沿着与光纤轴线夹角为 ϕ_i 的方向入射到纤芯，由于空气的折射率小于纤芯的折射率，射线在入射光纤的时候会产生角度的弯曲。对于子午线来说，如果这条射线抵达 n_1 和 n_2 界面时的入射角是临界角，则

$$\left.
\begin{aligned}
\sin\phi_i &= n_1 \sin\left(\frac{\pi}{2} - \theta_c\right) = n_1 \cos\theta_c \\
n_1 \sin\theta_c &= n_2 \\
\cos\theta_c &= \sqrt{1 - \left(\frac{n_2}{n_1}\right)^2}
\end{aligned}
\right\} \Rightarrow \sin\phi_i = \sqrt{n_1^2 - n_2^2}
\tag{1.3.3}$$

$\sin\phi_i$ 定义为数值孔径（NA）：

$$\mathrm{NA} = \sin\phi_i = \sqrt{n_1^2 - n_2^2} \tag{1.3.4}$$

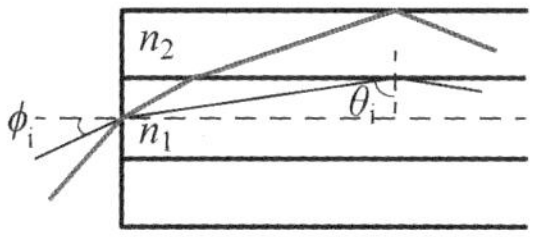

图 1.3.4　光纤子午剖面中的射线

数值孔径越大，光纤的聚光能力越强，为了增强光纤的聚光能力，就有必要增大数值孔径。理想的情况是把光纤纤芯外部的包层去掉，这样 $n_2 = 1$，就可得最大的数值孔径 $\mathrm{NA} = \sqrt{n_1^2 - 1}$。但是数值孔径的增大会引入其他问题，例如多径色散和损耗。

考虑到减小色散和损耗，通信用光纤一般采用小数值孔径。例如，$(n_1 - n_2) < 0.01$，$\mathrm{NA} < 0.2$。小数值孔径的光纤称为弱导光纤。

对于偏射线，如图 1.3.5 所示，可以用一个在柱坐标下的射线来表示。它的初始单位矢量为

$$\boldsymbol{i}_{(s,0)} = \boldsymbol{i}_x L_0 + \boldsymbol{i}_y M_0 + \boldsymbol{i}_z N_0 \tag{1.3.5}$$

L_0、M_0、N_0 为射线的方向余弦，即 $\boldsymbol{i}_{(s,0)}$ 与 x、y、z 坐标之间夹角的余弦。它射到波导端面上的某一点 $\boldsymbol{\rho}_0$，其中 $\boldsymbol{\rho}_0 = \boldsymbol{i}_x x_0 + \boldsymbol{i}_y y_0$，然后在波导内作全反射。

第 m 次和第 $m+1$ 次全反射后射线的单位矢量满足 $(\boldsymbol{i}_{(s,m)} - \boldsymbol{i}_{(s,m+1)}) \times \boldsymbol{\rho}_m = \mathbf{0}$，这意味着入射、反射与法线在同一个平面内，另外有 $(\boldsymbol{i}_{(s,m)} + \boldsymbol{i}_{(s,m+1)}) \cdot \boldsymbol{\rho}_m = 0$，意味着 $\theta_i = \theta_r$。

对于导模有 $\sin\theta_i \geqslant \dfrac{n_2}{n_1}$，或者 $\cos\theta_i \leqslant \sqrt{1 - \left(\dfrac{n_2}{n_1}\right)^2}$。因此可得 $\boldsymbol{i}_{(s,m)} \cdot \dfrac{\boldsymbol{\rho}_m}{|\boldsymbol{\rho}_m|} \leqslant$

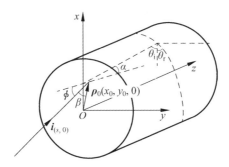

图 1.3.5　偏射线模型

$$\sqrt{1-\left(\dfrac{n_2}{n_1}\right)^2}$$，或者 $\sin\alpha \leqslant \sqrt{1-\left(\dfrac{n_2}{n_1}\right)^2}$，根据斯涅尔定律 $\sin\phi = n_1\sin\alpha$，可得

$$\cos\beta \leqslant \sin\phi = n\sin\alpha \leqslant \sqrt{n_1^2 - n_2^2} = \text{NA}。$$

可以证明[4]，能被波导捕捉到的偏射线范围为

$$\frac{L_0 x_0 + M_0 y_0}{\sqrt{x_0^2 + y_0^2}} \leqslant \text{NA} \tag{1.3.6}$$

1.3.4　阶跃折射率光纤的模式

模式是光学中的一个基本概念。在阶跃折射率光纤中，子午线入射光产生的"模"可以分为3类：导模/纤芯模(A)、包层模(B)、辐射模式(C)，如图1.3.6所示。

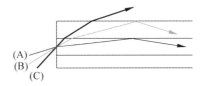

(A)
(B)
(C)

图 1.3.6　阶跃折射率光纤中的子午线模式

对于偏射线，也可以用射线法来分析各类模式。设代表射线方向的 **k** 矢量如图1.3.7所示。

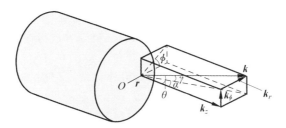

图 1.3.7　光纤中某一点 *r* 处的偏射线

在柱坐标三个坐标方向上分解 $\boldsymbol{k}$ 矢量,即

$$\boldsymbol{k} = n\boldsymbol{k}_0 = \boldsymbol{k}_z + \boldsymbol{k}_r + \boldsymbol{k}_\phi \tag{1.3.7}$$

式中,$\boldsymbol{k}_0$ 是真空中的波数,$k_0 = 2\pi/\lambda$；$k_r = nk_0 \sin\alpha \cos\gamma$；$k_\phi = nk_0 \sin\gamma$；$k_z = \beta = nk_0 \cos\theta$。

对于导模,必须满足边界条件或谐振条件要求：$k_\phi (2\pi r) = m \cdot 2\pi$ 或 $k_\phi = \dfrac{m}{r}$。

于是得到：$n^2 k_0^2 = \beta^2 + \dfrac{m^2}{r^2} + k_r^2$ 或 $k_r^2 = k^2 - \beta^2 - \dfrac{m^2}{r^2}$。

根据 k^2 的不同,亥姆霍兹方程 $\nabla^2 \boldsymbol{E} + k^2 \boldsymbol{E} = 0$ 可以有不同类型的解。在圆柱坐标系下,以 r 为参变量的方程为

$$\frac{1}{r} \frac{\mathrm{d}}{\mathrm{d}r} \left[r \frac{\mathrm{d}E(r)}{\mathrm{d}r} \right] + \left(n^2 k_0^2 - \beta^2 - \frac{m^2}{r^2} \right) E(r) = 0 \tag{1.3.8}$$

以 r 为横坐标,绘出光纤折射率分布如图 1.3.8 所示。利用这个图,可以讨论 $m = 0$,即入射光为子午线的情况。

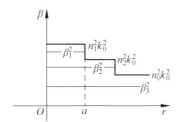

图 1.3.8　子午线各类模式 β 的分布

当 $m = 0$,入射光为子午线时,$k_\phi = 0$,$k_r^2 = k^2 - \beta^2$,导模的 β(即 β_1)必须满足 $n_1 k_0 > \beta > n_2 k_0$；包层模的 β(即 β_2)必须满足 $n_2 k_0 > \beta > n_0 k_0$；而辐射模的 β(即 β_3)必定是 $n_0 k_0 > \beta$。

当 $m \neq 0$,入射光为偏射线时,在折射率分布图中绘出式(1.3.8)中的 $n^2 k_0^2 - m^2/r^2$ 项(请读者注意,这个图形与 m 有关)。此时,因为 β^2 的不同,式(1.3.8)将有不同类别的解,也就是说,将会出现 3 种不同的"模式"：①导模,在焦散面[2],即 $a = a_0$ 以外的纤芯中传输,如图 1.3.9 所示,β^2 满足 $n_2^2 k_0^2 - m^2/r^2 < \beta^2 < n_1^2 k_0^2 - m^2/r^2$。②泄漏模,因为此类模式能满足全反射条件,也满足谐振条件,形成在光纤中的另类导模。之所以称为另类,是因为它的能量有一部分是分割在包层里传输的。这与量子力学中的隧道效应可以类比,因此也将光纤中贴近芯层边缘的那一部分包层称为隧道区,而将这类模式称为泄漏模。此类模式的 β^2 满足 $n_0^2 k_0^2 - m^2/r^2 < \beta^2 < n_1^2 k_0^2 - m^2/r^2$。③辐射模的 β(即 β_3)满足 $\beta^2 < n_0^2 k_0^2 - m^2/r^2$。

类似量子力学中势阱中的能级取离散值，子午线的导模、包层模是离散谱，偏射线的导模、泄漏模也是离散谱，而两类光线的辐射模都是连续谱。

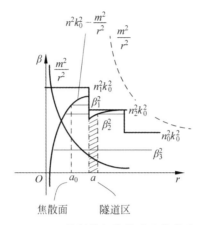

图 1.3.9　偏射线各类模式 β 的分布

导模中的传输常数 β 是由方程谐振条件决定的：

$$\int_{a_0}^{a} \sqrt{n_1^2 k_0^2 - \beta^2 - \frac{m^2}{r^2}}\, \mathrm{d}r = n\pi \tag{1.3.9}$$

因为有 $\int \frac{1}{x}\sqrt{x^2 - a^2}\,\mathrm{d}x = \sqrt{x^2 - a^2} - a\arccos\frac{a}{x}$，可将式（1.3.9）表示为

$$\sqrt{u^2 - m^2} - m\arccos\frac{m}{u} = n\pi \tag{1.3.10}$$

其中 $u^2 = (n_1^2 k_0^2 - \beta^2)a^2$。这样一个联系模式序数 m、n 和波导参数 u 的公式（1.3.10）称为本征方程。正因为导模序数必须满足边界条件或谐振条件，所以导模是离散谱。

1.3.5　阶跃折射率光纤的标量近似解

1.1.5 节介绍了平面波、亥姆霍兹方程与标量解，现在将这些概念应用到阶跃折射率光纤。

设代表光纤中平面波的电场强度为标量 $\Psi(r,\theta,z) = \Psi(r)\exp[\mathrm{j}(\omega t - \beta z + m\theta)]$，亥姆霍兹方程为

$$\nabla_t^2 \Psi + (k^2 - \beta^2)\Psi = 0 \tag{1.3.11}$$

在柱坐标系下，算子 $\nabla_t^2 = \frac{1}{r}\frac{\partial}{\partial r}\left(r\frac{\partial}{\partial r}\right) + \frac{1}{r^2}\frac{\partial^2}{\partial \theta^2}$。在纤芯处，$k_1^2 = n_1^2 k_0^2$，在包层处，$k_2^2 = n_2^2 k_0^2$，因此可得

18

$$\begin{cases} \dfrac{\partial^2 \Psi}{\partial r^2} + \dfrac{1}{r}\dfrac{\partial \Psi}{\partial r} + \left(k_1^2 - \beta^2 - \dfrac{m^2}{r^2}\right)\Psi = 0, & r \leqslant a \\[3mm] \dfrac{\partial^2 \Psi}{\partial r^2} + \dfrac{1}{r}\dfrac{\partial \Psi}{\partial r} + \left(k_2^2 - \beta^2 - \dfrac{m^2}{r^2}\right)\Psi = 0, & r > a \end{cases} \tag{1.3.12}$$

对于导模，$k_1^2 - \beta^2 - \dfrac{m^2}{r^2} > 0$ 且 $k_2^2 - \beta^2 - \dfrac{m^2}{r^2} < 0$。

方程(1.3.12)的解为贝塞尔函数[4,9]：

$$\begin{cases} \Psi(r) = \mathrm{J}_m\left(\dfrac{ur}{a}\right), & r \leqslant a \\[3mm] \Psi(r) = A\,\mathrm{K}_m\left(\dfrac{Wr}{a}\right), & r > a \end{cases} \tag{1.3.13}$$

式中，$\mathrm{J}_m(r)$ 代表第一类 m 阶贝塞尔函数，$\mathrm{K}_m(r)$ 代表第二类变型的 m 阶贝塞尔函数[4,9]，A 是由边界条件决定的参数，这里，

$$u^2 = a^2(n_1^2 k_0^2 - \beta^2), \quad W^2 = a^2(\beta^2 - n_2^2 k_0^2) \tag{1.3.14}$$

式中，u 和 W 称为横向参数。令

$$\nu^2 = W^2 + u^2 = a^2 k_0^2 (n_1^2 - n_2^2) \tag{1.3.15}$$

ν 称为归一化频率或者正化频率。

第一类贝塞尔函数具有以下特点：0 阶贝塞尔函数的 0 点值为 1，即 $\mathrm{J}_0(0)=1$；1 阶或大于 1 阶的贝塞尔函数的 0 点值均为 0，如图 1.3.10 所示。

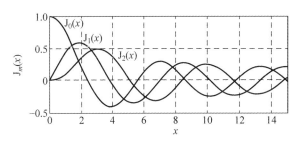

图 1.3.10 贝塞尔函数 $\mathrm{J}_m(x)$

贝塞尔函数是周期性振荡的、振幅逐渐衰减的函数，当 $x \to +\infty$ 时，它近似等于 $\mathrm{J}_m(x) \approx \sqrt{\dfrac{2}{\pi x}}\cos\left(x - \dfrac{m\pi}{2} - \dfrac{\pi}{4}\right)$。

对于第二类衰减的贝塞尔函数 $\mathrm{K}_m(x)$，当 $x \to 0$，$\mathrm{K}_0(x) \approx -\ln\dfrac{x}{2}$，$\mathrm{K}_m(x) \approx \dfrac{(m-1)!}{2}\left(\dfrac{x}{2}\right)^{-m}$；而当 $x \to \infty$ 时，是一个快速衰减的函数，可近似表示为

$$K_m(x) \approx \sqrt{\frac{\pi}{2x}} e^{-x}$$

引用边界条件,在 $r=a$ 处,Ψ 和 $\dfrac{\partial \Psi}{\partial r}$ 必须连续,于是可得

$$\begin{cases} J_m(u) = A K_m(W) \\ u J'_m(u) = A W K'_m(W) \end{cases} \tag{1.3.16}$$

或表示为

$$\frac{u J'_m(u)}{J_m(u)} = \frac{W K'_m(W)}{K_m(W)} \tag{1.3.17}$$

利用贝塞尔函数的递推关系,方程可以简化为[4]

$$u^2 \bar{J}_m(u) = -W^2 \overline{K}_m(W) \tag{1.3.18}$$

这里,

$$\bar{J}_m(u) = \frac{J_{m-1}(u) J_{m+1}(u)}{J_m^2(u)}, \quad \overline{K}_m(W) = \frac{K_{m-1}(W) K_{m+1}(W)}{K_m^2(W)}$$

这便是确定模式系数 m、n 的本征方程。m 取 0、1、2 等正整数,n 是方程(1.3.18)的根的序数。若 n_1、n_2、a、k_0 确定,对于一个给定的 m,求解本征方程得到第 n 个根,就可得到相应的 β_{mn}。

1.3.6 模式截止条件

从射线光学的角度理解,截止就是射线与光纤轴的夹角过大,在纤芯和包层的界面不能满足全反射的条件。用折射率分布曲线与模式传输常数 β 的比较图 1.3.8 和图 1.3.9 来分析,就是当 β 趋于 $n_2 k_0$。用标量解来解释,就是对于给定的 n_1、n_2、a 等光纤参数和波数 k_0 或波长 λ,特征方程只能找到有限个解。

因此,由式(1.3.15)可以得到结论: $W \to 0$,或者,$v_c = u$ 就是导模截止的条件。

当 $W \to 0$ 时,对于任意的 m,都有 $W^2 \overline{K}_m(W) \to 0$,根据方程(1.3.18),阶跃折射率光纤的截止条件也可以表示为

$$u^2 \bar{J}_m(u) = 0 \tag{1.3.19}$$

亦即

$$\frac{J_{m-1}(u) J_{m+1}(u)}{J_m^2(u)} = 0 \tag{1.3.20}$$

$(m-1)$ 阶贝塞尔函数为 0 的那些根的序数,便是 n。因此,模式序数为 mn 的标量模的截止条件就都可以确定。利用贝塞尔函数的零点值,可以绘制出阶跃折射率光纤各个标量模的 u 的取值范围,如表 1.3.1 所示,其中纵向是模式序数 m,横向是 n。

表 1.3.1 阶跃折射率光纤各标量模的 u 的取值范围

	u		
	$n=0$	$n=1$	$n=2$
$m=0$	0→2.4	3.83→5.52	7.01→8.65
$m=1$	2.4→3.83	5.52→7.01	8.65→10.17
$m=2$	3.83→5.13	7.01→8.41	10.17→11.61

当输入光的波长 λ 增大,或光纤的参数 a、Δ 减小时,归一化频率 ν 减小,传播常数 β_{mn} 减小。当 m 和 n 增大时,β_{mn} 也会减小。传播常数减小,最终导致光波进入截止态,即光波不能再以导模的形式在光纤中传播了。

根据上面对截止条件的分析,可以在阶跃折射率光纤中实现单模操作。对 Ψ_{00} 模,其截止条件为 $\nu=0$;只要是光纤或光波,归一化频率不可能为 0。因此 Ψ_{00} 不会截止,称 Ψ_{00} 为基模。而对于 Ψ_{10} 模,其截止条件是 $\nu=2.4048$。当 $\nu<2.4048$ 时,光纤中就可以实现单模操作。因此 $\nu=2.4048$ 时的波长又称为"截止波长"。

绘制不同模式 u 和 ν 的关系曲线,如图 1.3.11 所示。当 $\nu<2.4048$,光纤中仅存在 Ψ_{00} 模,其他模式全部截止。

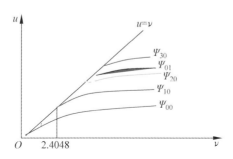

图 1.3.11 不同模式 u 与 ν 的关系曲线

绘制不同模式下的 $\dfrac{\beta}{k_0}$ 与 ν 的关系曲线,如图 1.3.12 所示。当 $\dfrac{\beta}{k_0} \to n_2$ 时,除基模 Ψ_{00},其余导模全部截止。

当频率远离截止时,假设 $\nu \to \infty$,此时 $u^2 = a^2(n_1^2 k_0^2 - \beta^2)$ 仍然是有限值。因此,$W^2 \to \infty$,由此得到:$\overline{K_m(W)}|_{W \to \infty} \approx 1$ 和 $W^2 \overline{K_m(W)}|_{W \to \infty} \to \infty$。因此,$-u^2 \overline{J_m(u)} \to \infty$,于是可得

$$J_m(u) = 0 \tag{1.3.21}$$

这就是远离截止时的本征方程。

模式截止的条件式(1.3.20)和远离截止的条件式(1.3.21)都与贝塞尔函数相

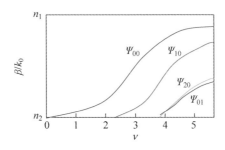

图 1.3.12　不同模式下 $\dfrac{\beta}{k_0}$ 与 ν 的关系曲线

关,所以在表 1.3.1 中,所有的数据都是贝塞尔函数的零点值。模式序数为 m、n 的标量模,右侧数据是远离截止的 u 值,左侧数据是模式截止时的 u 值。

1.3.7　单模光纤的电磁场分布

光纤的纵向是传输方向。在这个方向上,光是行波。

光纤的模式是指横向的谐振。如果横向模式只有一个基模,称为单模光纤。如果光纤的芯径比光波长大了好多倍,那么类似于激光谐振腔的多个纵模,此时的光纤也将会有不止一个横模满足横截面上谐振的条件。也就是说,有多个模式的光可能在光纤中得以传播,称为多模光纤。

式(1.3.15)定义了光纤的归一化频率,它是与光纤芯径、折射率分布以及传输光波长有关的一个参数。具体表达式为 $\nu = a k_0 \sqrt{n_1^2 - n_2^2}$,式中 $k_0 = 2\pi/\lambda$,a 是光纤纤芯的半径。1.3.6 节已经证明,当归一化频率 $\nu < 2.4048$,光纤就是单模操作。

根据 1.3.6 节的标量模分析理论,可得基模 Ψ_{00} 的横向电场 E_t 分布

$$E_t = \begin{cases} A J_0\left(\dfrac{ur}{a}\right), & r \leqslant a \\[3mm] A \dfrac{J_0(u)}{K_0(W)} K_0\left(\dfrac{Wr}{a}\right), & r > a \end{cases} \tag{1.3.22}$$

式中,J_0 是零阶第一类贝塞尔函数;K_0 是零阶第二类变型贝塞尔函数;a 是光纤纤芯的半径;u、W 称为光纤的横截面参数。

光纤纤芯中($r < a$)的解是第一类贝塞尔函数,而包层中($r > a$)的解是第二类变型贝塞尔函数,标量解必须满足边界条件。在 $r = a$ 这一点,两边的函数值连续,并且可导。图 1.3.13 表示单模光纤中电场强度的分布。

需要注意,纤芯以外场强并不为零,而是有一个衰减很快的场强分布。射线光学或几何光学得出的“全反射”结论在空间相比波长很大时成立。当空间与波长可以比拟时,采用电磁波的麦克斯韦方程组的解,更加准确地描述了场强的分布。

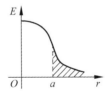

图 1.3.13　单模光纤中电场强度的分布示意图

我们称纤芯外的沿径向衰减的电磁场为消逝场(evanescent field)。

将同样的标量近似法运用于渐变折射率光纤,可以得到基模 Ψ_{00} 的横向电场
分布为[4]

$$E_t = \frac{1}{S_0\sqrt{\pi}}\exp\left[-\frac{1}{2}\left(\frac{r}{S_0}\right)^2\right] \tag{1.3.23}$$

式中,$S_0 = \left[\dfrac{a}{\sqrt{2\Delta}k_0 n_1}\right]^{1/2}$ 称为模斑尺寸。光纤的横向电场呈高斯分布。绘制这样
的高斯分布曲线如图 1.3.14 所示,并在图中将不同的 S_0 的情况加以比较。

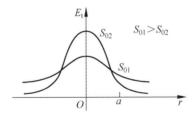

图 1.3.14　S_0 不同时渐变折射率光纤中基模的场强分布

注意两点:①阶跃和渐变光纤,基模的场强分布形状相近;②两种光纤在纤芯
外边都有消逝场。

在 $r = S_0$ 处,场强 $E_t(S_0) = \dfrac{E_t(0)}{\sqrt{e}}$。因为 $S_0 = \left(\dfrac{a\lambda}{\sqrt{2\Delta}2\pi n_1}\right)^{\frac{1}{2}} \propto \sqrt{a \cdot \lambda}$,当 λ
减小时,S_0 减小,即限制在纤芯中的能量就越多,如图 1.3.15 所示。

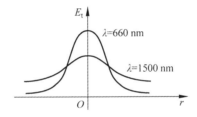

图 1.3.15　光纤中不同波长光的场强分布

通过图 1.3.15,可得纤芯半径 a 处电场与纤芯的电场比值为

$$\frac{E_t(a)}{E_t(0)} = \exp\left[-\frac{1}{2}\left(\frac{a}{S_0}\right)^2\right] = \exp\left[-\frac{1}{2}\sqrt{2\Delta}\,k_0 n_1 a\right] \tag{1.3.24}$$

由式(1.3.24)可知,当纤芯半径 a 减小时,$\dfrac{E_t(a)}{E_t(0)}$ 增大,这意味着纤芯中的能量越少,消逝区的能量越多。这一结果符合量子力学的海森堡测不准原理[10]。这一现象产生了许多的实际应用,例如光纤耦合器[3,11]。将拧在一起的两根光纤在高温下拉锥,渐渐地,第一根光纤里传输的光就会耦合到第二根光纤里。各类光纤耦合器在光纤激光器领域中是常用的光纤无源器件,在大功率光纤激光器的泵浦系统中也得到广泛的应用,这一点在第5章中有详细介绍。

另一点需要注意的是,当 λ 减小时,光纤就有可能变成多模操作。假设光纤的截止波长为 1200 nm。在波长为 1500 nm 时,光纤中仅有一个模式;但是当波长小于 1200 nm 时,光纤就变为多模操作。掺铒光纤激光器就是这样的情况,在激光波长为 1550 nm 时,光纤是单模,而在泵浦光波长为 980 nm 时,光纤是多模。

在本书的后续章节中,多处引用实际测量的光纤预制棒或者光纤的折射率分布剖面图,如图 2.3.4、图 4.2.2 和图 4.5.1,它们与本节所采用的理想化的数学描述——阶跃或渐变光纤折射率分布相差甚远。但是本节讲述的几条重要的结论,也是一直指导着光纤科技和工程发展的几条结论,是正确的:

(1) 当光纤的芯径细小到与传输光的波长可以比拟,使得归一化频率 $\nu <$ 2.4048 时,光纤是单模操作。

(2) 单模操作时,光强是中心强、边缘弱的渐变分布。在光纤的出射端,可以测绘这个光强分布。

(3) 单模光纤导光是指绝大部分光能在光纤纤芯里传输。在纤芯外的包层里,仍有很小一部分光能沿着光纤传输。

参考文献与深入阅读

[1] 焦其祥.电磁场与电磁波[M].3 版.北京:科学出版社,2019.

[2] 周炳琨,高以智,陈倜嵘,等.激光原理[M].7 版.北京:国防工业出版社,2014.

[3] 宋菲君,羊国光,余金中.信息光子学物理[M].北京:北京大学出版社,2006.

[4] 张民,林金桐,张志国,等.光波导理论简明教程[M].北京:北京邮电大学出版社,2011.

[5] LIN J T. Polarisation effects in fiber lasers[D]. Southampton: University of Southampton,1990.

[6] JAUNCEY I M,LIN J T,REEKIE L,et al. An efficient diode-pumped CW and Q-switched single-mode fibrelaser[J]. Electronic Letters,1986,22(4):198-199.

〔7〕　BORN M，WOLF E. Principles of optics［M］. Oxford：Pergamon Press，1970.

〔8〕　KAO C K，HOCKHAM G A. Dielectric-fiber surface waveguides for optical frequencies ［J］. Proceedings of the Institution of Electrical Engineers，1966，113（7）：1151-1158.

〔9〕　吴崇试，高春媛. 数学物理方法［M］.3 版. 北京：北京大学出版社，2019.

〔10〕　曾谨言. 量子力学教程［M］. 北京：科学出版社，2003.

〔11〕　李玉权，崔敏. 光波导理论与技术［M］. 北京：人民邮电出版社，2002.

第 2 章

光纤激光器的早期研究

2.1 历史回顾

自从 1958 年 Schawlow 和 Townes 发表第一篇激光器论文[1]，一系列的固体材料被发现能用作增益介质，其中大多数是应用稀土金属掺杂的水晶或者玻璃[2]。而最受重视的是许多水晶基质中掺入三价钕离子材料，因为它在室温下就能产生连续波的激光输出。最为著名的应用是钇铝石榴石（YAG）激光器[3]，其工作原理如图 2.1.1 所示。

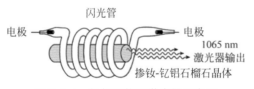

图 2.1.1　钇铝石榴石激光器示意图

图 2.1.1 中，泵浦光源是闪光管（flash tube），掺钕-钇铝石榴石晶体（neodymium-YAG crystal）激光器输出 1065 nm 的红外激光。

科技界在那个时期对于水晶和玻璃这两种基质进行了比较，结论是它们可以相互补充。玻璃适合用作大功率脉冲输出，因为它具有宽阔的荧光谱。而水晶则适合连续波或者高重复率的输出，因为它具备高热导的优点[4]。

第一个光导纤维的激光演示可以追溯到 1964 年[5]。斯奈策（E. Snitzer）和他的团队将掺钕晶体钇铝石榴石的多模光纤卷成螺旋管形状，将闪光泵浦灯放置在多模光纤螺旋管中心，获得了波长为 1.06 μm 的激光输出。

然而，这个激光器的结构（图 2.1.2）与第 1 章提到的一般固体激光介质置于

图 2.1.2　首次报道的掺钕多模螺旋管光纤激光器

自上至下的组件：腔、光纤激光器、闪光泵浦灯、18 cm 刻度尺

FP 腔内的结构,例如图 2.1.1 所示的掺钕 YAG 激光器相比,并没有实质上的改进,因此也就没有太多的后续开发和技术进展。

20 世纪 80 年代,单模光纤在光通信和互联网中的广泛应用,重新激发起学术界对于单模光纤激光器的研究热情。1985 年,英国南安普顿大学甘柏林(W. A. Gambling)教授领导的光纤研究组里佩恩博士的研究团队发表了第一篇单模光纤激光器的论文[6]。标志着一个新型光纤有源器件的诞生和一个新的研究方向的兴起。

在本书后续的章节中,除非特别指明,"光纤激光器"一词都是指单模光纤激光器。

到了 20 世纪 80 年代后期,全球从事光纤激光器研究开发的单位已经有很多。据笔者不完全统计,截至 1990 年,至少有 7 种稀土金属,包括钕(Nd)、铒(Er)、镨(Pr)、镱(Yb)、钐(Sm)、铒镱(Yb/Er)和钬(Ho)等掺杂的单模玻璃光纤产生了激光,见表 2.1.1。

表 2.1.1　稀土掺杂的光纤激光器早期研究成果

掺杂稀土离子	泵　浦　源	输出波长/μm	实　验　室
Nd^{3+}	二极管激光器	0.94	SO,PO
	二极管激光器	1.05～1.09	SO,BT,HOYA,BELL,NTT,PO
	氩/染料激光器	1.3～1.4	GTE,BT,PO
Er^{3+}	二极管激光器	1.6	SO,BT,PO
	氩/染料激光器	1.55	SO,BT,PO,GTE
	氩/染料激光器	2.4	GTE
Pr^{3+}	氩/染料激光器	1.06	SO
Yb^{3+}	染料激光器	0.9,1.06	SO
Sm^{3+}	氩激光器	0.651	SO
Yb^{3+}/Er^{3+} 共掺	二极管激光器	1.55	PO,SO
Ho^{3+}	氩/染料激光器	2.1	BT

表 2.1.1 中列出了掺杂稀土离子、泵浦源、输出波长和实验室名称。其中英文缩写的意义是：SO——南安普顿大学,PO——宝利来,BT——英国电信[7],HOYA——日本保谷公司,BELL——美国贝尔实验室,NTT——日本电报电话公司,GTE——美国通用电话电子公司。

2.2　稀土元素和稀土掺杂玻璃的能级

现代所有的科研成果,都是在前人创造的知识基础上取得的。在研制第一批单模光纤激光器之前,对于表 2.1.1 中所描述的 6 种稀土金属,钕、铒、镨、镱、钐、钬,以及铒镱混合掺杂在玻璃中的可能的能级跃迁,在物理学、化学和激光技术领域都已经有了深入的了解,如图 2.2.1 所示[8]。

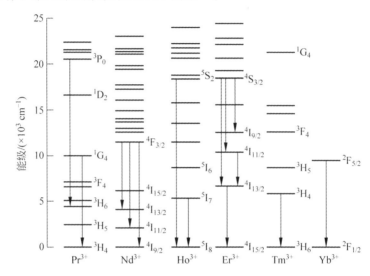

图 2.2.1　稀土掺杂的光纤激光器早期成果所对应的能级跃迁图

图中,H、G、D、P、I、F、S 都是量子力学对于原子离子能级的分类称呼[9]

稀土元素是历史遗留下来的名称。稀土从 18 世纪末开始陆续发现,当时人们把不溶于水的固体氧化物称为土,因为比较稀有,所以得名为稀土(rare earth)。

稀土在化学元素周期表中列为镧系元素,原子序数为 57~71,镧系元素共 15 种,分别是：镧(La)、铈(Ce)、镨(Pr)、钕(Nd)、钷(Pm)、钐(Sm)、铕(Eu)、钆(Gd)、铽(Tb)、镝(Dy)、钬(Ho)、铒(Er)、铥(Tm)、镱(Yb)、镥(Lu)。另有两个元素,钇(Y)和钪(Sc),原子序数分别为 21 和 39,因为同处于周期系ⅢB 族中,与镧系元素的化学特性高度相似,也被称作稀土元素。

近代量子物理化学对于镧系元素的结构已经有清晰的理解。在玻璃中,镧系稀土元素的原子结构相似,在形成化合物中的三价离子半径相近,为 $0.84 \sim 1.06 \times 10^{-10}$ m。镧系元素的基态各有不同,但外层有三个电子被移走,因此形成三价离子。这是稀土元素的共性,也是造成稀土元素化学性质相似的根本原因。在化学元素周期表中,一般将镧元素列在ⅢB 族中,而将镧系元素的其他稀土元素单独列出,如图 2.2.2 所示。

元素周期表

	1 IA	2 IIA	3 IIIB	4 IVB	5 VB	6 VIB	7 VIIB	8	9 VIII	10	11 IB	12 IIB	13 IIIA	14 IIIA	15 VA	16 VIA	17 VIIA	18 VIIIA
1	1 H 1.008																	2 He 4.003
2	3 Li 6.941	4 Be 9.012											5 B 10.81	6 C 12.01	7 N 14.01	8 O 16.00	9 F 19.00	10 Ne 20.18
3	11 Na 22.99	12 Mg 24.31											13 Al 26.98	14 Si 28.09	15 P 30.97	16 S 32.06	17 Cl 35.45	18 Ar 39.95
4	19 K 39.10	20 Ca 40.08	21 Sc 44.96	22 Ti 47.90	23 V 50.94	24 Cr 52.00	25 Mn 54.94	26 Fe 55.85	27 Co 58.93	28 Ni 58.70	29 Cu 63.55	30 Zn 65.38	31 Ga 69.72	32 Ge 72.59	33 As 74.92	34 Se 78.96	35 Br 79.90	36 Kr 83.80
5	37 Rb 85.47	38 Sr 87.47	39 Y 88.91	40 Zr 91.33	41 Nb 92.91	42 Mo 95.94	43 Tc (97)	44 Ru 101.1	45 Rh 102.9	46 Pd 106.4	47 Ag 107.9	48 Cd 112.4	49 In 114.8	50 Sn 118.7	51 Sb 121.8	52 Te 127.6	53 I 126.9	54 Xe 131.3
6	55 Cs 132.9	56 Ba 137.3	57 La* 138.9	72 Hf 178.5	73 Ta 180.9	74 W 183.5	75 Re 18e.2	76 Os 190.2	77 Ir 192.2	78 Pt 195.1	79 Au 197.0	80 Hg 200.6	81 Tl 204.4	82 Pb 207.2	83 Bi 209.0	84 Po (209)	85 At (210)	86 Rn (222)
7	87 Fr (223)	88 Ra (226)	89 Ac** (227)	104 Rf (261)	105 Db (262)	106 Sg (263)	107 Bh (262)	108 Hs (265)	109 Mt (265)									

镧系*

58 Ce 140.1	59 Pr 140.9	60 Nd 144.2	61 Pm (145)	62 Sm 150.4	63 Eu 152.0	64 Gd 157.3	65 Tb 158.9	66 Dy 162.5	67 Ho 164.9	68 Er 167.3	69 Tm 168.9	70 Yb 173.0	71 Lu 175.0

锕系**

90 Th 232.0	91 Pa (231)	92 U (238)	93 Np (237)	94 Pu (244)	95 Am (245)	96 Cm (247)	97 Bk (247)	98 Cf (251)	99 Es (252)	100 Fm (257)	101 Md (258)	102 No (259)	103 Lr (262)

图 2.2.2　镧系元素在元素周期表中的位置

稀土元素的原子量、原子半径以及三价离子的半径,科技界都掌握有详尽的数据,见表 2.2.1[10]。

表 2.2.1　稀土原子和离子的物理参数和电子构型

原子序数	元素名称	元素符号	原子量	电子构型		原子半径 /pm	离子半径 (+3)/pm
				0	+3		
57	镧	La	138.9066	$[Xe]\quad 5d^1\,6s^2$	$[Xe]4f^0$	187.7	106.1
58	铈	Ce	140.12	$[Xe]4f^1 5d^1\,6s^2$	$[Xe]4f^1$	182.4	103.4
59	镨	Pr	140.9077	$[Xe]4f^3\quad 6s^2$	$[Xe]4f^2$	182.8	101.3
60	钕	Nd	144.24	$[Xe]4f^4\quad 6s^2$	$[Xe]4f^3$	182.1	99.5
61	钷	Pm	(145)	$[Xe]4f^5\quad 6s^2$	$[Xe]4f^4$	181.0	97.9
62	钐	Sm	150.36	$[Xe]4f^6\quad 6s^2$	$[Xe]4f^5$	180.2	96.4
63	铕	Eu	151.96	$[Xe]4f^7\quad 6s^2$	$[Xe]4f^6$	204.2	95.0
64	钆	Gd	157.25	$[Xe]4f^7 5d^1\,6s^2$	$[Xe]4f^7$	180.2	93.8
65	铽	Tb	158.9254	$[Xe]4f^9\quad 6s^2$	$[Xe]4f^8$	178.2	92.3
66	镝	Dy	162.50	$[Xe]4f^{10}\quad 6s^2$	$[Xe]4f^9$	177.3	90.8
67	钬	Ho	164.9304	$[Xe]4f^{11}\quad 6s^2$	$[Xe]4f^{10}$	176.6	89.4
68	铒	Er	167.26	$[Xe]4f^{12}\quad 6s^2$	$[Xe]4f^{11}$	175.7	88.1
69	铥	Tm	168.9342	$[Xe]4f^{13}\quad 6s^2$	$[Xe]4f^{12}$	174.6	86.9
70	镱	Yb	173.04	$[Xe]4f^{14}\quad 6s^2$	$[Xe]4f^{13}$	194.0	85.8
71	镥	Lu	174.967	$[Xe]4f^{14} 5d^1 6s^2$	$[Xe]4f^{14}$	173.4	84.8

表 2.2.1 中 15 个稀土元素的最外电子层的结构相同,都是 2 个 s 电子,在与别的元素化合时,通常都是失去最外层的 2 个 s 电子和次外层的 1 个 d 电子,形成 +3 价的离子。如果没有 d 电子的元素,则失去一个 4f 电子,同样形成 +3 价离子。因此,稀土元素的 +3 价离子,它们的次外层 $4f^n$ 的电子数,根据镧系元素原子序数的增加,是从 0 到 14 依次排列的。表 2.2.1 的电子构型栏中给出了镧系各元素原子的电子构型和 +3 价离子的电子构型。

第 1 章介绍了两能级激光系统的简化模型,用来说明自发辐射、受激辐射以及光的吸收等物理概念。当稀土金属掺杂到玻璃基质中,它们实际的能级分布要比两能级理想简化模型复杂得多。在单模光纤激光器发明研究的初期,研究探索最为详尽的是玻璃中掺杂钕离子 Nd^{3+} 和铒离子 Er^{3+}。它们在玻璃基质中的能级图如图 2.2.3 所示[7]。

在能级图中,用箭头标出且伴有数字的,单位是 μm,是单模光纤激光器早期研究实现的输出波长。这里箭头所表示的两个能级就是第 1 章简化了的"两能级"系统。

对于 Nd^{3+} 的能级,可以作分析理解如下:

$^4I_{9/2}$ 是基态,能量最低的一级。在热平衡状态下,是玻尔兹曼分布中离子数最多的一个能级。假如没有任何扰动,粒子将永久处于基态。在它上方的 $^4I_{11/2}$、

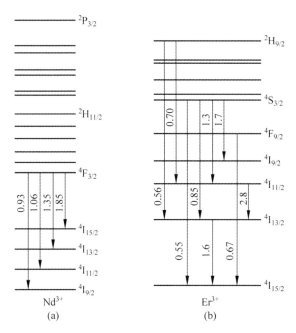

图 2.2.3　玻璃中掺杂的 Nd^{3+} 和 Er^{3+} 的能级图，以及对应的激光波长

图中单位为 μm

$^4I_{13/2}$、$^4I_{15/2}$ 三个能级，虽然是产生激光的"两能级"系统的下能级，但它们不是基态，粒子在这些能级的寿命比较短，当电子从上能级跃迁到下能级，释放一个光子以后，因为寿命有限而弛豫转移到基态。这种转移并不伴随有光子的辐射，是一种非辐射转移，只产生了一些热量。

图 2.2.3 中标出了激光上能级 $^4F_{3/2}$，是亚稳态的能级。钕离子亚稳态的寿命很长，达到 10^{-3} s。在这个能级的上方各个能级，例如图中标出的 $^2H_{11/2}$ 和 $^2P_{3/2}$ 等各个能级，粒子的寿命都很短，为 $10^{-8}\sim10^{-9}$ s，这些能级上的粒子会很快弛豫转移到亚稳态能级。

对于 Nd^{3+} 这样的能级图，可以简化为图 2.2.4，称为四能级的激光系统。

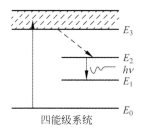

图 2.2.4　四能级激光系统

31

泵浦光将基态 E_0 的电子抽取到吸收能级 E_3，电子经过弛豫转移到激光上能级 E_2，经过自 E_2 到 E_1 的自发跃迁，进而受激跃迁的过程，谐振腔内逐步建立振荡，产生激光。而激光下能级 E_1 的电子寿命很短，弛豫转移回到基态 E_0，参与下一个抽取—弛豫—受激辐射—弛豫的过程。这就是一个激光四能级系统的工作过程。

应该注意，对应于 0.93 μm 的跃迁，是直接向 $^4I_{9/2}$ 基态能级的跃迁。它不能理解为四能级系统。

从 Er^{3+} 的能级图可以看到，它可以提供的激光谱线很多。以靠近光通信第三窗口的 1.6 μm 为例，它的激光下能级也就是基态 $^4I_{15/2}$。

激光下能级是基态的系统称为三能级激光系统。

要获得激光，首先需要上、下能级形成粒子数反转，也就是上能级粒子数大于下能级粒子数。泵浦光将电子从下能级抽取到上能级以实现粒子数反转。

式(1.2.8)指出，阈值条件 $(N_2 - N_1)/\rho \nu \tau_2 = 1/\tau_c$。

由于四能级系统中 E_1 能级的粒子寿命很短，N_1 近似为零，因此 N_2 达到阈值的条件，也就是，相比于三能级系统，对于泵浦功率的要求更容易得到满足。

激光波长为 1.06 μm 的掺钕玻璃光纤激光器是典型的四能级激光系统。

为探索光纤激光器的实用性，南安普顿大学早期的研究集中在使用半导体激光器为泵浦源的掺钕光纤的四能级系统，报道了一系列用半导体激光器作为泵浦源实现的常温下激光输出的单模光纤激光器[11,12]。

2.3 稀土掺杂光纤的制备

南安普顿大学光纤研究组实验室具备制作光纤预制棒和拉制光纤的设备条件。1985 年，当时还是博士生的赛蒙·颇尔(Simon B. Poole)提出一种"改进的气相沉积法＋配室(MCVD＋chamber)"的方法。与同事们制成了第一批掺钕、掺铒和掺铥的稀土掺杂单模光纤。

当年的稀土金属掺杂光纤预制棒的制作方法是，在常规 MCVD 的玻璃套管制作完包层部分后，在它的前端，即气相物质入口端，一个附加配室(chamber)里，放置稀土掺杂化学制品，例如图 2.3.1 中的三氯化钕 $NdCl_3$，在它的外围设置一个固定的第二加热火炬(stationary second burner)，以控制将稀土掺杂化学制品气化的温度。而其余部分，移动的沉积加热火炬(deposition burner)，制作玻璃的所需气相物质——$SiCl_4$、$GeCl_4$ 和 O_2 的控制，剩余气体的出口端(to exhaust)的控制，仍然按常规的 MCVD 法操作[13,14]，如图 2.3.1 所示。

结果表明，采用这样的装置制作的预制棒，可以使得纤芯中掺入稀土离子，并

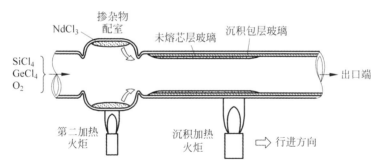

图 2.3.1　稀土金属掺杂光纤预制棒的制作

且可以掺杂均匀,掺杂的浓度也可控。除了掺杂离子产生的吸收峰外,对于光纤的低损耗窗口,并没有太多的影响。一个掺钕光纤损耗谱如图 2.3.2 所示。

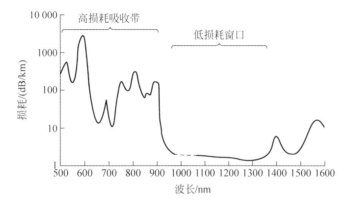

图 2.3.2　掺钕光纤的损耗谱:吸收峰与低损耗窗口

掺杂浓度用单位"mppm"(molar parts per million)即"摩尔百万分"来表示。业界也常简化为以"ppm",即"每百万受体原子中的掺杂离子数"来表示。图 2.3.2 所测试的光纤,掺钕浓度为 30 ppm,即 0.003 mol%。

测定光纤在泵浦波长的吸收谱是设计激光器前必不可少的工作。实际上,物理学和工程上那些能级的理论图表都是量子理论与这一类测试相比较、相结合的产物。图 2.3.2 的损耗谱与普通通信光纤的损耗谱相比较,掺钕光纤的吸收谱便一目了然。吸收谱中的多个峰值对应于图 2.2.3(a)中的 $^4F_{3/2}$ 和 $^2P_{3/2}$ 之间的多个能级。

荧光谱,也就是有源光纤增益谱的测定,可以判断光纤激光器的激光波长。图 2.3.3 是南安普顿实验室测定的第一批掺钕、掺铒和掺铥光纤的荧光谱。掺钕光纤荧光谱中的两个明显峰值对应于图 2.2.3(a)中的激光跃迁 0.93 μm 和 1.06 μm。

稀土金属掺杂光纤作为光纤激光器的有源介质,它的折射率分布对于激光器性能影响很大。传统 MCVD 制作光纤的控制折射率的技术,是控制气相沉积的化

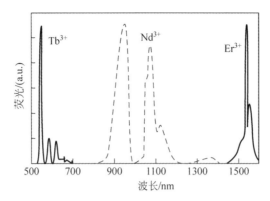

图 2.3.3 掺钕、掺铒和掺铽光纤的荧光谱

学物质,譬如在光纤包层加 P_2O_5,在纤芯中加 GeO_2。将这样的技术移植到稀土掺杂的光纤预制棒工艺中来,便可以实现对预制棒的折射率的设计。图 2.3.4 是南安普顿大学对于掺铒光纤预制棒的测试结果。采用 MCVD 方法,包层沉积 SiO_2-P_2O_5-F_2 15 层,纤芯掺铒并沉积 GeO_2-SiO_2 两层。测得的纤芯层与包层的折射率差约为 0.01。

图 2.3.4 所测试的预制棒,芯层的掺铒浓度为 0.045 mol%,包层与纤芯层厚度比 8:1。

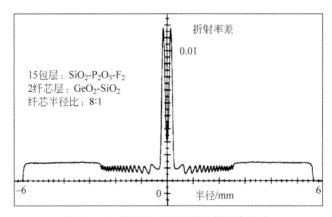

图 2.3.4 掺铒光纤预制棒的折射率分布

这种“改进的气相沉积法＋配室”的方法,成功地将稀土离子掺入了单模光纤的纤芯,使得单模光纤成为有源光纤,成为了光纤激光器和光纤放大器的有源介质。

这样的“气相法”也有以下几点局限:①比较难以实现高掺杂浓度,一般很难超过 0.09 mol%;②要求在气相沉积时精确控制温度;③难以实现混合稀土金属掺杂。

南安普顿大学后来报道的“稀土溶液浸泡法”[15]克服了“气相法”的上述三个局限。

【花絮】　赛蒙·颇尔(Simon B. Poole)是稀土掺杂第一人,是文献[13]和[14]的第一作者。他因为稀土掺杂光纤的发明,获得过很多奖项。在他获得博士学位之后不久,澳大利亚悉尼大学邀请他担任了光导纤维研究中心主任教授。后来他担任了国际著名光电子企业FINISAR 的创新研究院主任。2020 年,他被遴选为澳大利亚科学院院士。

赛蒙·颇尔(右)

用常规的 MCVD 方法制作预制棒的包层部分之后,降低温度沉积芯层,形成一个蓬松海绵状的芯区。然后从制作床取下预制棒,将这样未经过"缩棒烧结"工艺过程的预制棒浸泡在稀土金属溶液里,比如 1 h,然后再进行在高温下"缩棒"的加工,就完成了稀土掺杂预制棒的制作。后面从预制棒拉制光纤的工艺过程,与传统方法完全相同。

根据第一批早期实验的报道,用这种方法可以重复制作稀土金属离子掺杂芯棒,掺杂浓度均匀、可控,掺杂浓度可以高达 0.4 mol％。并且,用这种方法也可以达到两种或数种稀土金属离子同时掺杂的目的。比如,同时掺铒(Er)和镱(Yb)在一根光纤里,测得的吸收谱如图 2.3.5 所示。

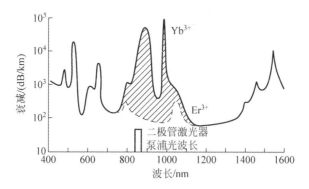

图 2.3.5　铒镱共掺杂光纤的吸收谱(掺杂浓度：铒 0.12 mol％,镱 0.43 mol％)

两种或数种稀土金属离子混合掺杂的技术,在后来的光纤激光器发展中得到许多实际应用[16]。在第 4 章以及第 5 章等后续章节将有详尽介绍。

2.4　光纤激光器的谐振腔

光纤激光器的谐振腔可以分为两大类：F-P 腔（图 2.4.1）和环形腔。

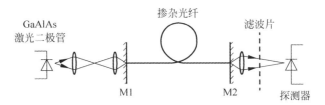

图 2.4.1　F-P 腔光纤激光器

与固体激光器最为显著的区别在于，泵浦光从光纤端面注入增益介质。输入端的镜面 M1，在理想的情况下，对于泵浦光波长，有 100％的透射率；对于激光波长，有 100％反射率。输出端镜面 M2 的设计，对于泵浦光波长，有 100％反射率；而对于激光波长，则应根据实验要求，设计好对于波长的透射率，获得理想的激光输出。如果 M2 对于激光波长也是 100％的反射率，则腔内振荡，但没有输出。如果激光波长上的透射率过大，将使得激光器的阈值升高，甚至不能引起振荡。如果已知泵浦功率、泵浦效率和激活介质特性，理论上可以求得一个 M2，使得激光器输出最大。式(1.2.6)阐述了这个道理。

检测器可以用来帮助调试泵浦光是否已经准确注入光纤。激光产生后，可以用滤波器滤除残余泵浦，观察测试纯净激光输出。

利用 1.3 节阐述的"消逝场"概念，人们可以设计制作光纤耦合器，精心设计好在泵浦光波长和激光波长的耦合系数，便可以制作环形谐振腔光纤激光器，如图 2.4.2 所示。

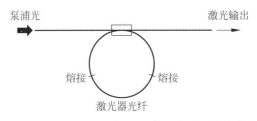

图 2.4.2　环形谐振腔光纤激光器（图中已省略了滤波片和探测器）

注入光纤的泵浦光，由光纤耦合器进入环形谐振腔。环形谐振腔由光纤耦合器的两端熔接(splice)一段有源光纤组成。形成谐振产生的激光再由耦合器将一部分激光从输出端射出。当然，理想的情况是 100％的泵浦光进入环形腔，而且设计一个最佳的激光波长上的耦合输出率，得到最大或最合适的输出值。

2.5 光纤激光器早期研究成果

南安普顿大学报道的第一个光纤激光器[6]是掺钕的,增益介质的掺杂浓度较低。设计了两种不同的谐振腔结构(图 2.4.1 和图 2.4.2)进行实验,都获得了成功。

当用半导体激光器(820 nm)泵浦,采用 F-P 谐振腔时,获得的激光工作波长是 $1.088~\mu\mathrm{m}$。可以稳定输出连续(CW)激光,输出功率为微瓦量级。

当泵浦源是氩离子激光器所泵浦的染料激光器(595 nm),采用环形谐振腔结构时,激光输出复杂一些。当激光器工作在刚超阈值时,输出激光单一,波长为 $1.07~\mu\mathrm{m}$。而当泵浦功率达到阈值的 1.25 倍时,观察到多频激光输出,如图 2.5.1 所示。

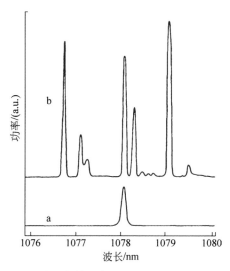

图 2.5.1 第一台单模光纤环形腔激光器输出的光谱

a:泵浦功率达到阈值 P_{th} 时的光谱;b:泵浦功率为 $1.25P_{\mathrm{th}}$ 时的光谱

半导体激光器泵浦的光纤激光器具有显著的实用示范性。南安普顿大学后续报道了一个高效率的光纤激光器实验[12],实验所用的泵浦源为镓铝砷半导体激光器,波长是 810 nm,谐振腔结构是 F-P 腔,CW 激光输出曲线如图 2.5.2 所示。

由于优化地选择了掺杂浓度和光纤谐振腔的长度,这一台实验室的光纤激光器吸收了 $5\sim6~\mathrm{mW}$ 的泵浦功率时,测得的输出功率超过了 $1~\mathrm{mW}$,斜率效率达 33%。

实验室光学平台上搭建光纤激光器,声光调制器(acousto-optic deflector)作为调 Q 器件放置在腔内,实现了调 Q 操作,如图 2.5.3 所示。

调 Q 脉冲峰值功率达到 300 mW,脉冲宽度为 500 ns,脉冲重复率为 400 Hz[12]。

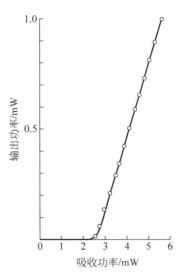

图 2.5.2　高效率激光器的激光输出曲线

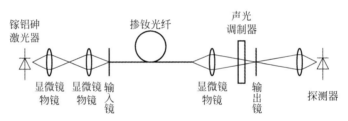

图 2.5.3　产生调 Q 脉冲的实验装置图

在早期的研究中，南安普顿还报道了一个掺铒的激光器[17]，激光波长为 1.55 μm，具有低阈值、波长可调的特性，实现了连续波和调 Q 操作。谐振腔光纤长为 90 cm，泵浦源是氩离子激光器，泵浦波长为 514.5 nm，在调 Q 操作时，使用了声光调制器。

对于这篇实验成果的报道，笔者作以下几点评论：

(1) 激光波长 1.55 μm，正好是光纤通信的第三个窗口，也是光纤损耗最小的波长。在这个波长上获得激光输出，十分振奋人心。不是因为找到了光纤通信第三窗口的光源，而是因为，既然证明了有源介质产生了激光，那么这个介质在同样的波长上能够作为行波放大器件，就是毫无疑问的。

(2) 这一篇论文和南安普顿研究组在巴尔的摩激光与光电子 1986 年会 (CLEO'86)上的特邀报告[18]，极大地推动了光纤放大器的研究和开发。光纤放大器的发明后来被公认为"通信技术的一场革命"。因为它告别了每 100 km 进行一次"光-电-光"转换的低效率的信息处理过程。

(3) 这两篇论文开辟了一个新的研究领域，推动创建了一条完整的产业链：掺铒光纤放大器(EDFA)。

（4）这篇论文所报道的调频实验，激光波长可调范围高达 25 nm（1.528～1.542 µm 和 1.544～1.555 µm），如图 2.5.4 所示。在激光家族里，很难找到调频范围这样宽的增益介质材料。这样宽阔的增益谱，使得波分复用(WDM)技术得以实现。

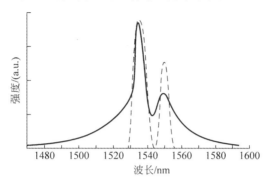

图 2.5.4　激光器调频范围(虚线)，实线是荧光谱

（5）从 WDM 技术的提出和工程实现，美籍华人学者、美国光学学会前主席、贝尔实验室的厉鼎毅(Tingye Li)先生做出了卓越贡献[19]。最终导致 20 世纪末 21 世纪初 EDFA＋WDM 技术在全球范围光纤通信网络，亦即互联网上的广泛应用[20]。

（6）掺铒玻璃激光器是三能级系统。这篇论文是三能级系统能在室温下 CW 操作的首次报道。充分展示了光纤激光器的效率优势。

【花絮】　光纤激光器的早期研究的同事们，一直活跃在光电子 通信领域，他们后来在世界各地不同的单位，经常在国际学术会议上会晤。这是他们 2012 年在 OFC 国际会议上重逢的照片。

左起：P.R.Morkel(美国，企业)，S.B.Poole(澳大利亚，企业，国家科学院院士)，
林金桐(中国，高校)，D.N.Payne(英国，高校，皇家学会院士)，J.D.Minelly(英国，企业)，
D.J.Richardson(英国，高校，皇家学会院士)

本书的后续章节引用了他们当年的不少论文作为参考文献。

2.6　光纤激光器的优点

光纤激光器相比于固体激光器和以前的多模光纤激光器,具有一系列优点。因此,由南安普顿大学开始的研究,掀起一股致力于光纤激光器研究开发、工业应用的国际浪潮,至今仍方兴未艾。

第一,由于使用单模光纤作为谐振腔,因此激光的输出必定是基模,高阶模式全部被截止。基模的光强分布如式(1.3.22)所表述,纤芯内为零阶第一类贝塞尔函数;纤芯外为零阶第二类变型贝塞尔函数,或者如式(1.3.23)所表述的高斯函数。从而避免了一般固体激光器必须采用的复杂的选模过程[21]。

需要指出,理论上的基模光强分布,是假设光纤折射率分布为理想的阶跃型或渐变型而得到的。实际测得的折射率分布如图 2.3.4 所示,与理想"阶跃"或"渐变"相差颇为明显。但是,只要光纤的纤芯折射率高于包层,芯径小到能保证单模操作,那么在单模光纤中传输的光的强度分布就必定是这种类似高斯函数的。因此,输出激光光束的质量得以保证。

第二,单模光纤的芯径一般是 $3.0\sim5.5\ \mu m$。高密度的泵浦功率集中在极为细小的谐振腔里,使得光纤激光器腔内的光子功率密度很高,而传输损耗又很低,因此具有极低的激光阈值和相当高的斜率效率。早期的实验室研究数据表明,光纤激光器的阈值可以低至毫瓦量级,而斜率效率可以达到 44%[16]。后来的研发实践表明,当光纤激光器介质采用能级结构简单、泵浦波长和发射波长处不存在激发态吸收、可以阻碍多光子非辐射弛豫和浓度淬灭的掺镱光纤时,斜率效率可以高达 80%[22]。

正是因为高效的原因,使得一些以前观察不到的激光现象在光纤激光器里得以实现。例如,第一次实现了常温下掺铒激光器三能级,即 $^4F_{9/2}$-$^4I_{15/2}$,连续波的激光输出[17]。再如,第一次实现了掺钐(Sm)三能级可见光波长的激光输出。

第三,单模光纤激光器的"单模",是指单横模。当采用一些有效技术,譬如比较短的光纤,光纤激光器可以同时提供保证激光输出频谱纯度的两个必要条件:单横模、单纵模。当然,此时需要提高稀土元素的掺杂浓度以保证谐振腔的足够增益,可以实现光纤激光器的单纵模,也就是单频操作。

激光器的单频操作一直是激光技术的追求目标。本书的后续章节会介绍一系列实现光纤激光器单频操作的技术。

第四,理论和实际测量都已揭示,由于稀土元素在玻璃中具备很宽的增益谱,光纤激光器可以实现大功率脉冲激光和较大动态范围的调频操作。在本书中,安排有专门章节讲述大功率脉冲激光的原理、技术和应用。

第五,光纤激光器的纵向泵浦系统可以获得更高的泵浦效率,尤其是在泵浦光源是激光光源,光束立体角很窄的情况下。在笔者(林金桐)初期完成的半导体泵浦的实验中,已经取得 25% 的泵浦光注入效率。相比之下,同时期的常规块状玻璃激光器的泵浦光注入效率为 16%[21]。

采用双包层技术和选用设计得当的谐振腔光纤长度,可以吸收更多的沿着谐振腔光纤传输的泵浦光。这也是本书后续章节要介绍的内容。

第六,尽管与晶体相比,玻璃具较低的热导性能,这是它主要的缺点。但是,单模光纤激光器,它的芯径可以做到很小;而且可以很容易用增加谐振腔长度来减小单位长度的储能。因此,光纤激光器依然能够实现 CW 操作,或者高重复率脉冲操作。迄今为止,所有工业应用的和实验室制备的光纤激光器都不需要采用附加的冷却装置。

第七,光纤激光器与所有现在市场上的单模光纤器件完全兼容。因为这一点,可以很容易推广它的各类实际应用。

正是由于光纤激光器具备上述优点,从 20 世纪 80 年代开始的光纤激光器研究,迄今 30 多年,不仅没有停顿下来,反而不断涌现出一个又一个的新课题、新方向,不断问世一个又一个的新应用。

【花絮】　1990 年,研究组甘柏林教授和领导光纤激光器早期研究的佩恩博士荣获阮克光电子学奖。这是撒切尔夫人在伦敦为他们颁奖的照片。当时,笔者(林金桐)在伦敦国王学院工作,应邀参加了这个颁奖仪式。

左起:甘柏林教授、撒切尔夫人、佩恩博士

【花絮】 南安普顿研究组对于单模光纤激光器的早期研究,获得了英国电气工程师协会(IEE)的奖励。当年笔者(林金桐)使用的英文名为 J. T. Lin。

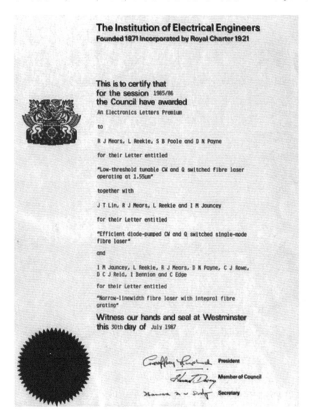

参考文献与深入阅读

[1] SCHAWLOW A L,TOWNES C H. Infrared and optical masers [J]. Journal of the American Society for Naval Engineers,1961,73(1):45-50.

[2] SNITZER E. Optical maser action of Nd^{3+} in a barium crown glass[J]. Physical Review Letters,1961,7(12):444-446.

[3] GEUSIC J E,MARCOS H M,VAN L G. Laser oscillation in a Nd-doped yttrium aluminum, yttrium gallium and gadolinium garnets[J]. Applied Physics Letters,1964,4(10):182-184.

[4] LEVINE A K. Lasers[M]. New York:Marcel Dekker,Inc.,1968.

[5] KOESTER C T,SNITZER E. Amplification in a fiber laser[J]. Applied Optics,1964, 3(10):1182-1186.

[6] MEARS R J,REEKIE L,POOLE S B,et al. Neodymium-doped silica single-mode fiber lasers[J]. Electronics Letters,1985,21(17):738-740.

[7]　LIN J T. Polarisation effects in fiber lasers [D]. Southampton：University of Southampton，1990.

[8]　REISFELD R，JORGENSEN C K. Lasers and excited states of rare earths[M]. Berlin，New York：Springer Verlag，1977.

[9]　罗遵度，黄艺东. 固体激光材料物理学[M]. 北京：科学出版社，2015.

[10]　徐光宪，王祥云. 物质结构[M]. 2 版，北京：科学出版社，2010.

[11]　JAUNCEY I M，LIN J T，REEKIE L，et al. A diode-pumped single-mode fibre laser[C]. United Kingdom，London：IEE Colloquium Nonlinear Optical Waveguides，1986.

[12]　JAUNCEY I M，LIN J T，REEKIE L，et al. An efficient diode-pumped CW and Q-switched single-mode fibrelaser [J]. Electronics Letters，1986，22(4)：198-199.

[13]　POOLE S B，PAYNE D N，FERMANN M E. Fabrication of low-loss optical fibre containing rare-earth ions [J]. Electronics Letters，1985，21(17)：737-738.

[14]　POOLE S B，PAYNE D N，MEARS R J，et al. Fabrication and characterization of low-loss optical fibers containing rare-earth ions[J]. Journal of Lightwave Technology，1986，4(7)：870-876.

[15]　TOWSEND J E，POOLE S B，PAYNE D N. Solution-doping technique for fabrication of rare-earth-doped optical fibers [J]. Electronics Letters，1987，23(7)：329-331.

[16]　TOWNSEND J E，BARNES W L，JEDRZEJEWSKI K P，et al. Yb^{3+} Sensitised Er^{3+} doped silica optical fibre with ultrahigh transfer efficiency and gain[J]. Electronics Letters，1991，27(21)：143-147.

[17]　MEARS R J，REEKIE L，POOLE S B，et al. A low-threshold tunable CW and Q-switched fibre laser oprating at $1.55\mu m$ [J]. Electronics Letters，1986，22(3)：159-160.

[18]　PAYNE D N，REEKIE L，MEARS R J，et al. Rare-earth doped single-mode fibre laisers，amplifiers and devices [C]. United States，San Francisco：Conference on Lasers and Electro-Optics，1986.

[19]　LI T. The impact of optical amplifiers on long-distance lightwave telecommunications[J]. Proceedings of the IEEE，1993，81(11)：1568-1579.

[20]　HOWARD H D. Deploying the world's largest undersea fiber cable system[C]. United States Florida，Orlando：National Fiber Optic Engineers Conference，1998.

[21]　KOECHNER W. Solid-state laser engineering[M]. New York：Springer-Verlag，1976.

[22]　NORMAN S，ZERVAS M N，APPLEYARD A，et al. Latest development of high-power fiber lasers in SPI[C]. United States，San Jose：Lasers and Applications in Science and Engineering，2004：229-237.

第 ③ 章

光纤激光器的偏振效应

世界上首台棒状玻璃激光器在 20 世纪 60 年代问世,首例单模光纤在 80 年代出现。作为这两种技术的组合,光纤激光器成为一个新的研究领域。其中有两点需要考虑:①光纤激光器与传统激光器的区别;②无源光纤与有源光纤的区别。

3.1 光纤激光器与传统激光器的区别

传统激光器所采用的几何结构可以分为两类,即棒状和纤维状。所应用的泵浦源是宽频带和随机偏振的闪光灯。虽然常用的置于棒状增益介质外围的螺旋管状的闪光灯在多模光纤激光器情况下,两者的位置互换了,但在两种情况下,泵浦光都是径向穿过激光介质[1]。

单模光纤激光器区别于传统玻璃激光器有 3 个特征:①窄带的、线偏振的泵浦光;②双折射的激光谐振腔;③纵向泵浦系统。正是这些特性以及激光介质的受激发射截面的偏振各向异性,决定了光纤激光器的偏振行为。

3.1.1 线偏振窄带泵浦光

早期的探索研究和后来的应用开发,所用的泵浦光全部采用了线偏振的激光,例如半导体激光器、氩离子激光器、染料激光器等。采用光的偏振度定义[2]:

$$\text{DOP} = \frac{I_{\max} - I_{\min}}{I_{\max} + I_{\min}} \tag{3.1.1}$$

这些泵浦光的偏振度都在 0.99 以上。或者说,两个垂直方向上的偏振光分量的消光比大于 20 dB。

由于受激辐射截面的偏振各向异性,引起了线偏振泵浦光与玻璃中增益离子间的"偏振选择"的相互作用,产生了一系列的新现象。而在传统的玻璃激光器里,由于泵浦光的偏振随机性,这种相互作用已经被"平均"掉了。

用窄带光源作泵浦,只有那些能与激励量子发生谐振的离子才会受到激发。这种"定态选择"有效地减少了非均匀展宽,使得荧光谱变窄(FLN)。而 FLN 技术正是研究荧光谱的一种手段[3]。可以期望,光纤激光器作为第一个采用激光束泵浦的玻璃激光器,有机会获得一些新的有关玻璃基质中稀土离子的信息。

3.1.2　双折射谐振腔

理论上讲,一个理想圆形的、笔直的、无应力的单模光纤具有两个兼并的传输模,因此在光纤中被导引的光将保持原有的偏振态。然而实际上存在各种各样的不完善性,例如光纤截面的非对称、热应力都会引起双折射。于是,"单模"光纤实际上传输着两个正交的、线偏振的模式。设这两个正交的方向为 x 和 y,这两个模式便有着不同的传输常数,它们的差为

$$\Delta\beta = \beta_y - \beta_x \tag{3.1.2}$$

于是,光纤的偏振特性可以用一个线偏振双折射的单元器件来模拟。光纤中传输的两个正交偏振模相位延迟,正比于传输距离 z[4]:

$$\delta(z) = (\Delta\beta)z \tag{3.1.3}$$

一个有用的描述光纤偏振特征的参数,即归一化双折射系数 B 定义为

$$B = \frac{\lambda}{2\pi}\Delta\beta \tag{3.1.4}$$

式中,λ 是光的波长。我们也可以这样来理解光纤的双折射,实际光纤对于不同的偏振光有着不同的"有效"折射率。式(3.1.4)正好就是模式有效折射率差 Δn。

在双折射光纤中,光的偏振态会周期性重复再现,称为"拍"。拍长为

$$Lp = \frac{2\pi}{\Delta\beta} = \frac{\lambda}{\Delta n} \tag{3.1.5}$$

光纤拍长为毫米量级,甚至小于 1 mm 的,是高双折射光纤。拍长大于 10 cm 的是低双折射光纤。对应的 Δn 量级为 $10^{-4} \sim 10^{-8}$[5]。科技界和学术界对于光纤双折射的理解已经写在教科书上[6]。

光纤的扭转会引起圆双折射。此时,左旋和右旋的圆偏振光在光纤中的传输,也将产生相位延迟[7]。

3.1.3　纵向泵浦系统

因为光纤激光器的谐振腔本身可以成为泵浦光的传输波导,因此从早期探索研究开始,光纤激光器就采用了纵向泵浦系统,如图 2.4.1 和图 2.4.2 所示。这种纵向的泵浦系统与传统棒状激光介质的泵浦系统完全不同。在单个端面纵向泵浦

的情况下,已经证明它可以提供更高的泵浦效率,例如半导体激光泵浦效率高达40%。同时,也可以实施双向泵浦、包层泵浦等技术,从而进一步提高泵浦功率的吸收。

由于是纵向泵浦,线偏振的泵浦光从光纤端面射入光纤后将保留偏振取向的信息。如果一开始,线偏振泵浦光的偏振取向恰与光纤纤芯的某一双折射轴平行,那么泵浦光将保持这一偏振取向沿着光纤传输。当然,这是在假设两个互相正交的偏振模的"串话"可以忽略不计的情况下。如果泵浦光的偏振取向与光纤的双折射轴有一个夹角 α,那么情况就会变得复杂。泵浦光在两个双折射轴上的投影分量将保持不变,而泵浦光和增益离子间的偏振选择的相互作用将沿着光纤,也就是在激光谐振腔里积累这种偏振选择的效果,而不会像在传统激光器情况下。因为随机的泵浦光偏振分布,偏振选择的效果被平均而消失。

3.2　实验样本与实验装置

在研究光纤激光器的偏振效应中,笔者采用了 4 种掺钕光纤样本,见表 3.2.1。样本 1 和样本 4 是较低双折射的光纤,拍长分别大于 50 cm 和 30 cm。样本 2 和样本 3 是高双折射光纤,拍长分别是 7.5 mm 和 8.5 mm。

表 3.2.1　光纤激光器所用的掺钕光纤样本

样　本	1 ND199-05	2 ND425	3 YD191-01A	4 ND518
特征	圆芯	D 型椭圆芯	蝴蝶结型 高双折射	圆芯
包层直径/μm	110	125	110	125
纤芯直径/μm	3.5	4.3(maj.) 3.1(min.)	3.6	4.2
数值孔径(NA)	0.21	0.21	0.12	0.16
截止波长/nm	850	820	720	890
掺杂浓度/ppm	300	300	150	4500
拍长/mm	>500	7.5	8.5	>300
有效折射率差(Δn)	$<10^{-6}$	10^{-4}	10^{-4}	$<2\times10^{-6}$

表 3.2.1 中,D 型椭圆芯光纤、蝴蝶结型光纤都是高双折射光纤业内常用的名称。它们都是在制作光纤预制棒的过程中,在光纤的两个正交轴向施加了有差别的预应力,从而形成光纤内固定的两个双折射轴。例如样本 2,因为 D 型孔的缘故,在拉制光纤的过程中,自然形成椭圆形纤芯,从而形成高双折射光纤。样本 2 的剖面图如图 3.2.1(b)所示。与样本 1(ND199-05,图 3.2.1(a))相比较,纤芯明

显呈椭圆状。

表 3.2.1 中还标出了 4 个样本的不同特性,包括包层直径、纤芯直径、数值孔径(NA)、截止波长、掺杂浓度、拍长和有效折射率差(Δn)。

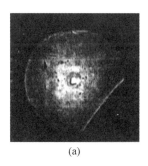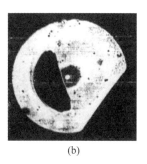

(a)　　　　　　　　　　(b)

图 3.2.1　样本 1 和样本 2 的剖面(光学显微镜照片)

在稀土掺杂光纤出现之前,玻璃光纤都是用作传输光的,是"无源"光纤。"无源"是指传输光的电磁场与传输介质的分子没有发生任何反应。当然,在传输过程中,会因为材料的吸收、散射而产生一定的电磁场的衰减。

当线偏振光射入光纤时,

$$E(0) = E_0 e^{-j\omega t}$$

沿光纤传输了 z 距离后,

$$E(z) = E_0 e^{-j(\omega t - k_z z)} \tag{3.2.1}$$

式中,复数传输常数 $k_z = \beta - j\gamma$,虚部 γ 代表衰减。在双折射光纤的情况下,对于两个双折射轴,实部 β 有着不同的 β_x 和 β_y。于是,传输光的偏振态、偏振取向和相位都由光纤的双折射和距离 z 决定。

如果将传输光在 z 点的偏振取向与 x 轴夹角设为 ϕ,在 $z=0$ 点,入射光的偏振取向与 x 轴夹角设为 α,并且假设 γ 对于 x 模和 y 模是相等的,光的频率 ω 在传输过程中是不变的,那么可以推导出 ϕ 和 α 的关系为[8]

$$\tan 2\phi = \tan 2\alpha \cos \delta \tag{3.2.2}$$

式中,δ 是 x 模与 y 模的相位延迟,如式(3.1.3)所定义。因为 δ 正比于传输距离 z,所以式(3.2.2)实际上是入射光在无源光纤中传输的偏振演进公式。

用于研究光纤激光器偏振效应的实验装置如图 3.2.2 所示,研究的光纤激光器采用 F-P 谐振腔,泵浦光采用波长为 820 nm 的镓铝砷(GaAlAs)半导体激光器。一个半波片放置在泵浦光和光纤入射端之间,用来旋转泵浦光的偏振取向。在激光器输出端,采用可以记录偏振取向的分析仪。用不同的光学滤波器可以观测残余泵浦光或者输出激光的偏振行为。

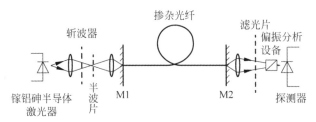

图 3.2.2　观察光纤激光器偏振效应的实验装置 1,腔外放置偏振分析设备

如果在光纤激光器的谐振腔内需要放置实验的器件,可以按图 3.2.3 所示,在有源光纤的端面外加添光学透镜和所需器件,调节合适的聚焦位置,这样的 F-P 腔光纤激光器便可以进行腔内器件调控的各类实验。

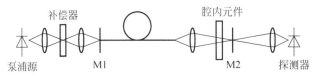

图 3.2.3　观察光纤激光器偏振效应的实验装置 2,腔内放置偏振分析设备

在笔者进行的研究中,对于不同的稀土掺杂光纤激光器,也曾采用其他的一些泵浦源,例如氩离子、染料激光器等。

3.3　泵浦光传输和荧光的偏振特性

采用上述实验装置观测残余泵浦光的偏振取向与入射泵浦光偏振取向的关系,横坐标和纵坐标分别为输入和输出的偏振取向角度。当拟合数据 $\cos\delta$ 取值为 0.45 时,实验数据即图 3.3.1 中点状取值,与理论公式(3.2.2)即实线所标相吻合。说明泵浦光在作为激光器谐振腔的有源光纤中的传输,仍然遵从一般的线偏振光在双折射光纤里传输的规律。

稀土掺杂光纤是为产生激光而制作的,是“有源”光纤。当泵浦光在稀土掺杂的光纤中传输时,将与稀土离子发生遵从激光物理规则的反应。图 2.2.3 介绍了掺杂钕离子和铒离子的能级。当泵浦光的波长与稀土离子的吸收能级相吻合时,将被稀土离子吸收。而光子被吸收的概率,与泵浦光的偏振取向和稀土离子的受激吸收截面的偏振选择特性有关。

图 3.3.2 是掺钕光纤的荧光谱,清晰地反映了亚稳态能级 $^4F_{3/2}$ 向三个下能级 $^4I_{13/2}$、$^4I_{11/2}$ 和 $^4I_{9/2}$ 的跃迁,对应的光波长分别是 $0.93\ \mu m$、$1.06\ \mu m$ 和 $1.35\ \mu m$,如图 2.2.3 所示。

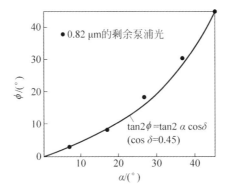

图 3.3.1　残余泵浦光的偏振取向 ϕ 与入射泵浦光偏振取向 α 的关系

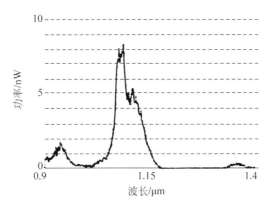

图 3.3.2　掺钕光纤的荧光谱

　　测试这些荧光输出的偏振特性发现,荧光是完全去偏振的,完全偏振随机的。这个结论说明荧光的偏振特性取决于有源光纤本身,与泵浦光的偏振特性无关。

　　事实上,如果我们采用半经典的偶极子模型来描述自发辐射过程,那么它产生的光子偏振是由这个偶极子的空间取向来确定的。而这些掺杂离子的偶极子在光纤里是随机分布的。于是,由谐振腔光纤也是产生荧光的光纤所导引的荧光就必然是偏振随机的。

　　在无源光纤中讨论偏振的演进,相位曾经是至关重要的因素(式(3.2.2))。而在有源光纤里,泵浦光的相位信息在荧光的测试中已经完全消失。这是"无源"和"有源"光纤的本质区别。

3.4　光纤激光器的偏振效应现象

　　正如第 1 章指出的,根据量子理论,受激辐射是一个相干过程,受激辐射光子和激发光子具有完全相同的频率、相位、辐射方向和偏振。换句话说,激发光子和受激辐射光子二者是完全相同且不能区别的。因此,当光纤谐振腔产生了激光振荡,激光的偏振取向便是一个复杂的新问题。

笔者对一系列的 F-P 腔光纤激光器进行了实验室观测,除了表 3.2.1 中列出的 4 个样本,还对掺铒(Er^{3+})和掺钐(Sm^{3+})的光纤激光器进行了观测和整理。将光纤激光器的偏振效应的现象总结为:

(1) 自发辐射的荧光与泵浦光偏振取向无关;

(2) "单模"光纤激光器存在两个正交的偏振激光模。这两个激光模相位独立,具有不同的波长、阈值和弛豫振荡频率;

(3) 激光器输出激光的偏振度与泵浦光偏振取向有关。可以表达为

$$\mathrm{DOP} = f(P_{\mathrm{ab}}, a) \cos(2\alpha) \tag{3.4.1}$$

式中,α 是线偏振泵浦光的偏振取向与光纤本征轴 x 轴的夹角;P_{ab} 是被吸收的泵浦功率;a 是为描述掺杂离子与偏振效应相关的特性而引入的参数。参数 a 的定义表示为[9-10]

$$a = \frac{\sigma_{\mathrm{s}}}{\sigma_{\mathrm{p}}} \tag{3.4.2}$$

式(3.4.2)称为偏振受激截面比,是有源离子的横向与极向激发截面的比值。对于 a,在 3.5.10 节中有进一步讨论。

3.4.1 自发辐射的荧光与泵浦光偏振取向无关

表 3.4.1 为实验室观测结果。测试结果表明,所有 4 个光纤样本,三个不同能级跃迁所产生的荧光均显示很强的去偏振性。类似的测试结果说明,块状稀土掺杂玻璃的荧光也具有去偏振性,这在另一些学术论文中有所报道[11-12]。

表 3.4.1 不同光纤样本测定的不同能级跃迁的荧光偏振度

光 纤 样 本	ND518-08		ND425	ND501	ND546-05
掺杂	Nd		Nd	Er	Sm
浓度/ppm	4500		300	150	700
能级跃迁	$^4F_{3/2} - ^4I_{11/2}$		$^4F_{3/2} - ^4I_{11/2}$	$^4I_{13/2} - ^4I_{15/2}$	$^4G_{5/2} - ^6H_{9/2}$
泵浦源	LD		LD	Dye	Ar$^+$-ion
波长/μm	0.82		0.82	0.65	0.51
光纤长度/cm	25	7	1.7	1.5	1.2
荧光去偏	0.98	0.99	0.96	>0.99	>0.99
DOP	0.01	0.005	0.02	<0.005	<0.005

3.4.2 "单模"光纤激光器存在两个正交的偏振激光模

采用图 3.2.2 所示的装置检测光纤激光器的输出,显示似噪声的去偏振性。

但是,当用偏振器分解成两个垂直方向测试各自分量时,显示出激光器的两个独自振荡的激光模式,如图 3.4.1 所示。

图 3.4.1(a)为首先起振的激光模式,图 3.4.1(b)为旋转起偏器到几乎垂直的位置,首先起振的模式,其显示尺度已被压缩为原来的 1/10,另一个垂直的激光模式开始起振。

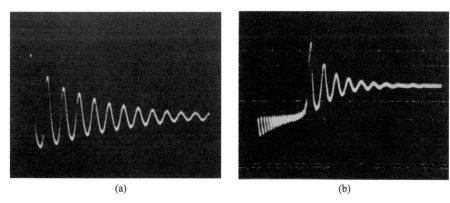

(a)　　　　　　　　　　　(b)

图 3.4.1　弛豫振荡显示两个正交的偏振本征模(实测照片)

两个正交的偏振激光模式具有不同的弛豫振荡频率、阈值和起振时间。

两个正交的偏振激光模式具有不同的激光输出功率-吸收泵浦的斜率,如图 3.4.2 所示。图中,当泵浦光偏振取向角 $\alpha=0°$ 时,测得的 x 模和 y 模用实线拟合表示;当 $\alpha=45°$ 时,用虚线表示。结果很明显,两个正交的偏振本征模具有不同的阈值和输出功率-吸收泵浦斜率(即输出特性斜率)。内个模式的输出特性斜率的差别与泵浦光的偏振取向有关。

进一步的频谱测试表明,两个正交的激光模具有不同的频谱,如图 3.4.3 所示。

另一个必须搞清楚的问题是,这两个正交的偏振模的相位是否独立? 在探测器之前放置一个起偏器来测试光纤激光器按角度分布的输出,就可以判别两个正交模式是相位关联还是相位独立。

如果相位关联,那么输出光将是椭圆偏振光,它的强度与偏振器取向角 θ 的函数关系是

$$R = \frac{I_x I_y}{I_y \cos^2\theta + I_x \sin^2\theta} \tag{3.4.3}$$

这个公式可以从椭圆光轨迹式:

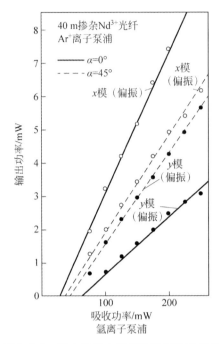

图 3.4.2　两个偏振本征模的激光输出特性

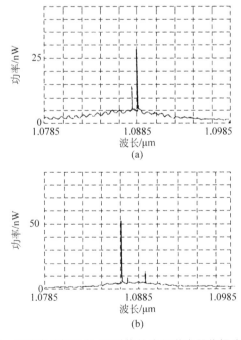

图 3.4.3　泵浦光偏振取向 45°时掺钕光纤激光器偏振分解的频谱

（a）x 模；（b）y 模

$$\frac{\rho_2 \cos^2 \theta}{a_2} = \frac{\rho_2 \sin^2 \theta}{b_2} \qquad (3.4.4)$$

中导出。式中,$R = \rho_2$ 为光强,$I_x = a_2$ 和 $I_y = b_2$ 分别为椭圆光长轴和短轴的光强。

而如果相位独立,那么输出光强就是

$$R = I_x \cos^2 \theta + I_y \sin^2 \theta \qquad (3.4.5)$$

实验测试的数据如图 3.4.4 所示,证明了两个偏振模相位独立。

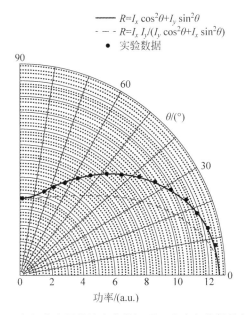

图 3.4.4　光纤激光器的输出曲线证明两个本征偏振模相位独立

3.4.3　激光器输出激光的偏振度与泵浦光偏振取向有关

测量不同掺杂离子、不同样本的输出激光的偏振度 DOP 与泵浦光偏振取向 α 的关系,得到同样的规律:$DOP = f(P_{ab}, a) \cos(2\alpha)$,即式(3.4.1)。掺杂钕样本 2 的测试数据如图 3.4.5 所示。

实验还观测到,当泵浦光偏振取向角 $\alpha = 0°$ 时,随着泵浦光增强,DOP 趋于 0.5。而当 $\alpha = 45°$ 时,输出激光的 DOP 与采用圆偏振光作泵浦源的结果相近,输出 偏振光的 DOP 都小于 0.1,如图 3.4.6 所示。

一系列的实验结果还表明,光纤激光器的线偏振模式具有很高的偏振纯度。 即使采用普通设计的稀土掺杂光纤,腔内的偏振模的耦合也小于 23 dB,在绝大多 数情况下都可以忽略不计[13]。

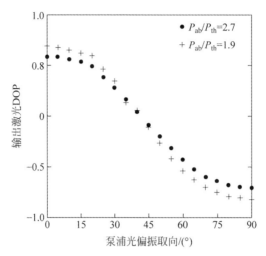

图 3.4.5　输出激光的 DOP 与泵浦光偏振取向角 α 的关系

数据"＋"对应于 1.9 倍阈值的泵浦功率；数据"·"对应于 2.7 倍阈值的泵浦功率

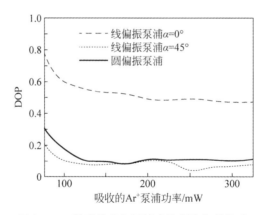

图 3.4.6　激光输出与泵浦光偏振取向的关系

3.5　光纤激光器的偏振效应理论

我们需要建立数学模型，从理论上解释光纤激光器的偏振效应现象[14-15]。

3.5.1　玻璃结构

微观上讲，玻璃是典型的非均匀系统。在结构上，玻璃是连续的随机网络，既没有对称性也没有周期性。它的基本结构单元具有确定的几何形状，在边缘互相连接，组成随机的三维网络。有些成分在无定型的状态中单独存在，组成简单的玻璃,另一些成分加到玻璃中修补这个三维网络。

顺磁离子进入玻璃时,取决于它的尺寸和价态,它可以作为这个网络"修补"的正离子,也可以作为置换者替代成为网络组织的正离子。成分单一的网络,例如二氧化硅(SiO$_2$)、二氧化锗(GeO$_2$)和三氧化二硼(B$_2$O$_3$),是由氧离子作为桥梁紧密地绑定在一起的。因为尺寸不匹配,三价的稀土离子很难替代式地进入这个结构。因此,对于以二氧化硅为基质的玻璃纤维,主导我们探索理论模型的玻璃掺杂结构是"网络修补"正离子。

作为一个固有的无序介质,玻璃提供给每一个稀土离子的环境与在晶体里不同。而且,因为与最近的相邻离子的键合力不同,每一个离子周边的本地电磁场都有区别。所有这些导致离子与离子之间能级的差别,以及辐射和非辐射的跃迁概率的差别[16]。宽带激励的光的吸收和辐射谱以及受激态电子的衰减,都是由分布在本地环境整体的各个离子的贡献叠加而成。荧光谱显示了非均匀展宽,而受激态电子的衰减并不是简单的指数下降[17]。

3.5.2　电偶极子模型

任何一个包含电荷和电流的系统都能够吸收或者在特定情况下发出电磁辐射。这个过程的机理可能相当复杂。对于那些结构紧凑到与辐射波长可以比拟的系统而言,这个系统对于辐射的贡献的重要程度,依次是电偶极子、磁偶极子、电四极子[18]。

根据量子力学理论[18-19],一个原子或自由离子的稳态能量可以用哈密顿算子来表示。如果扰动很小,可以将算子写成两项:

$$H = H_0 + H' \qquad (3.5.1)$$

式中,H_0 是未受扰动的哈密顿;H' 是微扰项。

对于固体中的顺磁离子,哈密顿算子可以表达为三项:

$$H = H_{el} + H_{so} + V \qquad (3.5.2)$$

式中,H_{el} 是电子相互作用项;H_{so} 是自旋轨道项;V 是扰动项。对于玻璃中的稀土离子而言,

$$H_{el} \gg H_{so} \gg V \qquad (3.5.3)$$

因此,V 可以认为是对自由离子能级很小的微扰。也就是说,量子理论也支持采用电偶极子的模型来模拟玻璃中的稀土离子。

3.5.3　电偶极子辐射

电偶极子的电矩定义为[2]

$$\boldsymbol{P} = q\boldsymbol{r} \qquad (3.5.4)$$

式中，q 为电荷的电量；r 的大小为正、负电荷的相隔距离，r 的方向规定为由负电荷指向正电荷。设定电偶极子的正电荷位于原点来建立一个球坐标系，如图 3.5.1 所示。

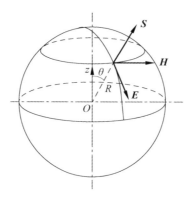

图 3.5.1　设定正电荷位于原点的描述电子振荡的坐标系

这个正电荷的振荡

$$\boldsymbol{P}(t) = er_0\cos\omega t = \boldsymbol{P}_0\cos\omega t \tag{3.5.5}$$

这就是一个位于原点的电偶极子辐射的电磁能量。如图 3.5.1 所示，电磁波传输的方向为 $\boldsymbol{S}$，电场 $\boldsymbol{E}$ 和磁场 $\boldsymbol{H}$ 互相垂直，$\boldsymbol{E}$ 沿着子午线的切线方向，而 $\boldsymbol{H}$ 则与画在球面上的相应的圆相切。

由线性电偶谐振子发射的电磁波在任何方向上都是偏振的。辐射场在 R 点的大小，可求解麦克斯韦方程组得出[18]：

$$E = H = -\omega_2 P_0 \cos\left(\omega t - \frac{\omega R}{c}\right)\frac{\sin\theta}{Rc^2} \tag{3.5.6}$$

式中，θ 是 R 与 z 轴的夹角；c 是自由空间光速。

电偶极子的辐射也可以用量子力学解释。一个受到激励的原子的能级用 E_u 表示，下标 u 表示上能级，辐射了一个光子后，跃迁至下能级 E_1，下标 l 表示下能级。相互的作用，或者说哈密顿的扰动项为

$$H' = -\boldsymbol{P} \cdot \boldsymbol{E}(0) \tag{3.5.7}$$

式中，$\boldsymbol{P}$ 为电偶极矩；$\boldsymbol{E}(0)$ 是处于原点的原子的电场强度。而从能级 E_u 到 E_1 的跃迁的概率 W 与下列矩阵元的平方成正比：

$$W = C\,|\langle E_1\,|\,H'\,|\,E_u\rangle|^2 \tag{3.5.8}$$

式中，狄拉克符号"$\langle\quad|$"和"$|\quad\rangle$"代表量子态，大写的 C 是与辐射频率有关的常数。两个本征态 $\langle E_1|$ 和 $|E_u\rangle$ 之间的哈密顿算子的微扰矩阵元的定义为

$$\langle E_1\,|\,H'\,|\,E_u\rangle = \int_{\psi_1^*}^{\psi_u} H'\,\mathrm{d}r \tag{3.5.9}$$

式中，ψ_u 和 ψ_l 分别代表上、下能级的波函数；符号"∗"代表复数共轭。代入式(3.5.7)，便可给出在线偏振为 $\boldsymbol{u}$ 方向的光强 $\boldsymbol{d}$ 的一般表达式：

$$d = \langle E_\mathrm{l} \mid \boldsymbol{P} \mid E_\mathrm{u} \rangle \tag{3.5.10}$$

自发辐射的跃迁率为

$$\mathrm{TR} = \frac{\omega^3 \left[\boldsymbol{d} \cdot \boldsymbol{d}^* - (\boldsymbol{d} \cdot \boldsymbol{u})(\boldsymbol{d}^* \cdot \boldsymbol{u}) \right]^2}{4\pi\varepsilon_0 h c^3} \tag{3.5.11}$$

式中，ε_0 是真空中的介电常量；h 是普朗克常量；ω 是辐射频率。TR 的单位是每个受激原子每秒每单位立体角辐射的光子。

根据量子力学理论，一个 P_θ 偏振的光看作是 P_θ 态，它转换为 P_ϕ 态的概率是 $\cos 2(\theta - \phi)$。特别再强调一次，量子力学的词汇"概率"，实际上就是在大量全同光子的情况下光子的比例数。可以证明[18]，辐射光的偏振方向 $\boldsymbol{u}$ 一定与光的辐射方向 $\boldsymbol{d}$，也就是电偶极子 $\boldsymbol{P}$ 的方向垂直。量子力学的这个结论支持采用半经典的电偶极子模型来描述玻璃掺杂稀土离子的光辐射过程。

3.5.4　斯托克斯效应

一个自由原子或离子处在均匀的电场中，将失去它的球对称性。结果导致兼并被破坏，从而产生了谱线的分裂，表现在两个方面，强度和偏振。这一现象称为斯托克斯效应。

稀土离子在一些晶体介质中谱线的斯托克斯分裂已经被确认[21-22]。图 3.5.2 中的谱线分裂是观测到的钇铝石榴石(YAG)晶体中 Nd^{3+} 的两个能级 $^4\mathrm{F}_{3/2}$ 和 $^4\mathrm{I}_{11/2}$ 的斯托克斯分裂。

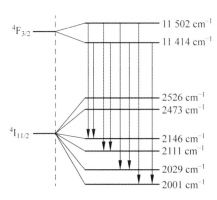

图 3.5.2　在 YAG 晶体中 Nd^{3+} 的 $^4\mathrm{F}_{3/2}$ 和 $^4\mathrm{I}_{11/2}$ 能级的斯托克斯谱线分裂

然而，在玻璃里，谱线的非均匀展宽太强，以至于斯托克斯谱线结构在正常情况下都已经被掩盖，难以分辨。

3.5.5　自发辐射和受激辐射

自发辐射是一个受激系统在完全黑体情况下的物理过程，而受激辐射则是出现在有外部电磁场振荡的条件下的。

对一个受激的气体原子或离子而言，自发辐射的光都是均匀的和去偏振的。因为即使这些原子或离子本身不对称，辐射的取向也总是随机的。

对于玻璃中的稀土离子，将它们设想为随机取向的组合，也应该是合理的。因为从宏观上看，玻璃的各个方向并无不同。虽然由于玻璃本地电场存在斯托克斯效应，但是从整体上看，有源离子的组合所产生的自发辐射仍然会保持各向同性和去偏振。这样的理解和认识，也已经有实验证明是可行的。如 3.3 节的叙述和图 3.3.2 的数据所示。

然而，受激辐射的情况完全不同。量子力学、激光原理的爱因斯坦公式：

$$E_2 - E_1 = h\nu$$

或

$$E_u - E_1 = h\nu \tag{3.5.12}$$

揭示了物理过程的实质。一个外部场对于受激系统很难产生影响，除非这个扰动场的频率 ν 恰好与爱因斯坦公式中两能级之差所对应的频率相匹配[20]。

系统从下能级向上能级跃迁，需要外部场提供 $h\nu$ 的能量，这个过程称为吸收。相反的过程称为受激辐射，此时外部场从系统获取能量。式(3.5.12)实际上还揭示了一条规律，即只有频率为 ν 的整个光子才能被吸收或辐射。

虽然哈密顿算子表达式(3.5.7)对于受激辐射依然有效，但是与自发辐射相比已经有着本质的区别。在自发辐射的情况下，式(3.5.7)中的 $\boldsymbol{E}(0)$ 是全黑态与存在一个光子的量子态之间的某个电场强度，而在受激辐射的情况下，$\boldsymbol{E}(0)$ 项是激励场的电场强度，记为

$$\langle E_1 \mid H' \mid E_u \rangle = -\boldsymbol{d} \cdot \boldsymbol{E}(0) \tag{3.5.13}$$

光强 $\boldsymbol{d}$ 的定义见式(3.5.10)。此时的外部场所起的作用是使得系统在两个能级之间摇摆，而最终实现能级跃迁的时间为

$$T_{st} = \frac{h}{4 \mid \boldsymbol{d}^* \cdot \boldsymbol{E} \mid} \tag{3.5.14}$$

这个跃迁时间的大小与自发辐射的寿命相比，要小很多。

式(3.5.13)不仅考虑了电偶极子电矩 $\boldsymbol{p}$（通过矩阵元 $\boldsymbol{d}$），以及外部电场 $\boldsymbol{E}$ 的大小，而且也包括了它们各自的偏振取向。很明显，公式右侧的标量积显示，受激辐射的概率和受激的概率都与电偶极子取向和激励场的夹角有关。

当我们讨论一个激光器，那就不是一个离子的系统，而是一个大量电偶极子的系统。此时，采用偶极片的模型[23]更为合理方便。对于偶极片模型的理论研究得

出下列结论：受激辐射与激励场同方向、同相位、同频率、同偏振。

3.5.6　三点假设

（1）玻璃里的每一个稀土离子都对应一个部分非均匀谐振子；

（2）这些谐振子，亦即跃迁偶极子矩的取向，在空间随机分布；

（3）同一个稀土离子的吸收和辐射的谐振子在空间具有相同的取向。

有这三点假设，就可以建立数学模型，推演分析，并且可以与实验观测的光纤激光器偏振效应相比较。

3.5.7　速率方程

$$\begin{cases} \dfrac{\partial N}{\partial t} = -Nc\sigma\mu\phi - \dfrac{N + N_{\text{tot}}(\mu - 1)}{\tau_{21}} + W_{\text{p}}(N_{\text{tot}} - N) \\[3mm] N = N_2 - \dfrac{g_2 N_1}{g_1} \\[3mm] \mu = 1 + \dfrac{g_2}{g_1} \\[3mm] N_{\text{tot}} = N_1 + N_2 \end{cases} \qquad (3.5.15)$$

式中，N_1 和 N_2 分别是能级 1 和能级 2 的粒子密度；ϕ 是光子密度；g_1 和 g_2 是能级兼并度。

$$\sigma = \begin{cases} \dfrac{A_{21}\lambda_0^2}{4\pi^2 n^2 \Delta\nu}, & \text{洛伦兹线型} \\[4mm] \dfrac{A_{21}\lambda_0^2}{4\pi n^2 \Delta\nu}\left(\dfrac{\ln 2}{\pi}\right), & \text{高斯线型} \end{cases} \qquad (3.5.16)$$

是能级 2 向能级 1 的辐射跃迁截面。式中，λ_0 是真空中的激光波长；n 是谐振腔介质的折射率；A_{21} 是自发跃迁的概率。

式（3.5.15）中，W_{p} 是实际有效的泵浦功率，等于泵浦参数 W_{12} 和泵浦效率 η_0 之积：

$$W_{\text{p}} = \eta_0 \times W_{12} \qquad (3.5.17)$$

根据激光理论，可以将光子的变化率写成下面这个等式：

$$\frac{\partial\phi}{\partial t} = Nc\sigma\phi - \frac{\phi}{\tau_{\text{c}}} + S \qquad (3.5.18)$$

式中，τ_{c} 是光子在光学谐振腔内的寿命；S 是自发辐射的速率。显然，产生激光的条件是

$$\frac{\partial\phi}{\partial t} \geqslant 0 \qquad (3.5.19)$$

因为自发辐射的速率 S 项相对于受激辐射项 $\dfrac{\phi}{\tau_c}$ 小到可以忽略,于是得到激光振荡的条件为

$$N \geqslant \frac{1}{c\sigma\tau_c} \tag{3.5.20}$$

3.5.8　两个正交的本征偏振模

需要指出,这些理论公式仅对单一的激光模式适用。而对于 F-P 腔光纤激光器(图 3.2.2)来说,产生的疑问是,为什么会有两个正交的本征模同时存在? 这是因为此时的激光腔、单模光纤,因为几何状态以及周围环境的不完善性引起双折射。

3.1 节用式(3.1.2)～式(3.1.5)介绍了单模光纤的双折射。这种双折射可以等效于同一光纤对于两个正交的模式具备不同的折射率。虽然对应的 Δn 很小,量级为 $10^{-4}\sim10^{-8}$ [5-6],但是对于从荧光噪声开始而建立起两个正交的本征激光振荡模式的过程却是至关重要的。

实际上,在这些公式的推导和表述过程中,我们也已经假设玻璃中掺杂离子的自发跃迁行为与泵浦光的偏振取向无关。这一假设的合理性来自荧光的去偏振性观测。也就是说,我们假设两个正交模式具有相同的 A_{21}、λ_0 和 $\Delta\lambda$。影响着跃迁截面 σ 的唯一因子是线偏振双折射,或者说,是两个本征模的有效折射率之差 Δn。

式(3.5.17)给出了跃迁截面 σ 与谐振腔介质折射率 n 的关系,式(3.5.20)给出了激光振荡的条件。读者很容易自己推导出不同的模式将有不同的激光振荡条件。两个本征模的有效折射率之差 Δn 越大,激光振荡的阈值条件,即所需 N 差别也越大。

另外,两个正交本征模的有效折射率之差 Δn 也影响着纵模的频率。F-P 谐振腔内的纵模频率为

$$\nu = \frac{mc}{2nl} \tag{3.5.21}$$

式中,l 是腔长; c 是真空中光速; n 是腔内介质折射率; m 取正整数。由此式得到因 Δn 引起的正交本征模的纵模差为

$$|\Delta\nu| = \frac{mc}{2n^2l}|\Delta n| \tag{3.5.22}$$

举例说明,如果 $\Delta n = 10^{-5}$,$l = 1$ m,$n = 1.5$,那么 $\Delta\nu = 0.67$ m$\times10^3$ Hz。

小结: 单模光纤的线性双折射产生两个正交本征轴,因此由这样的单模光纤组成的 F-P 激光谐振腔具备两个正交的本征偏振模。这两个正交的本征偏振模由

自发辐射的荧光噪声开始建立直到产生激光振荡,它们相互独立,具有不同的跃迁截面、阈值和纵模频率。

3.5.9　激光输出的偏振与泵浦光偏振取向的关系

从出现超辐射状态开始,受激辐射起到越来越大的作用。而当激光振荡建立之后,受激辐射的作用更是决定性的。相比之下,自发辐射的作用微乎其微。

由于激光本征模的取向是由光纤激光腔决定的,外部的激励电场将分解为两个本征模分量。于是每一个激活中心的偶极子将具有不同的贡献 x 模或 y 模的跃迁概率。显然,在激光腔本征模取向、泵浦光偏振取向以及激活中心偶极子取向之间存在着两个偏振选择过程:吸收和辐射。

假如这两个选择过程完全不相关,那么因为激活中心偶极子的空间取向是随机分布的,所以输出的 x 模和 y 模应该强度相等。实验已经证明,3.4 节中偏振效应的第(3)点,输出激光的偏振度与泵浦光偏振取向有着严格的数学关系,如式(3.4.1)和式(3.4.2)所示。这便证明了激活中心偶极子的吸收和辐射的偏振选择过程是相关联的。

3.5.10　偏振受激截面比

为进一步理解光纤激光器的偏振效应,引入一个描述掺杂离子激活中心偶极子与偏振效应相关的特性的参数——偏振受激截面比 a[9],即

$$a = \frac{\sigma_s}{\sigma_p}$$

它是有源离子的横向激发截面 σ_s 与极向激发截面 σ_p 之比值。在描述光纤激光器的偏振效应中,我们设偶极子方向为极向,垂直的两个方向为横向。鉴于偶极子的两个横向并无差别,于是设定这两个横向的受激截面相等,均为 σ_s。

当 $a=0$ 时,称有源离子为纯电偶极子;当 $a=1$ 时,称有源离子为各向同性的谐振子[10]。

这就是说,我们把稀土掺杂的激活中心看成是部分各向异性的偶极子。偏振受激截面比 a 联系着偶极子在受激和辐射过程中,与激励场和激光谐振腔偏振取向的关系。

同一个掺杂离子,在不同能级的跃迁过程中,偏振受激截面比 a 可以不同。但是,本书采用的理论推演假设吸收和辐射两个过程中的 a 相同。并且,光纤中所有掺杂离子的 a 都相同。这些假设的正确与否,要通过数学模型预测实验结果的有效性来验证。

偏振受激截面比 a 是反映掺杂离子激活中心偶极子在吸收跃迁或自发辐射时各向异性特征的一个物理量。它的物理意义是,在吸收跃迁过程中,泵浦激励场的

偏振取向垂直于偶极子方向与偏振取向平行于偶极子方向的跃迁概率之比；或者说是，在自发辐射跃迁过程中，产生垂直于偶极子方向的偏振光与平行于偶极子方向的偏振光的跃迁概率之比。

选择如图 3.5.3 的坐标系来描述光纤。z 方向是光纤行波方向，而 x、y 方向分别设定为光纤双折射本征轴的方向，也就是光纤激光器两个本征模的偏振方向。

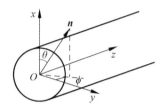

图 3.5.3　讨论光纤激光器所采用的坐标系

为便于讨论，将坐标原点设定为掺杂离子激活中心，n 矢量指向偶极子方向，l 和 m 分别表示与偶极子垂直的两个方向。因为偏振受激截面比定义时设定的这两个方向没有区别，因此没有在坐标图中标出 l 和 m。θ 是 n 与 x 轴的夹角 (n,x)，ϕ 是 n 与 y 轴的夹角 (n,y)。在下面的推导中，为表示方便，将这两个角度一并称为欧拉角 Ω。

因为掺杂离子在光纤中均匀分布，偶极子均匀随机取向，归一化的在光纤中的掺杂离子概率密度函数 $f(\Omega)$ 为

$$f(\Omega)=\begin{cases} \dfrac{1}{4\pi}, & 0<\theta<\pi,\phi<2\pi \\ 0, & \text{其他} \end{cases} \qquad (3.5.23)$$

一个以坐标 (l,m,n) 描述的给定掺杂离子偶极子对于 x 偏振光与 y 偏振光的受激辐射截面分别是

$$\sigma_x(\Omega)=\sigma_p(n\cdot x)^2+\sigma_s(l\cdot x)^2+\sigma_s(m\cdot x)^2$$
$$=\sigma_p\cos2\theta+\sigma_s\sin2\theta \qquad (3.5.24a)$$

和

$$\sigma_y(\Omega)=\sigma_p(n\cdot y)^2+\sigma_s(l\cdot y)^2+\sigma_s(m\cdot y)^2$$
$$=\sigma_p\sin2\theta\cos2\phi+\sigma_s(\sin2\phi+\cos2\theta\cos2\phi) \qquad (3.5.24b)$$

在推导式(3.5.24)的过程中，用到了式(3.5.8)和式(3.5.13)两个关系式，反映在式(3.5.24)中的几个标量积各项。

值得指出，在各向同性的谐振腔里，如在常见的玻璃棒状激光器中式(3.5.24)所表达的两个随机变量 $\sigma_x(\Omega)$ 和 $\sigma_y(\Omega)$ 的数学期望值是相同的，即

$$\sigma_x(\Omega) = \int_\Omega f(\Omega)\sigma_x(\Omega)\mathrm{d}\Omega = \int_\Omega f(\Omega)\sigma_x(\Omega)\mathrm{d}\Omega = \sigma_y(\Omega)$$

$$= \frac{\sigma_\mathrm{p} + 2\sigma_\mathrm{s}}{3} \tag{3.5.25}$$

这意味着,此时激光谐振腔各向均匀,不存在一个具备优先权的方向。

3.5.11　有效吸收泵浦功率

当线偏振泵浦光自光纤端面射入时,设偏振取向与 x 轴的夹角为 α(图 3.4.6),则吸收的泵浦光强度在光纤中沿 z 方向的分布为

$$I(z) = I(0)\exp(-\gamma z) \tag{3.5.26}$$

式中,$I(0)$ 是在 $z=0$ 处吸收的泵浦光强度;γ 是光纤对泵浦光的吸收系数。在光纤谐振腔里,$I(z)$ 在两个本征轴方向的分量为

$$\begin{bmatrix} I_x(z) \\ I_y(z) \end{bmatrix} = I(0)\mathrm{e}^{-\gamma z} \begin{bmatrix} \cos 2\alpha \\ \sin 2\alpha \end{bmatrix} \tag{3.5.27}$$

考虑到吸收和受激辐射两个过程,我们得到一个离子激活中心在单位时间贡献给 x 模和 y 模的概率如下:

$$P_x(\Omega, z) = C[I_x(z)\sigma_x(\Omega) + I_y(z)\sigma_y(\Omega)]\sigma_x(\Omega) \tag{3.5.28a}$$

$$P_y(\Omega, z) = C[I_x(z)\sigma_x(\Omega) + I_y(z)\sigma_y(\Omega)]\sigma_y(\Omega) \tag{3.5.28b}$$

式中,$I_x(z)\sigma_x(\Omega)$ 项和 $I_y(z)\sigma_y(\Omega)$ 项反映吸收或粒子数反转的过程,而式尾的乘积项,即式(3.5.28a)中的 $\sigma_x(\Omega)$ 或式(3.5.28b)中的 $\sigma_y(\Omega)$,则反映受激辐射的过程。读者应该注意到,这里两个过程中,跃迁截面 $\sigma_x(\Omega)$ 或 $\sigma_y(\Omega)$ 都假设不变。

基于式(3.5.28),对空间所有可能的情况求积分,得到分别属于 x 偏振模和 y 偏振模的有效泵浦光强度沿 z 方向的分布,即

$$I^X(z) = \int f(\Omega)P_x(\Omega)\mathrm{d}\Omega \tag{3.5.29a}$$

$$I^Y(z) = \int f(\Omega)P_y(\Omega)\mathrm{d}\Omega \tag{3.5.29b}$$

应用式(3.5.23)、式(3.5.24)及式(3.5.27)~式(3.5.29),略去冗长繁琐的演算,得到

$$I^X(z) = CI(0)\cos^2\alpha\,\mathrm{e}^{-\gamma z}\left(\frac{1}{5}\sigma_\mathrm{p}^2 + \frac{4}{15}\sigma_\mathrm{p}\sigma_\mathrm{s} + \frac{8}{15}\sigma_\mathrm{s}^2\right) +$$

$$CI(0)\sin^2\alpha\,\mathrm{e}^{-\gamma z}\left(\frac{1}{15}\sigma_\mathrm{p}^2 + \frac{8}{15}\sigma_\mathrm{p}\sigma_\mathrm{s} + \frac{6}{15}\sigma_\mathrm{s}^2\right) \tag{3.5.30a}$$

$$I^Y(z) = CI(0)\sin^2\alpha\,\mathrm{e}^{-\gamma z}\left(\frac{1}{5}\sigma_\mathrm{p}^2 + \frac{4}{15}\sigma_\mathrm{p}\sigma_\mathrm{s} + \frac{8}{15}\sigma_\mathrm{s}^2\right) +$$

$$CI(0)\cos^2\alpha\,\mathrm{e}^{-\gamma z}\left(\frac{1}{15}\sigma_\mathrm{p}^2 + \frac{8}{15}\sigma_\mathrm{p}\sigma_\mathrm{s} + \frac{6}{15}\sigma_\mathrm{s}^2\right) \tag{3.5.30b}$$

从关系式

$$I^X(z) + I^Y(z) = I(z) = I(0)\mathrm{e}^{-\gamma z} \tag{3.5.31}$$

可以求得

$$C = \frac{15}{4\sigma_p^2 + 12\sigma_p\sigma_s + 14\sigma_s^2} \tag{3.5.32}$$

于是，式(3.5.30)可以简化表示为

$$\begin{vmatrix} I^X(z) \\ I^Y(z) \end{vmatrix} = I(0)\mathrm{e}^{-\gamma z} \begin{vmatrix} \cos^2\alpha & \sin^2\alpha \\ \sin^2\alpha & \cos^2\alpha \end{vmatrix} \begin{vmatrix} C_1 \\ C_2 \end{vmatrix} \tag{3.5.33}$$

式中，

$$\begin{cases} C_1 = \dfrac{3 + 4a + 8a^2}{4 + 12a + 14a^2} \\[4mm] C_2 = \dfrac{1 + 8a + 6a^2}{4 + 12a + 14a^2} \end{cases} \tag{3.5.34}$$

a 为偏振受激截面比，如式(3.4.2)定义。

式(3.5.33)表示的吸收泵浦光强度 $I(0)$，也可以转化为更方便实用的物理量，即吸收泵浦功率 P_{ab}，定义为

$$P_{ab} = \int_0^l AI(0)\mathrm{e}^{-\gamma z}\,\mathrm{d}z = \frac{AI(0)}{\gamma}(1 - \mathrm{e}^{-\gamma l}) \tag{3.5.35}$$

式中，A 是光纤激光腔的有效横截面积；l 是光纤激光腔的长度。则式(3.5.33)为

$$\begin{vmatrix} P^X \\ P^Y \end{vmatrix} = P_{ab} \begin{vmatrix} \cos^2\alpha & \sin^2\alpha \\ \sin^2\alpha & \cos^2\alpha \end{vmatrix} \begin{vmatrix} C_1 \\ C_2 \end{vmatrix} \tag{3.5.36}$$

这个表达式清晰地指出，当一个光纤激光器吸收了泵浦功率 P_{ab} 时，两个相对独立的谐振模，即 x 模和 y 模各自吸收的泵浦功率为 P^X 和 P^Y。分别称 P^X 和 P^Y 为 x 模和 y 模的有效吸收泵浦功率。

3.5.12　偏振选择率

我们定义模式的有效吸收泵浦功率与吸收功率之比为偏振选择率，即

$$\begin{cases} \mathrm{PS}^X = \dfrac{P^X}{P_{ab}} = C_1\cos^2\alpha + C_2\sin^2\alpha \\[4mm] \mathrm{PS}^Y = \dfrac{P^Y}{P_{ab}} = C_1\sin^2\alpha + C_2\cos^2\alpha \end{cases} \tag{3.5.37}$$

当 $\alpha = 0°$ 时，泵浦线偏振光的取向与 x 轴相同，有

$$\begin{cases} \mathrm{PS}^X = C_1 \\ \mathrm{PS}^Y = C_2 \end{cases} \tag{3.5.38}$$

式(3.5.38)给出了式(3.5.34)定义的 C_1 和 C_2 的物理意义。C_1 是光纤谐振腔平行于泵浦光偏振取向的偏振选择率,C_2 是垂直于泵浦光偏振取向的偏振选择率。称 C_1 和 C_2 分别为平行偏振选择率和垂直偏振选择率。

由式(3.5.34)得到

$$C_1 + C_2 = 1 \tag{3.5.39}$$

参数 C_1 和 C_2 与偏振截面比的关系如图 3.5.4 所示。

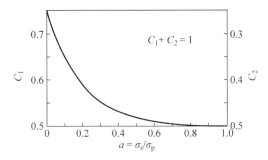

图 3.5.4　偏振选择率 C_1、C_2 与偏振截面比 a 的关系

从上述几个关系式和图 3.5.4 可以得出,最大的偏振选择率为 0.75,它出现在偏振截面比 $a = 0$ 的情况下,与泵浦光偏振取向相同。

3.5.13　泵浦功率的偏振耦合

采用矩阵表示上述关系式显然更便利。定义入射角 α 矩阵 $P(\alpha)$:

$$|P(\alpha)| = \begin{vmatrix} \cos^2\alpha & \sin^2\alpha \\ \sin^2\alpha & \cos^2\alpha \end{vmatrix} \tag{3.5.40}$$

则式(3.5.37)可以表示为

$$|\mathrm{PS}| = |P(\alpha)||C| \tag{3.5.41}$$

式中,$|\mathrm{PS}| = (\mathrm{PS}^X, \mathrm{PS}^Y)^T$,$|C| = (C_1, C_2)^T$,上角标 T 代表矩阵转置。

当 $a = 0$ 时,

$$\begin{vmatrix} P^X \\ P^Y \end{vmatrix} = P_{ab} \begin{vmatrix} \cos^2\alpha & \sin^2\alpha \\ \sin^2\alpha & \cos^2\alpha \end{vmatrix} \begin{vmatrix} \dfrac{3}{4} \\ \dfrac{1}{4} \end{vmatrix} \tag{3.5.42}$$

当 $a = 1$ 时,

$$\begin{vmatrix} P^X \\ P^Y \end{vmatrix} = P_{ab} \begin{vmatrix} \cos^2\alpha & \sin^2\alpha \\ \sin^2\alpha & \cos^2\alpha \end{vmatrix} \begin{vmatrix} \dfrac{1}{2} \\ \dfrac{1}{2} \end{vmatrix} \tag{3.5.43}$$

从上述两式可以清楚看到,当 $\alpha=0°$ 或 $\alpha=90°$ 时,即使是对纯偶极子 $a=0$ 的模型,在与泵浦光偏振取向垂直方向上也会获得有效泵浦分量。这是"泵浦功率的偏振耦合"现象。就是说,即使在这种极端的条件下,也有一部分泵浦功率要贡献给与泵浦光偏振取向垂直的激光偏振模式。如果没有对腔内激光束的特别偏振处理,只要泵浦功率的垂直偏振选择率 C_2 超过激光模的阈值,激光腔内总会同时存在两个偏振互相垂直的激光模。对所有实验样本激光器的实验观测都支持这个结论。

"泵浦功率的偏振耦合"现象的机理是激活中心偶极子取向在空间的随机分布。每一个偶极子,除了一些取向与泵浦光偏振取向是严格一致的之外,都有一定概率将自发辐射的光子贡献给与泵浦光正交的偏振模。大量的统计结果,就是"泵浦功率的偏振耦合"。

假如是各向同性的偶极子,$a=1$,那么根据式(3.5.43),泵浦光以任何偏振取向激励光纤激光器,都有 $P^X=P^Y$,激光器的两个正交偏振模的有效泵浦功率均相等。我们观测所有实验样本,没有看到这种现象,说明所有样本的 a 都不等于1。

实际上,吸收的泵浦功率 P_{ab} 是可测的物理量,并且与有效泵浦功率 P^X、P^Y 相关联的激光偏振模的阈值、弛豫振荡频率、激光-泵浦图的斜率等也都是可测物理量。因此,式(3.5.41)所表达的"泵浦功率的偏振耦合"现象,给我们提供了测定微观参数偏振受激截面比 a 的方法。

3.6 激光特性分析

通常的激光理论都是针对单独的激光模式推演得到的。当对于光纤激光器建立起有效泵浦功率的概念之后,就可以用已有的激光理论来分析光纤激光器的激光特性,例如阈值、斜率效率、弛豫振荡频率和输出激光的偏振度 DOP 等。

3.6.1 单程增益

由于光纤激光器的泵浦功率沿激光腔并非均匀,用 g_0 表示光纤激光器泵浦端的小信号单位小路径的增益,那么在光纤激光器腔内的单程增益 $\ln G$ 可以定义为

$$\ln G=\int_0^l g_0 \mathrm{e}^{-\gamma z}\,\mathrm{d}z=\frac{g_0(1-\mathrm{e}^{-\gamma l})}{\gamma} \tag{3.6.1}$$

用以替代常规固体激光器的单程增益的定义公式 $\ln G=g_0 l$ [24]。

类似于式(3.5.35),$\mathrm{e}^{-\gamma z}$ 是泵浦光强度沿光纤的分布,γ 是泵浦光的衰减系数,与泵浦功率的吸收效率相关联。

实际上,式(3.6.1)也适用于常规固体激光器的情况。它是 $\gamma=0$ 的一个特例。

引入有效腔长概念 l_e：

$$l_e = \frac{1 - e^{-\gamma l}}{\gamma} \tag{3.6.2}$$

于是，式(3.6.1)可以表示为与常规固体激光器相同的单程增益公式的形式：

$$\ln G = g_0 l_e \tag{3.6.3}$$

而式(3.5.35)也就可以简化为

$$P_{ab} = I(0) A l_e \tag{3.6.4}$$

由式(3.6.3)和式(3.6.4)，光纤激光器有效腔长的物理意义一目了然。

3.6.2　阈值

一个四能级系统，激光模的受激振荡阈值可以表示为[22]

$$P_{th} = \frac{L - \ln R_2}{2K} \tag{3.6.5}$$

$$K = \frac{\eta_1 \eta_2 \eta_3 \eta_4}{l_s A} \tag{3.6.6}$$

$$l_s = \frac{h\nu}{\sigma_{21} \tau f} \tag{3.6.7}$$

在上述三个公式中，P_{th} 为阈值功率；L 为激光腔在激光波长上的总损耗；R_2 为输出镜面的反射率。这里假设输入镜面在激光波长上的反射率为 100%。A 为光纤横截面积；l_s 为饱和能量密度；σ_{21} 为跃迁截面；τ 为荧光光子寿命；η_2 为输入电磁波功率导致有用的辐射效率；η_3 为光纤的泵浦入射效率；η_4 为泵浦光导波掺杂离子所吸收的效率。若用吸收的泵浦功率 P_{ab} 替代泵浦功率，则式(3.6.6)可以表示为

$$K = \frac{\eta_1}{l_s A} \tag{3.6.8}$$

式中，

$$\eta_1 = \frac{P_f}{P_{ab}} = \eta_0 \frac{\nu_o}{\nu_p} \tag{3.6.9}$$

为光纤激光器的泵浦效率，即荧光功率 P_f 与吸收功率 P_{ab} 之比。因子 $\frac{\nu_o}{\nu_p}$ 是激光光子能量 $h\nu_o$ 与泵浦光子能量 $h\nu_p$ 之比，η_0 是式(3.5.17)定义的激光系统泵浦效率。

如果用 P_{thr} 和 P_{thy} 分别表示 x 模和 y 模振荡所需的阈值泵浦功率，引用式(3.5.36)所定义的、可测量的有效阈值泵浦功率 P^X 和 P^Y，得

$$\begin{cases} P_{th}^{X} = \dfrac{P_{thx}}{C_1\cos^2\alpha + C_2\sin^2\alpha} \\ P_{th}^{Y} = \dfrac{P_{thy}}{C_1\sin^2\alpha + C_2\cos^2\alpha} \end{cases} \tag{3.6.10}$$

综合式(3.6.5)~式(3.6.8)和式(3.6.10)，得

$$\frac{P_{th}^{X}}{P_{th}^{Y}} = \frac{\sigma^{y}(L^{x} - \ln R_2^{x})}{\sigma^{x}(L^{y} - \ln R_2^{y})}\frac{C_1\sin^2\alpha + C_2\cos^2\alpha}{C_1\cos^2\alpha + C_2\sin^2\alpha} \tag{3.6.11}$$

代入式(3.5.16)，即 σ 的表达式，得

$$\frac{P_{th}^{X}}{P_{th}^{Y}} = \frac{n_x^2(L^{x} - \ln R_2^{x})}{n_y^2(L^{y} - \ln R_2^{y})}\frac{C_1\sin^2\alpha + C_2\cos^2\alpha}{C_1\cos^2\alpha + C_2\sin^2\alpha} \tag{3.6.12}$$

式(3.6.12)揭示：两个正交激光偏振模的比值与泵浦光偏振取向 α 有关，也与偶极子偏振选择率 C_1、C_2 有关，还与谐振腔的参数 L、R_2，以及光纤双折射特性 n_x、n_y 有关。

当 $\alpha = 45°$ 或 $C_1 = C_2$ 时，两个偏振模的阈值相等，两个正交模的阈值比只与谐振腔特性有关：

$$\frac{P_{th}^{X}}{P_{th}^{Y}} = \frac{n_x^2(L^{x} - \ln R_2^{x})}{n_y^2(L^{y} - \ln R_2^{y})} \tag{3.6.13}$$

很明显，这是光纤谐振腔带给两个正交模的固有差别。用相对的阈值差来表达这个差别：

$$\frac{P_{th}^{X} - P_{th}^{Y}}{P_{th}^{X}} = \frac{P_{thx} - P_{thy}}{P_{thx}} \approx \frac{2(\Delta n)}{n} + \frac{\Delta L}{L - \ln R_2} \tag{3.6.14}$$

式中已经忽略了两个模式端面反射率的差别。

当 α 不等于或不接近于 $45°$ 时，引起两个偏振模阈值之差的原因主要是泵浦光的偏振取向，而光纤谐振腔带给两个正交模的固有差别，即式(3.6.14)可以忽略不计。此时，两个正交模的阈值之比为

$$\frac{P_{th}^{X}}{P_{th}^{Y}} = \frac{C_1\sin^2\alpha + C_2\cos^2\alpha}{C_1\cos^2\alpha + C_2\sin^2\alpha} \tag{3.6.15}$$

两者的相对差为

$$\frac{P_{th}^{X} - P_{th}^{Y}}{P_{thx}} = \frac{-4(C_1 - C_2)\cos 2\alpha}{4C_1C_2\cos^2 2\alpha + \sin^2 2\alpha} \tag{3.6.16}$$

以式(3.6.16)作图 3.6.1，其中对偏振受激截面比 a 取了四个值：0、0.2、0.4 和 1。

当 $\alpha = 45°$ 时，阈值差以式(3.6.16)计算为零。而当 $\alpha = 0°$ 或 $\alpha = 90°$ 时，两个模的阈值相差最大。

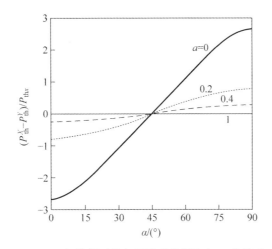

图 3.6.1　阈值相对差与泵浦光偏振取向 α 的关系

3.6.3　斜率效率

实验和理论都可以证明,激光输出功率和吸收泵浦功率以及阈值间的关系为(也即式(1.2.9))

$$P_{\text{out}} = \eta(P_{\text{ab}} - P_{\text{th}}) \tag{3.6.17}$$

这一公式,只要引用式(3.6.1)所说明的情况,即小信号单位小路径的增益概念,对于光纤激光器依然成立。这是一条可以实验测量的曲线,对于一般的固体和气体激光器,由于输出功率是多重激光模的总和,因此有时观测到的是近似的线性关系。然而,由于光纤激光器是单横模,对于所有样本的观测,都得到非常清晰准确的线性关系,如图 3.4.2 所示。我们称式(3.6.17)的 η 为斜率效率。η由两部分组成:

$$\eta = \eta_1 \eta_5 \tag{3.6.18}$$

一是泵浦效率 η_1,二是输出耦合效率 η_5,

$$\eta_5 = \frac{2(1 - R_2)}{(L - \ln R_2)\sqrt{R_2}} \tag{3.6.19}$$

η_1 是泵浦效率,由式(3.6.9)定义。在上述推演中,已经假设 η_1 和 η_5 对于 x 模和 y 模来说均相同。

于是得

$$\begin{cases} P_{\text{out}}^X = \eta(C_1\cos^2\alpha + C_2\sin^2\alpha)(P_{\text{ab}} - P_{\text{th}}^X) \\ P_{\text{out}}^Y = \eta(C_1\sin^2\alpha + C_2\cos^2\alpha)(P_{\text{ab}} - P_{\text{th}}^Y) \end{cases} \tag{3.6.20}$$

两个正交的激光模的斜率效率之比为

$$\frac{\text{SLOPE}_x}{\text{SLOPE}_y} = \frac{C_1\cos^2\alpha + C_2\sin^2\alpha}{C_1\sin^2\alpha + C_2\cos^2\alpha} \tag{3.6.21}$$

对不同的偏振截面 a,绘出斜率效率之比与泵浦光偏振取向的关系如图 3.6.2 所示。

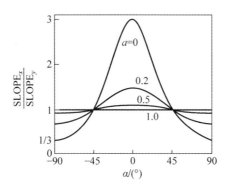

图 3.6.2　斜率效率之比与泵浦光偏振取向的关系

斜率效率比在 1/3 和 3 之间取值。对于 $a=0$,亦即纯偶极子模型,当泵浦光偏振取向 $\alpha=0°$时,斜率效率比达到最大值 3。

值得指出,斜率效率之比是可以在实验室准确测定的。因此,通过测定斜率效率比并与图 3.5.4 拟合,就能确定掺杂离子的偏振受激截面比 a。关于这方面的内容,将在 3.7 节中介绍。

3.6.4　弛豫振荡频率

激光物理学已经揭示,激光器弛豫振荡机理是谐振腔内的光强与反转粒子数的相互作用。腔内光强的增大导致受激辐射增强,从而引起反转粒子数的减少;而反转粒子数的减少又使得下一个时刻的光强减弱。

光纤激光器刚刚起振时,仅有一个振荡偏振模,因此能够获得“标准”的弛豫振荡输出,如图 3.4.1(a)所示。当泵浦功率增加,第二个振荡偏振模出现,如果采用偏振器滤去第一个偏振模,第二个偏振模的输出也是“标准”的弛豫振荡,如图 3.4.1(b)所示。

根据激光物理,弛豫振荡的频率由下式给出[23]:

$$\omega_\text{m} = \sqrt{\frac{1}{t_\text{c}}(r-1) - \left(\frac{r}{2\tau}\right)^2} \tag{3.6.22}$$

式中,t_c 是谐振腔的光子寿命;τ 是不计受激跃迁因素的上能级粒子寿命;

$$r = \frac{P}{P_\text{th}} \tag{3.6.23}$$

是泵浦功率与阈值功率之比。在 3.6.2 节里,已经阐明 x 模与 y 模具有各自独立的振荡,并设定 P_{thr} 和 P_{thy} 分别表示 x 模和 y 模振荡所需的阈值泵浦功率,可以得到 x 模与 y 模的弛豫振荡频率之比为

$$\frac{\omega_x}{\omega_y} = \sqrt{\frac{(C_1\cos^2\alpha + C_2\sin^2\alpha)\dfrac{P_{\text{ab}}}{P_{\text{thr}}} - \dfrac{t_c}{4\tau}(C_1\cos^2\alpha + C_2\sin^2\alpha)^2\left(\dfrac{P_{\text{ab}}}{P_{\text{thr}}}\right)^2 - 1}{(C_1\sin^2\alpha + C_2\cos^2\alpha)\dfrac{P_{\text{ab}}}{P_{\text{thy}}} - \dfrac{t_c}{4\tau}(C_1\sin^2\alpha + C_2\cos^2\alpha)^2\left(\dfrac{P_{\text{ab}}}{P_{\text{thy}}}\right)^2 - 1}}$$

(3.6.24)

实际上,对于稀土掺杂的光纤激光器来说,$\dfrac{t_c}{4\tau} \approx 0$。譬如,$Nd^{3+}$ 掺杂的光纤激光器,$\tau \approx 3\times10^{-4} \sim 5\times10^{-4}\,\text{s}$,$t_c = 10^{-8} \sim 10^{-6}\,\text{s}$。因此忽略此项后,式(3.6.24)成为

$$\frac{\omega_x}{\omega_y} = \sqrt{\frac{C_1\cos^2\alpha + C_2\sin^2\alpha - \dfrac{P_{\text{th}}}{P_{\text{ab}}}}{C_1\sin^2\alpha + C_2\cos^2\alpha - \dfrac{P_{\text{th}}}{P_{\text{ab}}}}}$$

(3.6.25)

当泵浦功率足够大,远离阈值时,忽略 $\dfrac{P_{\text{th}}}{P_{\text{ab}}}$ 项,式(3.6.25)成为

$$\frac{\omega_x}{\omega_y} = \sqrt{\frac{C_1\cos^2\alpha + C_2\sin^2\alpha}{C_1\sin^2\alpha + C_2\cos^2\alpha}}$$

(3.6.26)

与斜率效率比式(3.6.21)相比,

$$\frac{\omega_x}{\omega_y} = \sqrt{\frac{\text{SLOPE}_x}{\text{SLOPE}_y}}$$

(3.6.27)

图 3.6.2 揭示,$\dfrac{\text{SLOPE}_x}{\text{SLOPE}_y}$ 的最大值为 3,因此 $\dfrac{\omega_x}{\omega_y}$ 的最大值为 $\sqrt{3}$。图 3.6.3 绘出弛豫振荡频率比与泵浦光偏振取向 α 的函数关系。

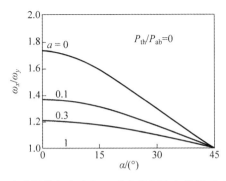

图 3.6.3 弛豫振荡频率比与泵浦光偏振取向的关系(远离阈值)

对于泵浦功率接近阈值的情况，$\dfrac{P_{th}}{P_{ab}}$ 不能忽略，以 $a=0$ 为例，绘出弛豫振荡频率比与泵浦偏振取向的关系如图 3.6.4 所示。

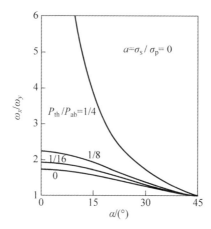

图 3.6.4　弛豫振荡频率比与泵浦偏振取向的关系（纯偶极子）

因为图 3.6.4 对不同的 $\dfrac{P_{th}}{P_{ab}}$ 给出了理论值，因此它也揭示了弛豫振荡频率比值随着泵浦功率的增加而减小的理论预测。

对于一个实际光纤激光器来讲，两个偏振模式的弛豫振荡作为瞬态过程，会受到许多因素的干扰而被叠加噪声。因此，采用示波器输出的弛豫振荡图像来确定弛豫振荡频率比有一定困难。

只有在泵浦功率接近阈值的时候，弛豫振荡的图像比较清晰，两个偏振模的弛豫振荡频率比也比较大。下面显示的两组示波器图像便是在这种状态下得到的。

在图 3.6.5 显示的实验结果中，x 模和 y 模采用偏振分解后进行测量，显示在同一个示波器屏幕上。(a)、(b)、(c)、(d)四组图分别对应于泵浦偏振取向 α 为 0°、10°、20°、45°的情况。可以清晰地发现，弛豫振荡频率比随着 α 的增大而变小，当泵浦光偏振取向角为 45°时，$\dfrac{\omega_x}{\omega_y}=1$。这些实验结果与图 3.6.3 和图 3.6.4 的理论曲线是一致的。

弛豫振荡频率比与泵浦功率的关系也可以用实验来测量。在光纤激光器的输出端放置偏振器，将起偏器调到抑制先行振荡的偏振模的位置，比如图 3.6.6 中的

x 模,在时间轴左方,先行起振的频率较高的弛豫振荡便是 x 模,后来振荡的便是 y 模。这样就可以在同一个时间刻度上比较两个偏振模的弛豫振荡频率。

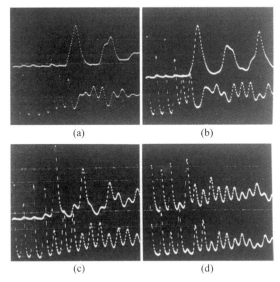

图 3.6.5　每张照片上方为 y 模输出,下方为 x 模输出

(a) $\alpha=0°$; (b) $\alpha=10°$; (c) $\alpha=20°$; (d) $\alpha=45°$

泵浦功率: $\dfrac{P_{ab}}{P_{th}}=4.5$; 示波器时间: $50~\mu s/$格

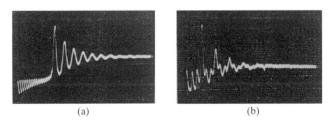

图 3.6.6　偏振分解后的示波器图像: 显示两个偏振模的弛豫振荡

(a) $\dfrac{P_{ab}}{P_{th}}=5,\dfrac{\omega_x}{\omega_y}=6$; (b) $\dfrac{P_{ab}}{P_{th}}=7,\dfrac{\omega_x}{\omega_y}=2.9$

这种弛豫振荡频率比随着泵浦功率的增加而减小的趋势,与图 3.6.4 中理论曲线所指出的规律相吻合。

图 3.6.7 是掺钕光纤激光器的实验测量数据与 $a=0$ 的理论曲线的比较。

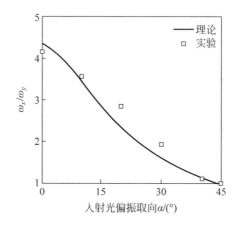

图 3.6.7 $\dfrac{\omega_x}{\omega_y}$ 与 α 的函数关系：实验与理论的比较

$$a = 0; \ P_{ab}/P_{th} = 4.5$$

3.6.5 偏振度

偏振度是激光输出的一项重要参数。式(3.1.1)给出了偏振度的定义。当吸收的泵浦功率超过了第二个偏振模的阈值，两个偏振模的输出遵从式(3.6.20)，因此 DOP 可以表示为

$$\text{DOP} = \frac{(C_1 - C_2)\cos 2\alpha - \dfrac{P_{thx} - P_{thy}}{P_{ab}}}{(C_1 + C_2) - \dfrac{P_{thx} + P_{thy}}{P_{ab}}} \tag{3.6.28}$$

因为 $C_1 + C_2 = 1$，而在远离阈值的输出状态下 $\dfrac{P_{thx} - P_{thy}}{P_{ab}} \approx 0$，式(3.6.28)成为

$$\text{DOP} = \frac{C_1 - C_2}{1 - \dfrac{P_{thx} + P_{thy}}{P_{ab}}} \cos 2\alpha \tag{3.6.29}$$

这是光纤激光器偏振效应的第三个特征，即式(3.4.1)的准确解释。也说明本章中所采用的理论模型和一些假设，以及在理论推演中的一些细节考虑，都是有效和可行的。

对照式(3.6.29)与式(3.4.1)，得到式(3.4.1)中 $f(P_{ab}, a)$ 的表达式为

$$f(P_{ab}, a) = \frac{C_1 - C_2}{1 - \dfrac{P_{thx} + P_{thy}}{P_{ab}}} \tag{3.6.30}$$

值得指出，式(3.6.28)~式(3.6.30)的分母中有 $1 - \dfrac{P_{thx} + P_{thy}}{P_{ab}}$，显然，这几个

式子只是在 $\dfrac{P_{ab}}{P_{thr}+P_{thy}}$ 大于 1 的情况下才有意义。实际上，绝大多数有实际意义的

光纤激光器都是工作在远离阈值的区域，即 $\dfrac{P_{thr}+P_{thy}}{P_{ab}}\approx 0$，此时，式(3.6.29)成为

$$DOP = (C_1 - C_2)\cos2\alpha \qquad (3.6.31)$$

对于两个特殊情况，$a=0$ 和 $a=1$，式(3.6.31)成为

$$DOP = 0.5 \times \cos2\alpha, \quad a=0 \qquad (3.6.32a)$$

$$DOP = 0, \quad a=1 \qquad (3.6.32b)$$

这个结论指出，光纤激光器的输出光的线偏振度必定落在 0～0.5。

依据式(3.6.29)，作出 DOP 与泵浦功率的理论曲线如图 3.6.8 所示。

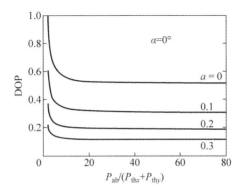

图 3.6.8　光纤激光器输出激光的偏振度与泵浦功率的关系

读者如果将图 3.6.8 与图 3.4.6 相比较就会发现实验与理论相吻合。

3.6.6　偏振截面比的测量

实验与理论的吻合证明了 3.5.6 节所提出的"三点假设"理论模型的可用和有效。

在建立数学模型和推演分析的过程中，又采用和引入了偏振受激截面比 a、有效吸收泵浦功率 P^X 和 P^Y、偏振选择率 C_1 和 C_2 等一系列概念和参数。实验和理论的吻合也证明了这些概念和参数的可用和有效。

实验与理论的吻合使得微观的参数与宏观的可测物理量建立了联系。因此，为测量获得微观的参数提供了一种方法。

虽然 3.6.2 节～3.6.5 节分析推演得到的阈值、斜率效率、弛豫振荡频率、输出激光偏振度的表达式都与偏振受激截面比 a 有关，但简单可行的办法是测量斜率效率比。同时，这个测量的误差也比较小。

将两个掺钕光纤激光器——样本 1(ND199-05)和样本 4(ND518)测试的斜率

效率比打印在同一张图中，得到图 3.6.9。

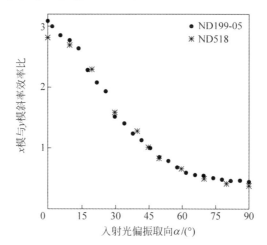

图 3.6.9　两个掺钕光纤激光器样本的斜率效率比

　　虽然两个激光器的长度相差很大，一个为 280 cm（样本 1），另一个为 22 cm（样本 4），但它们的斜率效率比却吻合得很好，这是理论所预见的：同样的稀土掺杂离子在玻璃中具有同样的偏振受激截面比 a。

　　一个掺铒光纤激光器的测量结果如图 3.6.10 所示。泵浦源是氩离子激光器泵浦的染料（DCM）激光器，波长为 650 nm。虽然测量的噪声远大于半导体激光器泵浦的掺钕光纤激光器，但斜率效率比的测量结果依然是在有限的误差范围内可以识别。

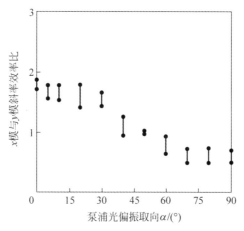

图 3.6.10　掺铒光纤激光器的斜率效率比与泵浦光偏振取向关系

样本为 ND501，掺杂铒离子

总结测量结果见表 3.6.1。

表 3.6.1　玻璃光纤中 Nd^{3+} 和 Er^{3+} 的偏振受激截面比 a

掺　　杂	钕离子	铒离子
能级跃迁 波长/nm	$^4F_{3/2} - {}^4I_{11/2}$ 1080	$^4I_{13/2} - {}^4I_{15/2}$ 1550
泵浦 波长/nm	半导体激光器 820	染料激光器 650
偏振受激截面比 a	0.015 ± 0.004	0.11 ± 0.02

3.6.7　光纤激光器的单偏振操作

在 1.2.4 节中指出,从荧光到超荧光,再到激光,是一个提高泵浦光能的过程,是一个从自发辐射为主转变到受激辐射为主的过程,是一个辐射光的频谱越来越窄、相干性越来越强的过程。

光纤激光器以光纤作为激光介质波导,由于光纤纤芯与包层的折射率相差很小,所以导波的立体角也很小,从而使得光纤成为产生超荧光的理想环境。

实验表明,当第一个偏振模已经受激振荡产生激光时,垂直偏振方向上的第二个偏振模正在产生超荧光,如图 3.6.11 所示。

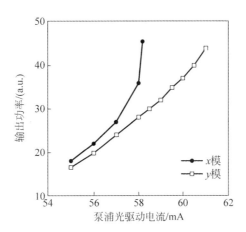

图 3.6.11　当 x 模有激光输出,y 模产生超荧光

激光物理的原理指出,速率方程(3.5.15)中,激光阈值的特征是稳态的粒子反转数,亦即 $\dfrac{\partial N}{\partial t} = 0$,并且假设 $\phi = 0$,此时的受激辐射与自发辐射相比可以忽略。然而一旦超越阈值,受激辐射将起到决定性的作用,此时的信号增益就不再是由

式(3.6.3)表达,而是减小为[24-25]

$$\ln G = \frac{g_0 l_e}{1 + \dfrac{I}{I_s}}, \quad 对于均匀激光介质 \tag{3.6.33a}$$

$$\ln G = \frac{g_0 l_e}{\sqrt{1 + \dfrac{I}{I_s}}}, \quad 对于非均匀激光介质 \tag{3.6.33b}$$

式中,I_s 是饱和光强密度; I 是激光模的光子密度; l_e 是激光器有效长度。

如式(3.6.33)所示,在增益饱和的范围内,激光器输出随泵浦功率变化呈线性增长,而不是指数关系。因此当 x 模已经处于激光振荡的状态,而 y 模仍处于超荧光状态时,两个模式将具有不同的增益。

可以引入偏振模增益比:

$$S = \frac{G_y}{G_x} \tag{3.6.34}$$

来描述两个模式的增益状态。由激光物理的理论[26]得知,一个四能级系统的小信号单程增益 g_0 正比于泵浦功率,可以表示为

$$g_0 = K \frac{P_{ab}}{l_e} \tag{3.6.35}$$

在式(3.6.35)中,K 是泵浦效率,由式(3.6.6)定义。而对于不同的模式,P_{ab} 则应取不同模式的有效吸收泵浦功率,如式(3.5.35)所定义。运用这些关系式,最终可以得到

$$S = \exp\left[KP_{ab}\left(PS^Y - \frac{PS^X}{\sqrt{1 + \dfrac{I_x}{I_s}}} \right) \right] \tag{3.6.36}$$

这是一个与泵浦功率呈指数上升的函数关系。说明在 x 模激光振荡增益饱和的情况下,y 模以更高的增益集聚超荧光,向激光振荡态发展。这是图 3.6.11 实验测试曲线的理论解释。

当采用图 3.2.2 的实验装置,若在激光腔内放置偏振分离器,便可以同时测得 x 模的激光振荡和 y 模超荧光。于是可以测得 S 增益比值。例如,对一个半导体激光器泵浦的掺钕光纤激光器进行测量,当 $K \approx 0.1$,泵浦吸收功率为 10 mW 时,测得 $S \approx 1.25$。

实验和理论分析得出的结论是,光纤激光器的单偏振操作只能出现在第一个偏振模超出阈值产生激光振荡,而第二个偏振模低于阈值的情况下。如果没有在激光腔内或腔外的物理措施抑制第二个偏振模的振荡,那么光纤激光器的单偏振

操作只能在一个比较小的泵浦功率和输出功率范围内获得。以图 3.6.11 的实验为例,只能在泵浦源半导体激光器的驱动电流 58~61 mA 的范围内获得。

光纤激光器的长腔特质所带来的超荧光特征,使得它的激光输出与半导体激光器有着本质的不同。半导体激光器的谐振腔呈长方体型,虽然也有两个相互垂直的本征偏振横模,但因为短腔结构,当一个偏振模起振,另一个偏振模并没有集聚超荧光的环境,而将受激辐射全部贡献给先起振的偏振模。因此,半导体激光器不需要任何外加的偏振控制,产生的激光都是线偏振光,并且具有很高偏振度(DOP)。如图 1.2.5 所示,半导体的 DOP 十分接近于 1,而没有外加偏振控制的光纤激光器。当第二个偏振模超过阈值起振,激光输出的 DOP 随着激光输出的增加而逐渐地减小,落到 0.5 以下,甚至接近于零,如图 3.4.6 所示。

3.6.8　单偏振操作的偏振效率

光纤激光器的谐振腔可以用图 3.6.12 示意,设导波的立体角为 $\Delta\Omega$。

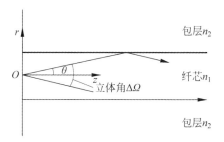

图 3.6.12　光纤导波的立体角

对于一个光纤激光器在向前与向后的两个方向中,能被光纤导引的自发辐射都是对产生激光有贡献的。所以计算立体角对于整个空间的比值为

$$\xi_0 = 2\frac{\Delta\Omega}{4\pi} \tag{3.6.37}$$

根据几何关系,进而得到

$$\xi_0 = 1 - \sqrt{1 - \frac{NA^2}{n_{c0}^2}} \tag{3.6.38}$$

式中,NA 是光纤的数值孔径,它的定义[6]在第 1 章里已经提到过:

$$NA = \sqrt{n_{c0}^2 - n_{c1}^2} \tag{3.6.39}$$

n_{c0} 与 n_{c1} 分别是光纤纤芯和包层的折射率。例如对于实验样本 ND425,见表 3.2.1,NA$=0.21$,$n_{c0}=1.5$,$\xi_0=0.0089$。

立体角空间比值 ξ_0 反映了光纤激光器所吸收的泵浦功率中能够贡献给可从光纤端面测得的荧光的比例。

当 x 模处于激光振荡态，而 y 模处于荧光和超荧光态时，描述单位时间贡献给两个正交模式的跃迁概率的方程(3.5.28)就成为

$$\begin{cases} P_x(\Omega) = C[I_x\sigma_x(\Omega) + I_y\sigma_y(\Omega)]\sigma_x(\Omega) \\ P_y(\Omega) = \xi_0 C[I_x\sigma_x(\Omega) + I_y\sigma_y(\Omega)]\sigma_x(\Omega) \end{cases} \tag{3.6.40}$$

严格讲，ξ_0 仅仅是描述荧光态的几何参数。对于超荧光态，此时有一定量的受激辐射参与在过程中，就不再适用。可以引入有效立体角 ξ 的概念来修正式(3.6.40)。荧光态下，$\xi=\xi_0$；激光态下，$\xi=1$；超荧光态下，$\xi_0<\xi<1$。

若将偏振增益比 S 一并考虑在内，式(3.6.40)可以表示为

$$\begin{cases} P_x(\Omega) = C[I_x\sigma_x(\Omega) + I_y\sigma_y(\Omega)]\sigma_x(\Omega) \\ P_y(\Omega) = \xi S C[I_x\sigma_x(\Omega) + I_y\sigma_y(\Omega)]\sigma_x(\Omega) \end{cases} \tag{3.6.41}$$

类似于从式(3.5.28)到式(3.5.36)的推导过程，得到

$$\begin{vmatrix} P^X \\ P^Y \end{vmatrix} = \frac{P_{ab}}{C_1(\cos^2\alpha + S\xi\sin^2\alpha) + C_2(\sin^2\alpha + S\xi\cos^2\alpha)} \begin{vmatrix} \cos^2\alpha & \sin^2\alpha \\ S\xi\sin^2\alpha & S\xi\cos^2\alpha \end{vmatrix} \begin{vmatrix} C_1 \\ C_2 \end{vmatrix} \tag{3.6.42}$$

式中，除 S、ξ 以外的所有符号，都与式(3.5.36)的相同。这是一个分析光纤激光器偏振效应的主要结论公式，也是一个更具普遍意义的表达式，既涵盖了单偏振操作，也包括了两个偏振模同时振荡的状态。当取 $S\xi=1$，式(3.6.42)回归为式(3.5.36)。

根据 P^X 和 P^Y，即 x 模和 y 模的有效吸收功率的物理意义，可以定义单偏振操作的偏振效率为

$$\eta_{sp} = \frac{P^X}{P_{ab}} \tag{3.6.43}$$

这里，x 模已经被设定为激光振荡模。

偏振效率的物理意义是吸收的泵浦功率中贡献给所操作偏振模的比例。引用式(3.6.42)的关系，得到

$$\eta_{sp} = \frac{1}{1 + S\xi \dfrac{C_1\sin^2\alpha + C_2\cos^2\alpha}{C_1\cos^2\alpha + C_2\sin^2\alpha}} \tag{3.6.44}$$

值得指出，当 $S\xi=1$，亦即两个偏振模同时存在的情况，式(3.6.44)与式(3.5.36)具有同样的结果。此时的效率，就是式(3.5.37)所定义的偏振选择率 PS。

为获得单偏振输出，任何光源都可以采用腔内或腔外两种偏振控制方法，图 3.6.13(a)为腔外放置一起偏器，图 3.6.13(b)为激光腔内放置一个起偏器。这两种结构都能实现单偏振输出，但是偏振效率不同。

依据式(3.6.44)可以求得两种结构的偏振效率，如图 3.6.14 所示。图中，曲线(1)和曲线(3)是掺钕光纤激光器的理论曲线。曲线(1)是采用腔内起偏器的结构，曲线(3)是将起偏器置于腔外。因为式(3.6.44)与掺杂离子的偏振选择率 C_1、

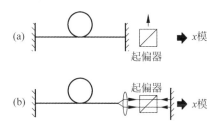

图 3.6.13　实现单偏振输出的两种结构：腔内(b)或腔外(a)放置起偏器

C_2 有关,因此掺铒光纤激光器有着不同的理论曲线,如曲线(2)和曲线(4)所示。式(3.6.44)还与泵浦光偏振取向 α 角有关,在图 3.6.14 中以横坐标表示。在泵浦光偏振取向与腔外起偏器方向垂直的极端情况下,掺钕激光器的偏振效率低于 0.3,如曲线(3)所示。而当泵浦光偏振取向与腔内起偏器方向一致,偏振效率高达 0.95 以上。

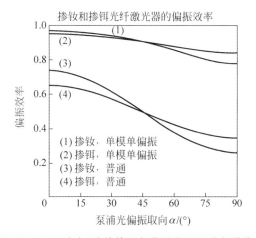

图 3.6.14　腔内、腔外放置起偏器的不同偏振效率

3.7　光纤激光器偏振效应的应用

3.7.1　单偏振光纤激光器

大部分传统的气体和固体激光器都采用腔内布儒斯特角来实现单偏振的激光输出。其原理是利用对于平行和垂直于入射平面的光束的不同损耗而抑制一个方向的偏振光,最终使得全部激活中心的受激跃迁贡献给同一个方向的偏振。

然而对于光纤激光器的情形,一是难以在腔内制作一个布儒斯特角的窗口,二是由于第二个偏振模的超辐射现象,使得布儒斯特角所产生的损耗差不足以抑制第二个模式。

对于特殊光纤的研究，我们发现利用光纤中传输光在纤芯外的"消逝场"（evanescent field，见第 1 章所述）与光纤包层小孔中所置金属的相互作用，可以制成"光纤起偏器"[27-28]。如果在光纤激光器中采用这种技术，应该能够实现单偏振的操作。

集成光纤金属起偏器，利用注入包层或者镀膜在贴近纤芯包层的金属，抑制纤芯中传输的与金属表面垂直的偏振光[29]，从而使得输出的激光是与金属表面平行的单偏振光。

早期的研究就采用了这一类集成光纤金属起偏器。它为制作单偏振的光纤激光器提供了一种可行的技术。

最早的制作集成光纤起偏器的方法是笔者采用的[30-31]D 型光纤。制作 D 型光纤的方法是在设计好尺寸的基础上，将预制棒的一个侧面打磨到一定的程度，再在打磨后的预制棒外面套上与包层同质的玻璃套管，然后放在光纤拉丝塔熔融拉制成光纤。这种光纤的端面如图 3.7.1 所示。因为光纤预制棒加套管后的熔融与拉丝过程是同时进行的，所以必须十分精细地控制熔融温度。笔者的实验将熔融温度控制在 2000℃ 左右。

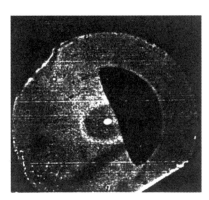

图 3.7.1 　D 型光纤的端面照片

在熔融拉制光纤的过程中，由于两个垂直方向的应力差别，使得光纤纤芯成为椭圆形，增强了光纤的双折射。从图 3.7.1 的纤芯光斑可以观察到一个椭圆，而椭圆的长轴和短轴方向便成为两个偏振模的本征轴方向，恰好保证了金属面抑制垂直偏振光的效率。

由于纤芯与金属面的距离（图 3.7.2 中 d）是在预制棒打磨前设计好的，因此这种制作工艺与打磨光纤金属镀膜的方法[28-29]相比更为准确，也更容易把握。纤芯中传输光与金属的作用还与 z 方向上的金属长度成正比，它影响输出激光的偏振度和输出功率的大小。因为 D 型孔贯穿整条光纤，这个作用距离可以由 D 型孔内所灌注的金属长度来控制。

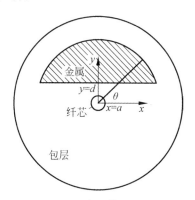

图 3.7.2　D 型光纤截面几何示意图

利用光纤理论可以推算纤芯内传输的光与包层中金属的相互作用。它与纤芯半径 a 以及金属面与光纤中心的距离 d 有关,它们的比值 $D = \dfrac{d}{a}$ 是决定这个作用大小的重要参数,D 越小,则作用越大。

利用电磁场理论,代入各类金属的复数介电常数 $\dot{\varepsilon} = \varepsilon' - \mathrm{j}\varepsilon''$,便可以得到各类金属对于 y 模和 x 模产生的损耗。两个偏振模式的损耗比值 $r = \dfrac{L_y}{L_x}$ 越大,产生的起偏作用越强。数字计算的结果表明[15]:镓、铝、金、铟和银这 5 种金属能得到较大的 r 值,镓的 r 值高达 200,铝的 r 值是 90。

从实验室工作的方便程度考虑,金属镓因为在室温条件下是液态,便于向 D 型孔内注入,所以在早期的研究中经常被采用。

图 3.7.3 是对金属镓和铝的数值计算曲线。横坐标是 $D = \dfrac{d}{a}$,纵坐标是单位长度金属作用的损耗。曲线 a、b 分别是 x 模和 y 模的损耗,曲线 c 是 a、b 两者的比值。

图 3.7.3 显示,并非金属与传输光的作用距离越长,r 值越高。必须选择最佳的作用距离,使得激光输出同时达到两个目的:偏振度高和输出功率高。严格讲,图 3.7.3 的计算还与光纤的数值孔径以及与金属作用的光的波长有关。文献[32]对此有比较深入的研究探讨。

第一个在国际上报道的单偏振单模(SPSM)光纤激光器的实验装置示意图如图 3.7.4 所示[29]。它的有源区是由 20 m 低浓度钕掺杂的 D 型光纤组成。泵浦源是氩离子激光器,泵浦光波长为 514.5 nm,用一个 20 倍的显微镜物镜在腔内将氩离子激光聚焦入光纤。F-P 腔的第一个平面镜 M1 对泵浦光的透过率为 85%,对

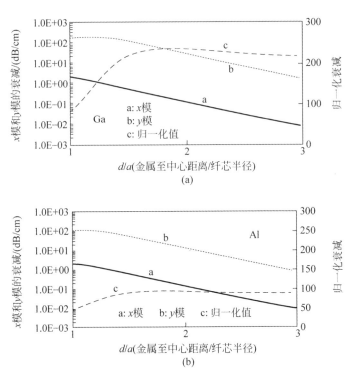

图 3.7.3　金属镓和铝对于平行/垂直偏振光的损耗

（a）金属镓；（b）金属铝

激光波长 1.09 μm 的反射率大于 99%。F-P 腔的输出平面镜在激光波长有 65%
的透射率。在输出功率探测器前放置了一个消光比为 50 dB 的偏振器。

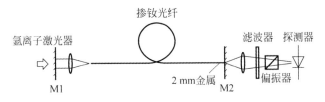

图 3.7.4　SPSM 光纤激光器的实验装置图

当 D 型孔没有注入金属时,激光器输出有两个偏振模,激光输出的偏振度很
低。当输出端的 D 型孔内注入常温下为液态的金属镓 420 mm 时,与金属面垂直
的 y 模被抑制,激光器实现了单偏振操作。即使将泵浦光加强到最大的情况下,光
纤激光器依然保持单偏振输出。

虽然集成金属起偏器能够产生明显的偏振模衰减差从而获得单偏振输出,但
总是会引入对激光输出的插入损耗。因此必须选择一个最优化的金属长度,既保

证单偏振输出,又能让输出功率的损失减到最小。

在上述所实验中,2 mm 金属镓的长度已经足够保证单偏振输出,消光比达到 35.4 dB,单偏振输出的功率为 20 mW。

在另一个采用半导体激光器作为泵浦源的实验中,测得的单偏振输出以及消光比曲线如图 3.7.5 所示。

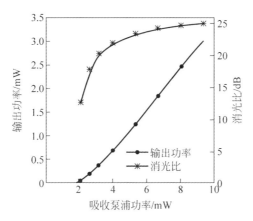

图 3.7.5　半导体激光器泵浦的 SPSM 光纤激光器输出特性:功率与消光比

因为既是单偏振,又是单横模,所以不用腔外偏振器隔离,也可以测得噪声很小的、很清晰的激光弛豫振荡输出,如图 3.7.6 所示。

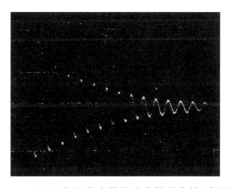

图 3.7.6　SPSM 光纤激光器的弛豫振荡曲线(实测照片)

SPSM 激光器的输出激光偏振度与 F-P 腔输出镜的激光波长反射率也有一定的关系。反射率越大,相当于激光与金属的作用距离在增加,因此输出激光的偏振度会提高。在图 3.7.7 中,采用实验的参数,同时列入了输出功率和输出光偏振度对于输出镜反射率关系的两条数值计算曲线。正如激光物理理论所指出的,F-P 腔激光器的输出与输出镜的激光反射率并不是单调函数的关系(曲线 a),而输出激光的偏振度与输出镜辐射率呈单调函数关系(曲线 b)。

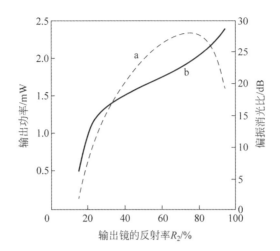

图 3.7.7　输出功率、输出光偏振度与输出镜反射率的关系

曲线 a 为输出功率；曲线 b 为输出光偏振消光比。$L_x = 0.02$，吸收泵浦功率$=10\ \mathrm{mW}$，$r=60$

在腔内放置一部占空比为$1:180$的机械斩波器，便可以得到调 Q 脉冲。脉冲的重复频率为 100 Hz。调 Q 脉冲的消光比高达 39.5 dB。这是符合预期的，因为y模已经被集成金属偏振器完全抑制，不能形成调 Q 脉冲而只能在脉冲背景上贡献一点点自发辐射的荧光。

更为高效的调 Q 操作，可以在腔内采用声光调制器获得。实验探测到的典型脉冲如图 3.7.8 所示，脉冲峰值功率为 3.9 W，脉宽为 150 ns，脉冲光偏振度为 29.3 dB。

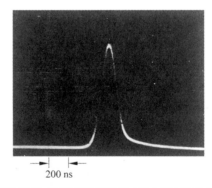

200 ns

图 3.7.8　SPSM 光纤激光器，采用声光调制器 AOM-40R 的调 Q 脉冲输出（实测照片）

3.7.2　光纤激光器的偏振开关

光纤激光器的两个偏振正交的偏振模共处于同一个谐振腔内，共享腔内的反转粒子数，因此在时域和频域它们都是竞争对手。这一点可以从物理的层面理解，

在实验观测中也得到了证实。图 3.7.9 是偏振分解的 x 模和 y 模的输出的示波器图像。其中 x 模(图(a))已经达到连续波谐振输出状态,而当 y 模(图(b))开始起振,第一个弛豫振荡的峰值出现时,x 模的输出便同时出现一个凹陷。

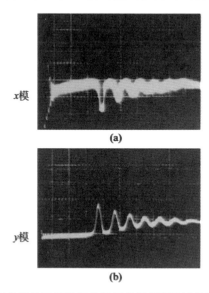

图 3.7.9　偏振分解的示波器图像显示偏振模在时域的竞争(实测照片)

用频谱仪测试光纤激光器偏振分解后的频谱,每一个光纤激光器都显示 x 模和 y 模的频谱具有不同的谱线。图 3.4.1 已经展示了一个掺钕激光器的偏振分解后的频谱。在那个频谱图上,图(a)是 x 模,图(b)是 y 模,泵浦光偏振取向角 $\alpha =$ 45°,两个模式的强度相差无几,但两个模的谱线没有重合的频率。类似的情况可以在各种稀土掺杂的光纤激光器中观测得到。图 3.7.10 是掺铒激光器频率产生明显分裂的频谱图[33]。

实验发现,这种偏振频率分裂与泵浦强度有关,泵浦功率越强,频谱分裂就越大。在阈值附近,频谱分裂很小,当泵浦功率增加到 6 倍阈值时,测得的频率分裂达到 5.2×10^{11} Hz(4.16 nm),如图 3.7.11 所示。

基于时域和频域的偏振模竞争,就可以设计光纤激光器的偏振开关。图 3.7.12 是最早报道的采用光子注入实现的偏振开关的实验装置图[34]。一个 F-P 腔的掺钕光纤激光器由 2 m 长、掺杂浓度为 300 ppm 的有源光纤组成。光纤缠绕成直径为 3 cm 的螺线管型,以保持谐振腔两个偏振本征轴的稳定。在腔内熔接一个光纤耦合器,与激光光子相干的、波长为 1.08 μm 的光子经过这个耦合率为 15% 的耦合器注入激光腔。在耦合器的光子输入端口,即图 3.7.12 中耦合器第 4 端口,放置一个 $\lambda /2$ 片,用以调整注入光子的偏振取向。泵浦源是半导体激光器,泵浦波长

为 813 nm。在光纤激光器的输出端设置一个偏振分束器,同时对 x 模和 y 模输出
进行检测。

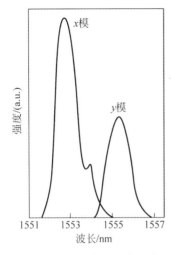

图 3.7.10　掺铒光纤激光器产生
偏振模频率分裂

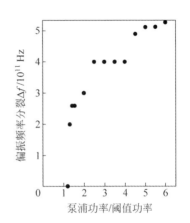

图 3.7.11　掺铒光纤激光器的偏振频率
分裂与泵浦强度相关

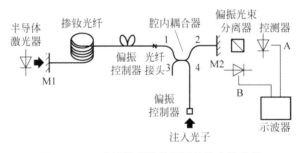

图 3.7.12　光纤激光器偏振开关的实验装置

在图 3.7.12 中,输出镜 M2 的反射率为 80%。测得泵浦吸收功率为 4.0 mW
时,光纤激光器达到阈值。泵浦吸收功率在 4.0～4.8 mW 之间时,激光器处于单
偏振操作状态,此时的输出功率为 120 μW。从腔内耦合器第 4 端口测得单偏振激
光的消光比为 15.4 dB,说明实验用耦合器保持耦合光的偏振态足够好。

注入光子来源于两台激光器。一个是提供 CW 光子的,与上述激光器具有完
全相同的有源光纤和泵浦光源,因此也就具有相同输出光波长的掺钕光纤激光器;
另一台是可调输出波长的、脉冲式的染料激光器,提供 6 ns 脉宽、30 Hz 重复频率
的脉冲光子。

当一个与光纤激光器的操作偏振模具有相同偏振取向的脉冲光子注入时,脉

冲将被放大,并且以与 F-P 腔光程相关的振荡周期产生振荡,如图 3.7.13 曲线(2)所示。

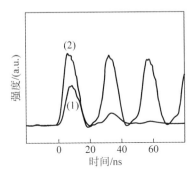

图 3.7.13　注入 F-P 腔的脉冲序列的放大现象
(1) F-P 腔无泵浦;(2) F-P 腔有泵浦

　　如果关闭激光器的泵浦光,注入 F-P 腔的脉冲经历的便是一个强吸收介质。从输出反射镜 M2 外测得的是迅速衰减的脉冲序列,如图 3.7.13 曲线(1)所示。

　　当一个与激光振荡 x 模具有垂直偏振取向的 y 模脉冲注入腔内时,可以测得有一个短暂的输出放大,随后便将 x 模的振荡熄灭。当脉冲注入的影响消失时,x 模又会重新建立起激光振荡,如图 3.7.14 所示。

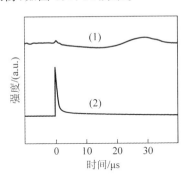

图 3.7.14　y 偏振脉冲的注入引起 x 模的振荡熄灭
(1) x 模;(2) y 脉冲

　　如果注入的是连续波光子,y 模光子的注入不仅使得 x 模的振荡熄灭,而且使得谐振腔产生 y 模的激光振荡,实现了偏振开关。记录开关过程的示波器图像如图 3.7.15 所示,其中 y 模的注入方波波形是由一个机械斩波器形成的。

　　理论上的分析[34]得出,实现偏振开关的阈值功率 P_0 可以表示为

$$P_0 \geqslant (P^X - P^Y)\eta\xi\frac{\nu_0}{\nu_p} \qquad (3.7.1)$$

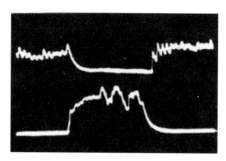

图 3.7.15　连续波光纤激光器的偏振开关（实测照片）

上，D1 检测的 x 模；下，D2 检测的 y 模

式中，P^X 和 P^Y 分别是式(3.6.42)所定义的 x 模及 y 模的有效泵浦功率；η 是泵浦效率[24]；ν_0 和 ν_p 分别是激光和泵浦光的频率；ξ 是光纤导波的立体角比值，由式(3.6.38)，即 $\xi=1-\dfrac{n_{c1}}{n_{c0}}$ 所定义。其中，n_{c1} 和 n_{c0} 分别是包层和纤芯的折射率。ξ 的物理意义是能够为光纤谐振腔所捕捉的自发辐射荧光比例。

根据式(3.7.1)，如果泵浦光偏振取向 $\alpha\approx45°$，那么，开关的阈值功率的理论值很小。实验也证实了这个结论，仅仅 0.1 μW 功率的注入光子，就足以实现偏振开关的操作。偏振开关比也较高。如图 3.7.15 所示，即使是在全光谱下测量荧光背景，连续光实验测得的开关比也能达到 12∶1。

虽然受激辐射是个瞬态过程，但是偏振开关的速度受到光子在腔内寿命的限制，测得的开关时间是 4 μs。减小输出镜的反射率将会提高开关速度，但也要付出增加泵浦功率和提高开关阈值的代价。

实验结果显示，偏振开关对于诸如光子的频率抖动也具有一定的容忍性。在 10 nm 以内，偏振开关的光子状态都很稳定。这样的频率容忍程度是与增益曲线的线宽相联系的。

光纤激光器的偏振开关在光信号处理、光纤传感器、光逻辑等领域有望得到应用。

3.8　结论

基于上述讨论，可以得到以下几点结论：

（1）稀土掺杂、F-P 腔单模光纤激光器具有两个相互垂直的本征偏振模；

（2）两个本征偏振模各自具有独立的频谱、阈值、弛豫振荡频率、斜率效率曲线；

（3）纵向端面输入泵浦光的偏振取向决定着两个本征偏振模的有效泵浦功率；

（4）采用半经典的偶极子模型来解释掺杂离子而建立的数学分析与实验结果吻合；

（5）采用集成的光纤金属起偏器实现的单偏振光纤激光器消光比高，插入损耗小；

（6）偏振光子输入 F-P 腔可以实现光纤激光器的偏振开关；

（7）行波光纤放大器和环形光纤激光器具有与 F-P 腔光纤激光器不同的偏振特性[35-36]。

参考文献与深入阅读

[1] LEVINE A K. Lasers[M]. Vol. 2. London: Edward Arnold Ltd. ,1968.

[2] BORN M,WOLF E. Principles of optics[M]. London: Pergamon,1970.

[3] WEBER M J. Laser excited fluorescence spectroscopy in glass[M]. Berlin: Spriger-Verlag, 1981.

[4] KAPRON F P,BORRELLI N F,KECK D B. Birefringence in dielectric optical waveguides [J]. IEEE Journal of Quantum Electronics,1972,8(2): 222-225.

[5] PAYNE D N,BARLOW A J,HANSEN J J R. Development of low-and high-Birefringence optical fibers[J]. IEEE Journal of Quantum Electronics,1982,18(4): 477-488.

[6] 张民,林金桐,张志国,等. 光波导理论简明教程[M].北京: 北京邮电大学出版社,2011.

[7] JEUNHOMME L B. Single-mode fiber optics: principles and applications[M]. New York: Marcel Dekker Inc. ,1983.

[8] PAPP A,HARMS H. Polarization optics of index-gradient optical waveguide fibers[J]. Applied Optics,1975,14(10): 2406-2411.

[9] BRAWER S B,WEBER M J. Theoretical study of the structure and optical properties of rare-earth-doped BeF_2 glass[J]. Journal of Non-Crystalline Solids,1980,38(39): 9-14.

[10] HALL D W,HAAS R A,KRUPKE W F,et al. Spectral and polarization hole burning in neodymium glass lasers [J]. IEEE Journal of Quantum Electronics, 1983, 19(11): 1704-1717.

[11] HALL D W,WEBER M J. Fluorescence line narrowing in neodymium laser glass[J]. Journal of Applied Physics,1984,55(7): 2642-2647.

[12] LEBEDEV V P,PRZHEVUSKII A K. Polarized luminescence of rare earth activated glasses[J]. Sov. Phys. Solid State,1977,19(8): 1389-1391.

[13] LIN J T,MORKEL P R,REEKIE L,et al. Polarisation effects in fibre lasers[C]. Finland, Helsinki: 13th European Conference on Optical Communication(ECOC),1987.

[14] LIN J T,GAMBLING W A. Polarisation effects in fibre lasers: phenomena,theory and applications[C]. United Kingdom,London: IEE Colloquium on Polarisation Effects in Optical Switching and Routing Systems,1990.

[15]   LIN J T. Polarisation effects in fiber lasers[D]. Southampton：University of Southampton，1990.

[16]   WEBER M J. Fluorescence and glass lasers[J]. Journal of Non-Crystalline Solids，1982，47(1)：117-133.

[17]   YEN W M，SELZER P M. Laser spectroscopy of solids[M]. Berlin：Springer-Verlag，1981.

[18]   MARTIN J L. Basic quantum mechanics[M]. Oxford：Clarendon Press，1981.

[19]   WEBER M J. Handbook of laser science and technology[M]. U. S.：CRC Press，1987.

[20]   FEOFILOV P P. The physical basis of polarized emission[M]. New York：Consultants Bureau，1961.

[21]   编辑组. 固体激光器导论[M]. 上海：上海人民出版社，1975.

[22]   罗遵度，黄艺东. 固体激光材料物理学[M]. 北京：科学出版社，2015.

[23]   SARGENT M Ⅲ，SCULLY M O，LAMB W E. Laser physics[M]. Reading，Massachusetts：Addison-Wesley Publishing Company，1974.

[24]   KOECHNER W. Solid-state laser engineering[M]. New York：Springer-Verlag，1976.

[25]   YARIV A. Introduction to optical electronics[M]. New York：Holt Rinehart and Winston，1976.

[26]   ALCOCK I P，TROPPER A C，FERGUSON A I，et al. Q-switched operation of a neodymium doped monomode fibre laser[J]. Electronics Letters，1986，22(2)：84-85.

[27]   EICKOFF W. In-line fibre-optic polariser[J]. Electronics Letters，1980，16：762-764.

[28]   LI L，BIRCH R D，PAYNE D N. High performance composite metal/glass fibre polarisers[C]. Spain，Barcelona：12th European Conference on Optical Communication(ECOC)，1986.

[29]   WANG X，LIN J，SUN W，et al. Polarization selectivity of the thin metal film plasmon-assisted fiber-optic polarizer[J]. ACS Applied Materials & Interfaces，2020，12(28)，32189-32196.

[30]   LIN J T，REEKIE L，LI L. Single-polarisation operation of a Nd^{3+}-doped single-mode fiber laser[C]. United States，Maryland Baltimore：Conference on Lasers and Electro-Optics (CLEO)，1987(paper FP3.)

[31]   LIN J T，PAYNE D N，REEKIE L，et al. Single polarisation fibre lasers using an integral polarizer[C]. Beijing：Sino-British Conference on Optical Fibre Communication，1989：962-966.

[32]   LI L. Novel optical fibre and their applications[D]. Southampton：University of Southampton，1989.

[33]   LIN J T，REEKIE L，PAYNE D N，et al. Intensity dependent polarization frequency splitting in an Er^{3+}-doped fiber lasers[C]. United States，Anaheim：Conference on Lasers and Electro-Optics (CLEO)，1988.

[34]   LIN J T，WELLS P J，MINELLY J D，et al. Photon-injection polarization-switching in fibre lasers[C]. Netherlands，Amsterdam：European Conference on Optical Communication (ECOC)，1990.

[35]   WANG L J，LIN J T，YE P. Analysis of polarization-dependent gain in fiber amplifiers[J]. IEEE Journal of Quantum Electronics，1998，34(3)：413-418.

[36]   陆丹. 高功率光纤激光波导：双折射及偏振特性研究[D]. 北京：北京邮电大学，2009.

第 ④ 章

光纤激光器的增强操作

有源光纤器件的早期研究,集中在玻璃掺杂稀土光纤的能级结构、荧光谱、吸收谱、激光谱和偏振效应等基本物理层面上,以及致力于制造光纤、测试光纤和实验室实现光放大、产生激光的技术层面上。最为激动人心的发现是掺铒光纤在 $1.55~\mu m$ 的增益荧光谱。这个波长正好是光纤通信的第三个窗口,与先前的两个窗口 $0.85~\mu m$、$1.31~\mu m$ 相比,在这个波长上,光纤的衰减最小。20 世纪 80 年代,正当人们准备好了 $1.55~\mu m$ 的半导体光源,制定了第三代光纤通信使用的光纤标准的时候,掺铒光纤的出现让整个光纤行业为之振奋。当光纤放大器的报道[1]在 1986 年激光和电子光学会议(CLEO)上宣读之后,立即掀起了一个掺铒光纤放大器(EDFA)的研发高潮。要将光纤放大器从实验室研究成果变成为商用产品,告诉工业界最为有效的泵浦波长至关重要。1989 年,两个最有效的泵浦波长——980 nm 和 1480 nm,分别由南安普顿大学[2]和日本学者[3]宣布确定。半导体行业立即致力于这两个波长的激光器的研发。

【花絮】 科技人员都清楚,任何实用的光纤器件都必须采用半导体光源。当南安普顿的科研团队报道 980 nm 是掺铒激光器/放大器理想的泵浦波长的时候,世界上并没有这个波长的半导体激光器。团队便与美国半导体专家合作探讨制作 980 nm 激光器的可行性。美国人风趣地回答:"只是钱和时间的问题,理论上没有障碍"。果然,大约一年之后,南安普顿实验室得到合作者送来的 980 nm 半导体激光器的试用样品。组里的博士生 Robert Mears 用合作者送来的样品激光器,又做了几个实验,完成了他的以"光纤放大器"为题的博士论文。迄今,980 nm 泵浦的掺铒光纤放大器仍然是市场上供需两旺的光电子商品。

20世纪末，以 32 万千米海底光缆全部采用 EDFA 和波分复用技术为标志[4-5]，EDFA 已经成为一项成熟的产业。

与此同时，光纤激光器的研究也在继续深入。除去类似传统激光器的调 Q、锁模等操作的研究之外，光纤激光器还有一些具有自身特点的增强操作，例如：单模单频、包层泵浦、混合掺杂、频率上转换、自调 Q 自锁模和多波长操作。本章将逐一介绍。

4.1 单模单频

单频激光源是激光技术的追求。单频输出的激光，既满足单横模又满足单纵模，其谐振腔内部只有单一模式进行振荡。单频激光器拥有普通激光器难以达到的谱线宽度窄和相干长度长的特点。单频激光源可以在注入锁定的各类应用中担任"种子"光，在测距、遥感、光频标准等领域中具有广泛的应用。

光纤激光器使用单模掺杂稀土光纤作为有源介质，自动保证了激光器的单横模特性。但是一般 F-P 腔的光纤长度却包含了众多的纵模，一般的线宽都是10 nm 量级。要实现光纤激光器的单频操作，成功的方法有 3 种：①单向环形光纤激光器结构；②采用光纤光栅形成分布式反馈或布拉格反射的短腔结构；③腔内附加窄带选频器件。

4.1.1 单向环形光纤激光器

单向环形光纤激光器结构如图 4.1.1 所示[6]。

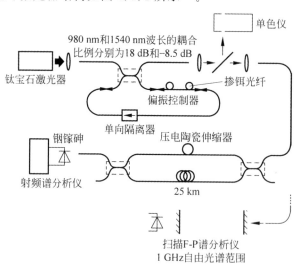

图 4.1.1 单向环形光纤激光器的实验结构图

在图 4.1.1 中,上方的环形激光腔由掺铒光纤、单向隔离器、偏振控制器和光纤耦合器组成。光纤耦合器在泵浦波长 980 nm 和激光波长 1540 nm 上具有不同的耦合比例,分别为 18 dB 和−8.5 dB。掺铒的浓度为 $800×10^{-6}$,即 0.08 mol%,数值孔径 NA=0.15,截止波长为 1250 nm。单模单频的光纤激光器由波长为 980 nm 的钛宝石(Ti-sapphire)激光器泵浦。隔离器的功能是对于顺时针的和逆时针的光波产生足够大的损耗差,整个环形腔长度控制在可操作的最小长度 4 m 以内,而使得纵模间隔(longitudinal mode spacing,LMS)足够大。

实验结构图下方的装置是为了测定激光输出的频谱而搭建的。仔细调节环形腔内的偏振控制器,能够获得谐振腔的单纵模操作。此时,具有 1 GHz 谱范围的扫描式 F-P 腔干涉仪测得的激光频谱如图 4.1.2 所示,测得单纵模激光输出谱宽为 60 kHz。

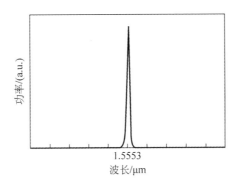

图 4.1.2　单向环形光纤激光器输出谱

4.1.2　短腔光栅光纤激光器

光栅分布式反馈(DFB)的半导体激光器[7],产生窄带宽的激光输出已经是成熟的技术,也已经有成熟的市场商品。

将光纤光栅[8]的技术应用在光纤激光器上,因为光纤光栅与各类光纤和光纤器件都有熔接和耦合的便利,因此采用光纤光栅来实现激光器的单频操作一直就很有吸引力,再采用高浓度掺杂的光纤缩短光纤激光器的腔长,便能实现光纤激光器的单纵模操作。

在激光腔内使用光栅,当光栅置于有源区内时,称为分布式反馈激光器;当光栅置于有源区外时,称为布拉格反射(DBR)激光器。

最早的光纤激光器单纵模操作的报告可以追溯到 1988 年[9]。当时的实验装置如图 4.1.3 所示。

有源介质是高掺杂钕光纤。截止波长为 940 nm,光纤光栅直接刻蚀在掺杂光

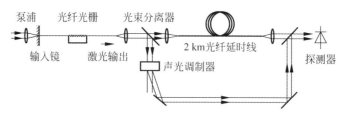

泵浦　光纤光栅　　　光束分离器　　　　　　　　　　　　　　　　　　　　　　　　　　　　

输入镜　　激光输出　　　　　　　　2 km光纤延时线　　　　　　探测器

声光调制器

图 4.1.3　单纵模激光器的实验示意图

纤上。光栅的中心反射波长为 1082 nm,带宽为 0.8 nm。为增加光栅和光纤纤芯传输激光的相互作用,光栅上涂覆了折射率为 1.452 的匹配液。为测定输出激光的谱宽,采用声光调制器(AOM)和 2 km 光纤延时线(fibre delay line)搭建了一个自外差干涉仪。

实验使用的泵浦光源是波长为 594 nm、功率较大的染料激光器。当激光器腔长为 50 cm 时,对应的纵模间隔约为 200 MHz,采用扫描式 F-P 腔干涉仪可以观测到 10 个左右的纵模同时振荡。当切割有源光纤,使得腔长缩短为 5 cm 时,激光器实现了单纵模操作。自外差干涉仪所测得的射频信号如图 4.1.4 所示。

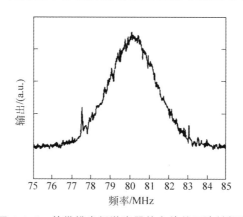

图 4.1.4　单纵模光纤激光器的自外差干涉射频谱

射频谱分析仪的分辨率为 30 kHz,2 km 光纤延时线的分辨率约为 100 kHz,射频分析仪输出的波形呈洛伦兹型。于是,可以用输出波形的一半来估计输出光谱的线宽[9]。因此单纵模操作的激光输出线宽为 1.3 MHz。

为了提高单频激光器的效率,有不少尝试都采用铒镱混合掺杂光纤[10-11](本章后续有一节专门介绍混合掺杂的技术)。文献[10]采用了两种结构,一种(图 4.1.5(a))用反射镜,另一种(图 4.1.5(b))不用反射镜,两种结构都实现了单纵模的操作。

如图 4.1.5(a)所示,铒镱混合掺杂的光纤总长为 3 cm,铒和镱掺杂浓度分别为 1000×10^{-6}(即 0.1 mol%)和 $12\,500 \times 10^{-6}$(即 1.25 mol%)。光纤的 NA=0.2,截

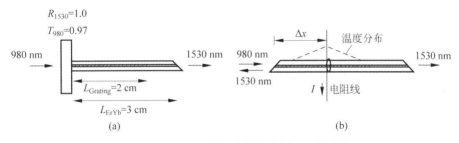

图 4.1.5　Er³⁺:Yb³⁺ 混合掺杂光纤 DFB 激光器

(a) 采用无相移光栅和 100% 反射镜；(b) 采用相移光栅无反射镜

止波长为 1130 nm。其中顶靠 100% 反射镜的一端 2 cm 处刻写有光栅。光栅是均匀刻制的，折射率调制深度 Δn 达到 2.1×10^{-4}，这样所获得的光栅强度 $\kappa L=8.5$（相比较，典型的 DFB 半导体激光器中的光栅强度为 3），式中 $\kappa=\pi\Delta n/\lambda_{\mathrm{B}}^{[8]}$。光栅的布拉格波长 λ_{B} 为 1535 nm。光栅的反射带宽为 0.37 nm。

波长为 980 nm 的半导体激光器作为泵浦光源，入射镜对 980 nm 的透视率为 97%，对 1530 nm 的反射率为 100%。光纤与镜面之间的顶靠接触处使用匹配液。

采用均匀光栅分布反馈式的激光谐振腔所产生的频谱，通常都有两个峰值[12-13]。测得两个峰值的间隔为 0.25 nm(32 GHz)，与理论值 0.23 nm 相吻合。它们的强弱分配取决于光纤与反射镜的间距 Δz，选择适当的 Δz，能得到图 4.1.6 的频谱。在图中，也标出了变化光纤与反射镜的间距 Δz 所带来的输出频率的变化。当 Δz 从 0 到 $\lambda/4n$ 变化时（其中 $n=1.5$，为匹配液的折射率），输出波长的变化约为 $0.26~\mu\mathrm{m}$。

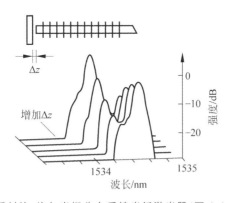

图 4.1.6　采用反射镜，均匀光栅分布反馈光纤激光器（图 4.1.5(a)）的输出频谱

没有反射镜的相移光栅激光器的结构原理图所产生的频谱如图 4.1.7 所示。文献[10]产生相移的方法是在 Δx 处采用电阻丝加热导致折射率改变，从而在此处产生相移。图中也标出了温度分布(temperature distribution)的示意曲线。

测得的激光输出频谱如图 4.1.7(a)所示。图 4.1.7(b)标出了当电阻丝的温度变化,频谱峰值位置随之变化的情况。

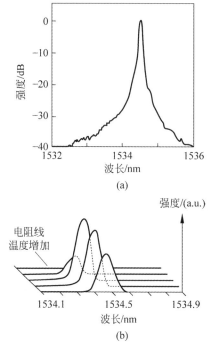

(a)

(b)

图 4.1.7　相移光栅 DFB 光纤激光器(图 4.1.5(b)型)的输出频谱

当布拉格光纤光栅作为 F-P 腔的输出反射镜来使用时,只要该光纤谐振腔足够短,保持在厘米量级,光栅的反射带宽足够窄,确保短光纤的激光器单纵模操作,也就可以实现光纤激光器的单频操作。文献[11]报道过这样的单频操作。实验室装置的示意图如图 4.1.8 所示。

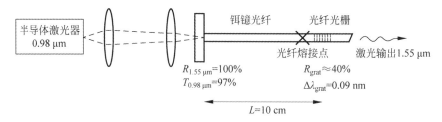

图 4.1.8　采用布拉格光纤光栅作为输出反射镜实现单频操作的实验示意图

光纤激光器泵浦源是波长为 0.98 μm 的半导体激光器,有源光纤仍然是铒镱混合掺杂,布拉格光纤光栅对激光波长 1.55 μm 的反射率为 40%,带宽为 0.09 nm。这样产生的激光谱宽在 1 MHz 以内。

采用自由谱范围 FSR＝6 GHz、分辨率为 1.2 MHz 的扫描式 F-P 腔干涉仪，证实了激光器确为单纵模操作。扫描仪由压电陶瓷（PZT）驱动。激光输出的频谱也在图的上方显示，激光波长为 1544.8 nm，如图 4.1.9 所示。

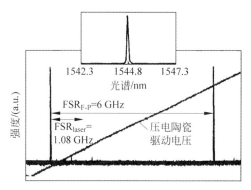

图 4.1.9　采用 6 GHz 的 FSR 证实激光器的单频操作

扫描仪的测试数据显示，激光器的两个纵模间隔为 1.08 GHz，对应的光纤腔长为 9.6 cm。如果光纤激光器的长度大于这个数，或者光纤光栅的反射带宽高于实验所采用的数据 0.09 nm，单纵模操作的条件就得不到保证。

4.1.3　腔内附加窄带选频器件的光纤激光器

第三种实现光纤激光器单频操作的方法是在谐振腔内附加窄带选频器件。

比如，光纤 Fox-Smith 谐振耦合器由一个 2×2 的光纤方向耦合器组成，它的三端口顶靠反射镜，留有一端口可调节，如图 4.1.10 所示。

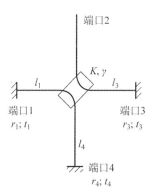

图 4.1.10　无源光纤 Fox-Smith 谐振耦合器示意图

这是无源的光纤 Fox-Smith 谐振耦合器。它有两个 F-P 腔，一个是由端口 1 与端口 4 组成，另一个是由端口 1 和端口 3 组成，两个 F-P 腔通过方向耦合器组成了一个横向耦合的光纤 F-P 腔(transversely coupled fiber Fabry-Perot,TCFFP),具备了选频的功能[14]。这种无源的光纤 Fox-Smith 谐振耦合器,根据光的不同注入端和输出端,可以有 8 种形式的运用[15]。

对于无源光纤 Fox-Smith 谐振耦合器,文献[16]用一个波长为 $1.541\ \mu m$ 的半导体激光器作光源,从端口 1 输入,先后从端口 4 和端口 3 输出,测试并证实了它的选频功能。实验装置的示意图如图 4.1.11 所示。

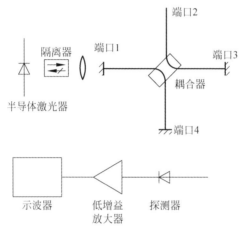

图 4.1.11 对于无源 Fox-Smish 谐振耦合器性能测试的实验装置图

采用掺铒光纤组成端口 1 和端口 4 的 F-P 腔,在腔内附加一个 Fox-Smith 谐振耦合器,端口 3 采用衍射光栅,就搭建了实验室的掺铒光纤激光器,如图 4.1.12 所示。在 Fox-Smith 谐振耦合器和衍射光栅的双重作用下,实现了掺铒激光器的单频操作[16]。

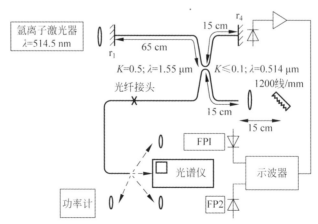

图 4.1.12 采用腔内 Fox-Smith 谐振耦合器的掺铒光纤激光器实验装置图

掺铒光纤激光器的泵浦源是波长为 514.5 nm 的氩离子激光器,掺铒光纤激光器的总腔长是 80 cm。在 65 cm 处附加有 Fox-Smith 谐振耦合器。耦合器在激光波长 1.55 μm 的耦合比为 0.5,对泵浦波长的耦合比小于 0.1。衍射光栅的制作参数为 1200 线/mm,反射带宽为 0.16 nm。为检测窄带频谱,装置中还列出了一些测试设备和测试光路。实验用光纤的掺杂浓度为 300×10^{-6}(即 0.03 mol%),截止波长约为 1.0 μm。

图 4.1.13 是测得的激光器输出光谱。激光输出与背景荧光功率之比达 50 dB。玻璃中铒离子的荧光第二个峰值 1.556 μm 在频谱中也能观测得到。

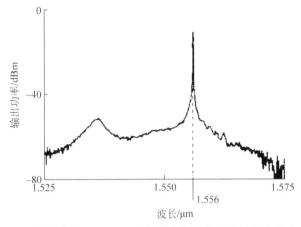

图 4.1.13　采用腔内 Fox-Smith 谐振耦合器的掺铒光纤激光器输出频谱

采用自由谱范围为 7.5 GHz 的扫描式 F-P 腔干涉仪测得的激光器谱宽,测得激光输出的线宽为 43 MHz。进一步用自由谱范围为 300 MHz 的干涉仪测量得到 8.5 MHz 的线宽,如图 4.1.14 所示。测试仪器的极限或许会影响测单频线宽的准确性,但是,单频操作已经实现是确定无疑的。

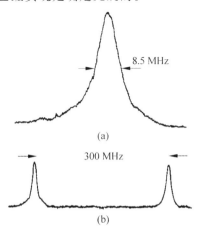

图 4.1.14　采用自由谱范围为 300 MHz 的扫描式 F-P 腔干涉仪测得的激光器谱宽
(a) 受限于测试装置的 Fox-Smith 光纤激光器的线宽;(b) F-P 腔干涉仪的响应显示 300 MHz 的自由谱范围

单纵模光纤激光器与调频器件组合便可实现单频激光器的调频操作。

图 4.1.15 是利用可调的压电陶瓷（PZT-tunable）调节光纤 F-P 腔空气间隙（air-gap）实现调频的实验装置示意图[17]。实验采用铒镱混合高浓度掺杂光纤、短腔、厘米级或亚厘米级，确保单纵模激光输出。单一的光纤 F-P 腔如图 4.1.15(a)所示，复合的 F-P 腔如图 4.1.15(b)所示，用压电陶瓷控制，实现调频。

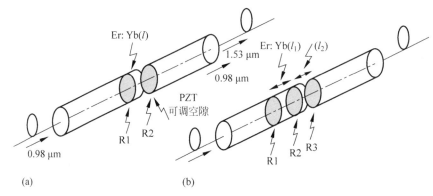

图 4.1.15　采用压电陶瓷调节 F-P 腔实现单频光纤激光器调频的实验示意图

采用了图 4.1.15 所示的实验手段，单一的（图 4.1.15(a)）和复合的 F-P 腔（图 4.1.15(b)）结构分别实现了 3.33 nm 和 5.45 nm 的调谱操作。

4.2　包层泵浦

光纤激光器的输出能量来源于泵浦光。只有增加被有源光纤纤芯吸收的泵浦光功率，才有可能增加光纤激光器的输出功率。但是，单模光纤纤芯的芯径不过几个微米，而且数值孔径 NA 一般都很小，仅 0.2 左右。所以在纵向泵浦系统中向激光器有源区的光纤纤芯注入更多的泵浦光功率，是光纤激光器增强操作的追求目标。

4.2.1　包层泵浦的概念

从第 1 章介绍的光纤原理可以获知，泵浦光在光纤子午面上的包层模的光束是要经历纤芯的，它们的能量可以被纤芯的稀土离子吸收。偏射线的泄漏模的一部分在纤芯中传播的能量也可以被纤芯中稀土离子吸收。因为有"包层"，光纤激光器的泵浦吸收效率提高了。

到了 20 世纪 90 年代，相位匹配的大功率半导体激光阵列[18]问世之后，使得半导体激光器的输出功率增加了一个数量级甚至更高。这样的一种可用技术，更加推动了"怎样增加光纤激光器吸收泵浦功率"这一技术问题的探索。半导体激光器阵列功率大了,光斑也同时增大了。光纤激光器要想提高吸收泵浦光的效率,必须要有新的设计。这就是"双包层光纤"。

如果在纤芯-包层的结构外围再设计一个第二包层,使得第二包层的折射率小于包层折射率,那么,注入包层的泵浦光将会被包层导引,包层成为泵浦光的波导。这样,吸收泵浦光的光纤孔径就不是纤芯的直径,而是第二包层的直径。这种光纤称为双包层光纤。第一个包层也称为内包层,第二包层称为外包层。

图 4.2.1 为单包层与双包层光纤激光器的泵浦光路图比较。

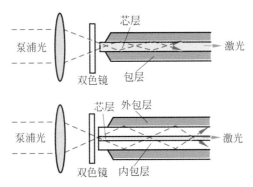

图 4.2.1　单包层(上)与双包层(下)光纤激光器泵浦的比较

【花絮】　实际上,这个技术方案从光纤激光器研究的开始阶段就产生了。当时南安普顿大学的研究团队研讨过这个方案,并与悉尼大学约翰·拉乌(John Love)教授的团队合作,探索过方案在理论上的可行性。在南安普顿团队内部邮箱里,曾经公布过拉乌教授的私人信件。在那封信里,拉乌教授称,从光纤传输理论上讲,对于 1 m 长的有源光纤,注入光纤包层的泵浦光绝大多数可以被有源光纤纤芯所吸收。

4.2.2　双包层光纤的折射率分布

早期对于双包层光纤,科技界有不少的成果[19-20]。

典型的掺铒双包层光纤的设计[20]如图 4.2.2 所示。

光纤的折射率分布剖面显示,光纤的纤芯与内包层的折射率差为 0.005。内包层与外包层的折射率差为 0.01。纤芯形成的波导,数值孔径 NA=0.12,直径为 6 μm。内包层形成的波导,NA=0.18,直径为 22 μm。图 4.2.2 显示,设计的双包层光纤,总的直径应该大于 40 μm。

至于准确控制光纤折射率的方法,是光纤科技界和工业界已经掌握的。例如在图 5.2.1(b)中列出了石英玻璃基质中不同掺杂组分和掺杂浓度与掺杂纤芯的折射率关系。

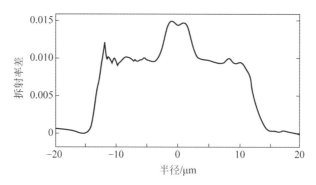

图 4.2.2　双包层光纤的折射率分布剖面

图 4.2.2 所描述的光纤,纤芯的掺铒浓度为 1200×10^{-6}（即 0.12 mol%）,两个包层没有稀土掺杂。

从端面纵向射入光的吸收谱如图 4.2.3 所示。图中有两个峰值,对应玻璃中掺杂铒离子的三能级结构。对于这样的掺杂浓度,若是普通单包层设计,在 980 nm 波长,亦即掺铒光纤的泵浦波长,光损耗的理论估值应该在 30 dB/m 上下,现在测得的数据约为 3 dB/m。说明双包层结构中在内包层传输的泵浦光需要更长的传输距离,才能完成泵浦光被吸收的过程。

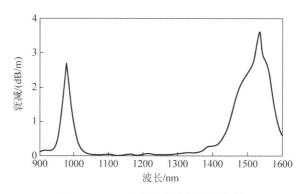

图 4.2.3　双包层掺铒光纤的吸收谱

这样设计的双包层光纤,成功地在实验室里实现了高效的激光器和放大器的演示,图 4.2.4 是早期双包层掺铒光纤（double-clad Er-doped fibre）用于放大器的实验示意图。

实验中使用了光路环形器（optical circulator）,左侧的入射镜,对于 980 nm 的泵浦光透射率要高,而对于 1540 nm 的信号光,反射率要高。

从射线光学的角度来考察,那些子午线以及接近子午线的光束,将在传输过程中不断地通过纤芯而被纤芯的有源掺杂离子所吸收。在纤芯以外传输的偏射线的

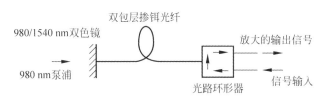

图 4.2.4 双包层掺铒光纤用于光纤放大器的演示

光束,理论上将不会在纤芯里传输,因此,这部分泵浦光不能为纤芯所吸收。虽然,因为几何或应力的非圆对称,这类偏射线光束的一部分也会不断经历"模式变换",成为子午线或接近子午线的光束,穿越纤芯,被纤芯的有源离子所吸收。但是,如果在双包层光纤的设计中,在外包层或利用热应力或使用不同材料构筑一些特殊的"内壁"促使这样的"模式转换",效果就会更好。

4.2.3 双包层光纤的结构设计

图 4.2.5 所示为曾经尝试过的几种常见的双包层光纤结构设计。

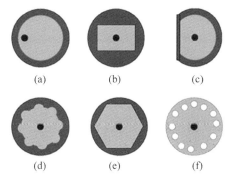

图 4.2.5 几种常见的双包层光纤结构

(a) 偏心;(b) 长方型;(c) D 型;(d) 花型;(e) 六边型;(f) 边孔

测试结果表明,外包层"内壁"的效果相当明显[21]。

如图 4.2.6 所示,长方型和 D 型双包层光纤与传统圆心结构的光纤相比较,对于泵浦光的吸收可以高达 7 倍。

因为双包层的设计,就可以使得更多的泵浦光能够注入光纤。实用的大功率(10 W 量级)半导体激光阵列一般是宽条型的输出光,但可以通过光斑的整形,使它成为与圆形双包层光纤匹配的光斑。泵浦光吸收效率可以达到 40%。

双包层光纤具有激光物理的学术和技术两方面的意义。有许多传统的激光器的操作,例如锁模脉冲的产生,因为有了双包层光纤,而取得了新的成就[22]。

为使光纤激光器、放大器能够吸收更多的泵浦功率,有多种技术可以采用。比

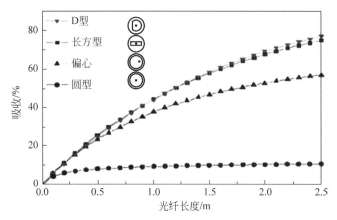

图 4.2.6　四种结构的双包层光纤激光器纤芯对泵浦光吸收率的比较

如，双向泵浦的技术，以及节联式光纤耦合技术，等等。这些技术与双包层技术并不互相排斥，而是可以协同运用。图 4.2.7～图 4.2.10 分别描绘出对双包层光纤激光器常用的四种泵浦形式：单向泵浦、双向泵浦、熔锥侧泵和 V 型槽侧泵。

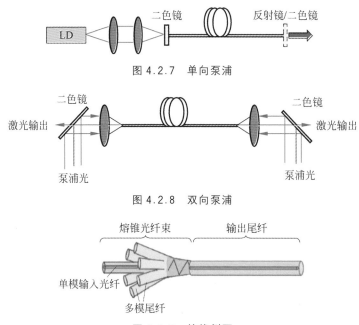

图 4.2.7　单向泵浦

图 4.2.8　双向泵浦

图 4.2.9　熔锥侧泵

熔锥侧泵的工作原理可以简述如下：采用熔锥光纤束（tapered down bundles）与单模输入光纤（singlemode input fiber）熔融拉锥，在熔锥拉细的部分，将泵浦光耦合进入单模输入光纤。光纤束的光纤是多个半导体激光器的多模尾纤（multimode

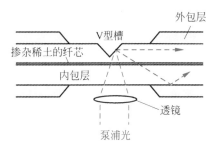

图 4.2.10　V 型槽侧泵

diode pigtail fiber)。在单模输入光纤的另一端是输出尾纤(output pigtail fiber)。如果图 4.2.9 中的单模光纤是双包层结构的有源光纤,这段有源光纤便能高效地吸收多个半导体激光器的泵浦光。关于熔锥的工作原理,第 5 章中有更为详尽的阐述。

V 型槽侧泵的工作原理可以简述如下:"剥开"一段外包层(outer cladding),并在内包层(inner cladding)上制造一个 V 型槽(V-grove)。当射向 V 型槽的泵浦光(pumb beam)被反射入光纤的双包层,泵浦光被纤芯和内包层导引,便能逐步为掺杂稀土的纤芯(rare-earth-doped-core)所吸收,如图 4.2.10 所示。

在泵浦光耦合和激光转化效率问题解决后,实验室里的包层泵浦光纤激光器的单纤连续输出功率就从几百毫瓦迅速拓展至瓦级[23]、百瓦级[24-25],乃至千瓦级[26]。差不多同期,我国光纤激光器的科研人员采用双包层技术也取得了很好的结果[27-28]。

目前,工业应用的大功率光纤激光器的设计仍然采用双包层技术。第 5 章将有详尽介绍。

4.3　混合掺杂

在玻璃里面混合掺杂稀土金属的研究工作可以回溯到 1965 年[29]。斯耐策和伍德柯克在玻璃里同时掺入铒(Er)和镱(Yb),产生了波长为 1542.6 nm 的激光。当然,那时的激光谐振腔是由棒状玻璃组成的,其直径为 1 mm,腔长为 56 cm。这个实验的意义在于,玻璃中掺铒离子,是三能级激光系统,它只能在低温下(例如 77 K)工作,而铒镱混合掺杂的玻璃激光器,却能在常温下获得激光输出。

4.3.1　铒镱混合掺杂的光纤激光器

单模光纤激光器问世之后,混合掺杂又成为一个研究方向。1988 年,戴维·汉纳(David Colin Hanna)教授的团队采用 0.8 μm 泵浦光,由镱离子激活的掺铒单模激光器演示成功。实验证明,铒镱混合掺杂的光纤激光器比单独铒掺杂的光纤激光器的效率提高了不少[30]。

随着掺铒光纤放大器(EDFA)在光通信领域的应用被确认,科技界和工业界有关混合掺杂成果的报道和理论研究也越来越多[31-33]。

混合稀土掺杂的光纤激光器能够提高效率的原理在于镱离子可以吸收更多的泵浦光能量,然后转移给铒离子。玻璃中掺杂稀土铒离子和镱离子的能级图如图 4.3.1 所示。理论和实验测试都显示,图中铒离子的 $^4I_{15/2}$ 与 $^4I_{11/2}$ 能级之间的吸收谱非常窄,而镱离子 $^2F_{7/2}$ 与 $^2F_{5/2}$ 能级之间的吸收谱相对要宽很多。当两种离子混合掺杂在玻璃纤维里,跃迁到镱离子上能级 $^2F_{5/2}$ 的电子通过交叉弛豫转移到铒离子的上能级 $^4I_{11/2}$,随即弛豫转移到亚稳态 $^4I_{13/2}$。在 $^4I_{13/2}$ 到 $^4I_{15/2}$ 能级之间跃迁的光子,若在谐振腔内受激振荡,就产生激光;若泵浦后的掺杂光纤受到注入信号的激励而发生跃迁,便使行波信号放大。

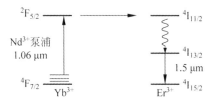

图 4.3.1 铒、镱离子的能级图

一个实用的光纤激光器或者光纤放大器,必定采用半导体激光器作为泵浦光源。然而半导体激光器的输出激光波长会随着温度的变化而漂移,这使得吸收谱窄小的单独掺铒有源器件的实用化遇到困难。为了弥补这个缺陷,探索铒镱混合掺杂的研究工作显得格外重要。

一个 6.8 mm 厚的铒镱混合掺杂玻璃材料在常温下的吸收谱如图 4.3.2 所示[29]。在一个 $0.8 \sim 1.05~\mu m$ 的波长范围,对应于镱能级 $^2F_{7/2}$ 与 $^2F_{5/2}$ 之间,材料具有相当宽的吸收谱。而通常单纯掺铒的玻璃材料在 $0.81~\mu m$ 附近只有几十纳米宽的吸收谱。

对于单模光纤的情况,虽然光纤的一些特性会随着制作光纤时所添加的成分不同而变化,但稀土离子能级的结构不会有多大变动。将单纯掺铒的光纤与铒镱混合掺杂的光纤的吸收谱放在一起比较,如图 4.3.3[32]所示,铒镱混合掺杂的光纤具有更为宽阔的吸收谱就一目了然了。这个实验测试的光纤样本铒镱混合掺杂浓度比为 30∶1。

有这样宽阔的对应于镱能级 $^2F_{7/2}$ 与 $^2F_{5/2}$ 之间的吸收带,就为运用多种泵浦技术或多波长泵浦技术或大功率半导体激光阵列加包层泵浦技术以增加为光纤激光器所吸收的泵浦光能量奠定了基础。

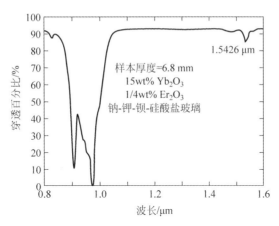

图 4.3.2　铒镱混合掺杂的玻璃吸收谱

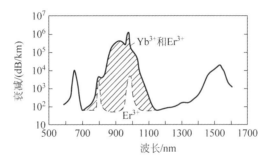

图 4.3.3　铒镱混合掺杂光纤与单掺铒光纤吸收谱的比较

文献[31]报道了集中掺杂比例和不同光纤成分的光纤测试比较。如表 4.3.1 所示,样本 1 是单纯掺铒的硅玻璃光纤纤芯,样本 4 的纤芯中不含硅,俗称"软玻璃"(soft glass,SG)。在表中详尽列出了光纤纤芯成分、光纤数值孔径 NA,以及镱、铒的掺杂浓度。

表 4.3.1　实验用 4 种光纤样本的参数列表

样本	光纤	纤芯成分	NA	$[Er^{3+}]$	$[Yb^{3+}]$
		mol%		mol%	mol%
1	ND542	$P_2/Al_2/Si$: 2/4/94	0.15	0.09	0
2	ND539	$P_2/Al_2/Si$: 2/11/86	0.23	0.055	0.45
3	ND715	$P_2/Al_2/Si$: 6/5/89	0.15	0.088	0.75
4	SG237	$P_2/Al_2/Si$: 53/9/0	0.14	0.1	9

对于这 4 种光纤样本的特性物理参数：亚稳态粒子寿命 τ、荧光峰值波长 λ_p、荧光谱宽 $\Delta\lambda$、激光器斜率效率的测试，如表 4.3.2 所示。

表 4.3.2　实验用 4 种光纤样本的荧光、激光特性

样本	$\tau\{^4I_{13/2}\}$/ms	λ_p/nm	$\Delta\lambda$/nm	激光阈值 (吸收功率)/mW	激光斜率/%
1	10.2	1532	52	—	—
2	10.4	1531	52	—	—
3	10.8	1535	34	37	27
4	7.3	1535	42	110	24

从测试结果可以得出几个结论：

(1) 铒离子亚稳态能级 $^4I_{13/2}$ 的粒子寿命在硅玻璃中基本保持稳定，在 10.4 ms 左右与单纯掺铒光纤的差别不大。软玻璃的这个测试值减小为 7.3 ms。

(2) 在 810 nm 泵浦光的激励下测试 4 个样本的荧光谱，结果如图 4.3.4 所示。

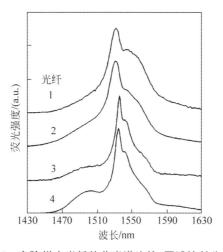

图 4.3.4　实验样本光纤的荧光谱比较，泵浦波长为 810 nm

从图 4.3.4 中可以看出，光纤里掺加了镱，并没有影响 1532 nm 左右的荧光谱的大致走向。这充分证明荧光是由铒离子能级 $^4I_{13/2}$ 与 $^4I_{15/2}$ 之间的跃迁所产生的。只是镱的掺杂浓度较高的样本 3 与样本 4 产生的荧光谱稍有收窄。

(3) 采用波长为 1064 nm 的小型掺钕 YAG(yttrium aluminum garnet，钇铝石榴石)激光器作为泵浦源，测试了由 4 种光纤搭建的激光装置。即使在可用泵浦功率的最大值(250 mW)注入的情况下，样本 1 和样本 2 都不能产生激光振荡。而与第 1 个样本(掺铒：0.09 mol%；掺镱：0)具有相近的掺铒浓度的样本 3(掺铒：0.088 mol%；掺镱：0.75 mol%)产生了激光，这完全归功于混合掺杂了镱。

（4）在另一个光纤放大器的实验装置中，测试了样本 3 的增益曲线。泵浦源波长依然是 1064 nm，测得铒镱混合掺杂的样本 3 可以获得 40 dB 的小信号增益，当放大器输出功率超过 15 dBm 时，出现明显的增益下降，如图 4.3.5 所示。饱和输出功率为 21.6 dBm，即 145 mW，此时的信号功率为 19 mW。

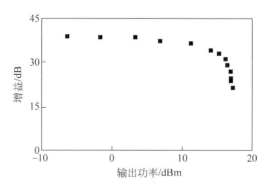

图 4.3.5　实验样本 3 的增益饱和特性，泵浦波长为 1064 nm

如上所述，铒镱混合掺杂的有源光纤激光产生或放大的机理依然是 Er^{3+} 离子的三能级系统。而这样一个三能级系统的操作与有源光纤的长度是密切相关的。如果光纤过短，那么注入的泵浦光功率还没有被充分吸收，就会从光纤的另一端射出。此时，受到泵浦的有源光纤产生的增益不比谐振腔的损耗大，就不可能产生激光或放大。如果光纤过长，尾端没有被泵浦激活，那么这一段光纤不仅不能提供反转的粒子数，而且会对激光波长产生强力吸收，形成腔内的巨大衰减。对激光产生或放大都将起到负面的作用。只有当全部谐振腔的光纤都被泵浦光激活，或者称"漂白"（bleaching），才能使得全部有源光纤都对激光产生或放大起到正面的作用。因此，当泵浦光可用功率确定，谐振腔和有源光纤的物理参数确定时，激光器的操作将会有一个最佳腔长。

图 4.3.6～图 4.3.8[33] 分别是激光器阈值与泵浦光波长、激光输出功率与光纤长度和调 Q 脉冲峰值功率及脉宽与光纤长度的实验测试结果。这些测试清楚表明，铒镱混合掺杂的光纤激光器需要设计在最佳的腔长条件下工作。

图 4.3.6 比较了三种光纤激光器的阈值，即单纯掺铒、铒镱掺杂比为 20∶1，以及铒镱掺杂比为 30∶1 三种情况。图 4.3.7 比较了注入的泵浦功率分别为 12 mW、16 mW、20 mW、24 mW、28 mW 时输出功率与光纤腔长的关系。图 4.3.8 标出了调 Q 脉冲的峰值功率与光纤长度的关系，同时也标出了脉宽与光纤长度的关系。

混合掺杂技术的应用，是为了调整有源离子的能级结构，提高光纤激光器的效率。铒镱混合掺杂，镱离子能级 $^2F_{5/2}$ 向铒离子 $^4I_{11/2}$ 能级的能量转移效率可以高达

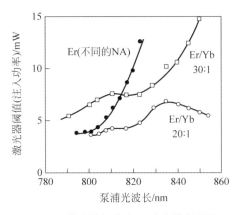

图 4.3.6　激光器阈值与泵浦光波长的关系

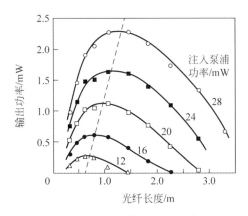

图 4.3.7　激光输出功率与光纤长度的关系

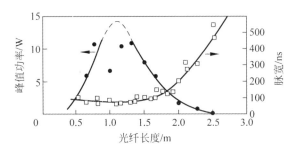

图 4.3.8　调 Q 脉冲峰值功率及脉宽与光纤长度的关系

95%[32]，成为很成功的混合掺杂的技术案例。最能说明这种成功的是激光器输出功率的成倍增加。图 4.3.9 是单纯掺铒与铒镱混合掺杂激光器特性的比较[33]。

　　光纤的数值孔径 NA 对泵浦光的吸收会有影响，因此，在比较两个激光器的特性

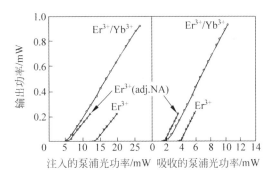

图 4.3.9　铒镱混合掺杂与单纯铒掺杂光纤激光器特性比较

时,图 4.3.9 中"adj. NA"标记的是调整以后的曲线。经调整后的两种激光器,阈值是相近的,铒镱混合掺杂的激光器输出功率则可达单纯掺铒的数倍。在图 4.3.9 中,左边的横坐标是注入的泵浦光功率,右边的横坐标是吸收的泵浦光功率。

4.3.2　混合掺杂介质的速率方程

理论上分析和设计的基础是混合掺杂的速率方程。在混合掺杂的能级图中,用箭头符号标出各能级之间的跃迁参数,如图 4.3.10 所示。

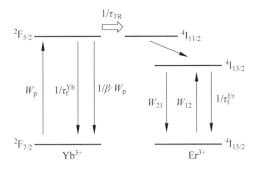

图 4.3.10　各能级之间的跃迁参数的铒镱混合掺杂能级图

假设镱离子的浓度足够高,致使快速交叉弛豫。铒的上能级 $^4I_{11/2}$ 的寿命极短,忽略不计,于是能量的反向转移可以不予考虑。实际上,在掺磷的玻璃中,小信号能量的转移速率为每秒 10 的 4 次方量级,相比之下,$^4I_{11/2}$ 能级的弛豫速率为每秒 10 的 6 次方量级[31]。证实了上述近似考虑的合理性。

基于这些假设条件,镱离子的激发态粒子数可以表述如下:

$$N_2^{Yb}(z) = N_T^{Yb} \left[\frac{W_p(z)}{W_p(z)\left(1 + \dfrac{1}{\beta}\right) + \dfrac{1}{\tau_f^{Yb}} + \dfrac{N_T^{Er} - N_2^{Er}(z)}{N_T^{Er}\tau_{tr}}} \right] \tag{4.3.1}$$

式中，$N_2^{Yb}(z)$ 是镱离子激发态的粒子数（离子数/cm^3）；N_T^{Yb} 是总的镱掺杂浓度（离子数/cm^3）；τ_f^{Yb} 是没有铒离子存在时镱在 $^2F_{5/2}$ 能级的自然寿命；β 是镱离子吸收截面与辐射截面之比；$W_p(z)$ 是泵浦速率（s^{-1}）；$N_2^{Er}(z)$ 是铒离子激发态的粒子数（离子数/cm^3）；N_T^{Er} 是总的铒掺杂浓度（离子数/cm^3）；τ_{tr}^{-1} 是小信号能量从 Yb^{3+} 到 Er^{3+} 的转移速率（s^{-1}）。

对于铒离子，也可以列出激发态粒子数的表达式如下：

$$N_2^{Er}(z) = N_T^{Er}\left[\frac{\dfrac{N_2^{Yb}(z)}{\tau_{tr}N_T^{Er}} + \alpha W_{21}(z)}{\dfrac{1}{\tau_f^{Er}} + (1+\alpha)W_{21}(z) + \dfrac{N_2^{Yb}(z)}{\tau_{tr}N_T^{Er}}}\right] \tag{4.3.2}$$

式中，α 是 Er^{3+} 离子吸收截面与辐射截面之比。在激光波长为 $1.54~\mu m$ 时这个值约为 1.25。如图 4.3.10 所示，W_{21} 是 Er^{3+} 离子受激辐射速率。

在忽略了受激态吸收的假设之下，泵浦光的吸收可以表示为

$$\frac{dP_p(z)}{dz} = -P_p(z)\sigma_p\eta_p\left(N_T^{Yb} - \left(1+\frac{1}{\beta}\right)N_2^{Yb}(z)\right) \tag{4.3.3}$$

式中，σ_p 是镱离子的泵浦吸收截面；η_p 是泵浦模交叠因子。

在一个行波放大的光纤中，放大的前向与反向受激辐射（ASE）功率（即 $P_{ase}^{+,-}$）的积累可以表示为

$$dP_{ase}^{+,-}(z) = 2\mu(z)\gamma(z)h\nu\Delta\nu + P_{ase}^{+,-}(z)\gamma(z) \tag{4.3.4}$$

式中，$\Delta\nu$ 是 ASE 的谱宽，而

$$\mu(z) = N_2^{Er}(z)/\left[(1+\alpha)N_2^{Er}(z) - \alpha N_T^{Er}\right] \tag{4.3.5}$$

$$\gamma(z) = \sigma_{21}\eta_s\left[(1+\alpha)N_2^{Er}(z) - \alpha N_T^{Er}\right] \tag{4.3.6}$$

式（4.3.5）中 $\mu(z)$ 称为本地的反转参数；式（4.3.6）中 $\gamma(z)$ 称为本地增益；σ_{21} 是辐射截面；η_s 是信号交叠因子。

最后得到，受激辐射速率和泵浦速率表达式分别为

$$W_{21}(z) = \sigma_{21}\eta_s\left(\frac{P_s^{+,-}(z) + P_{ase}^{+,-}(z)}{h\nu_s A}\right) \tag{4.3.7}$$

和

$$W_p(z) = \sigma_p\eta_p\left(\frac{P_p(z)}{h\nu_p A}\right) \tag{4.3.8}$$

式中，A 是光纤纤芯的横截面积。

利用式（4.3.7）和式（4.3.8）可以分析铒镱混合掺杂光纤的放大特性，相应的数值计算可用于光纤激光器和放大器的设计[31]。

4.3.3　混合掺杂需要注意的问题

混合掺杂的研究和开发中有几个问题需要特别注意[32-36]。

（1）铒离子三能级系统的上能级，$^4I_{11/2}$ 的粒子寿命约为 4 μs。应该注意，交叉弛豫是相互的，并非单向的，总会有一部分能量从铒离子回传给镱离子，从而降低混合掺杂的泵浦效率。

（2）受激态吸收（excited state absorption，ESA）。在铒离子亚稳态 $^4I_{13/2}$ 能级上，粒子寿命相对较长，如果有合适波长的光源出现，就会被粒子吸收而跃迁到更高的能级。已经知道在铒镱混合掺杂的光纤吸收带中，两个波长 788 nm 和 845 nm 是要避开的 ESA 波长。当 ESA 发生，粒子从更高能级向基态跃迁，便会产生其他波长的光。在铒镱混合掺杂的光纤实验中出现蓝绿光便是 ESA 造成的。

在铒离子能级图（图 4.3.11）上可以标出从亚稳态 $^4I_{13/2}$ 吸收适合波长的光子跃迁到更高能级的多种可能。当光纤纤芯的成分（锗、硼、磷、铝等）比例有所改变，能级的位置会有所变动，对应的 ESA 的峰值波长也会有所不同。有效的光纤激光器的设计，要避开 ESA。

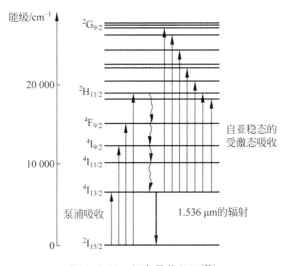

图 4.3.11　铒离子能级图[35]

无论是单纯掺铒的光纤，还是铒镱混合掺杂的光纤，980 nm 的泵浦光都是一个理想的泵浦源，对应于从基态跃迁到铒离子 $^4I_{11/2}$ 能级，或者镱离子从基态到 $^2F_{5/2}$ 能级，再由镱离子向铒离子转移泵浦能量，因为这个波长没有受激态吸收。

（3）防止镱离子产生受激辐射。虽说镱离子向铒离子转移泵浦能量的效率比较高，但仍有部分能量要回传给镱的上能级，因此，镱离子的自发辐射是不可避免的。可以避免的是抑制住镱离子的受激辐射，以保证混合掺杂的激光体系的高效。

4.4 频率上转换

4.4.1 频率上转换的概念

4.3.3节中讲到ESA(受激态吸收)在追求混合掺杂光纤激光器的效率时应当避免。但是,如果我们设计一个激光系统,目的是在受激态再吸收一个泵浦光子,使得粒子跃迁到更高的能级,在向基态回归时产生所设计的波长的激光,那么这样的ESA就是我们愿意实现的。这样的技术操作称为双光子吸收。甚至还可以多次吸收,称为多光子吸收。因为这一过程是粒子在受激态向上一个能级转换,因此也称这样的技术为频率上转换。

许多频率上转换的研究目标是蓝绿光。科技界之所以对蓝绿光有着强烈兴趣,是因为蓝绿光在海底通信和光数据存储等领域的潜在应用前景。除了努力寻找在这个波段的发光材料外,将半导体激光器的红外光实现腔内倍频成为蓝绿光,也是一个活跃的研究领域。

频率上转换是另外一个技术方向,它寻求合适的激光系统和泵浦波长,实现多个光子的吸收,使得最终的跃迁产生蓝绿光。

实际上,对于稀土离子的多光子吸收,或者频率上转换的探索,可以追溯到20世纪70年代。当时国际电气电子工程师协会(IEEE)期刊邀请奥佐尔(Francois E. Auzel)教授写了一篇题为《采用双重泵浦能量转移的荧光材料和器件》的论文[37],在文中作者总结了多年来在理论和实验方面的探索,介绍了多光子吸收的理论模型,详尽描述了各类多光子吸收的能级结构。例如介绍铒镱混合掺杂的材料,采用红外光泵浦吸收双光子产生红光、吸收三光子产生蓝光的能级跃迁共有10种路线图,如图4.4.1所示。图中,a,b,c,d-e,f,g,h是产生红光的跃迁路线,i是产生蓝绿光的跃迁路线。在0.65 μm附近的红光对应于铒离子的$^4F_{9/2}$向基态$^4I_{15/2}$的跃迁。图中的双线箭头表示涉及能量转移辅助的跃迁,单线箭头表示直接的跃迁。图4.4.1是对于不同的材料,例如$NaYb(WO_4)_2$：Er、Y_2O_2S：Yb：Er、YF_2：Yb：Er和LaF_2：Yb：Er等一系列材料参数的汇总。在不同的材料中,或者材料成分的比例有所变化时,主体辐射的跃迁谱线就会有所变动。

4.4.2 频率上转换光纤激光器

到20世纪80年代后期,有了半导体激光器泵浦实现稀土离子频率上转换的实验报道。采用的激光材料是掺铒的钇锂氟晶体(yttrium lithium fluoride,Er^{3+}：YLF),泵浦源是半导体激光器阵列,波长是791 nm,产生了551 nm的绿色激光。激光产生的能级机理如图4.4.2所示[38]。

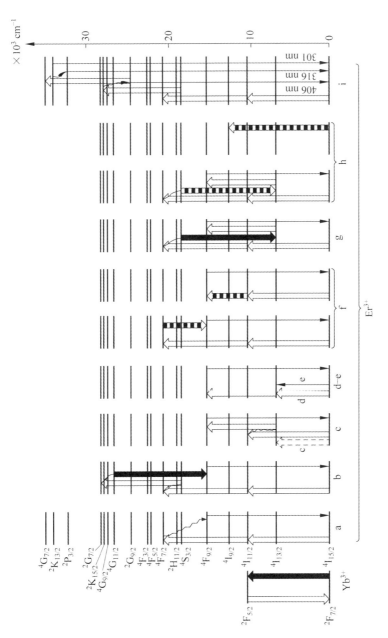

图 4.4.1　红外光源泵浦的铒镱混合掺杂材料能级图

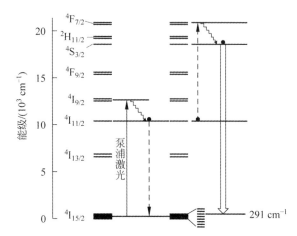

图 4.4.2　红外泵浦的掺铒钇锂氟晶体产生绿光的能级跃迁路线图

　　这是 IBM 公司研究人员的一个报道。这个实验证明了半导体激光器阵列的实际应用效果，但是受限于三能级激光系统的效率，实验是在低温条件下（40 K）进行的。同一个研究组还分别在掺钕的钇锂氟和掺钕 YAG 晶体中获得了 413 nm 和 473 nm 的蓝光输出[39-40]。

　　自从单模光纤激光器问世，由于光纤独一无二地具备在一个相对长距离中能够约束光子的特性，因而泵浦光能够沿着光纤在相对长的一段距离传输，使得腔内泵浦光保持有高强度，从而保证了足够的上转换粒子数，于是成功实现频率上转换。另一方面，光纤作为谐振腔介质，在激光波长上损耗的降低，也提高了激光器的效率。因此，对于光纤激光器多光子吸收的探索也就很自然地开展了。

　　掺铥（thulium，Tm）、掺钬（holmium，Ho）和掺镨（praseodymium，Pr）光纤的多光子吸收是率先报道的研究成果。

　　戴维·汉纳教授的研究报告[41]报道了在单纯掺铥的硅玻璃光纤中，用 600 nm 红光和 1.064 μm 红外光激励，观测到蓝光和紫外光。在镱铥混合掺杂的硅玻璃光纤中，用红外光 795～880 nm 激励，也观测到了频率上转换的辐射。

　　稀土离子在玻璃中的能级图是物理学充分研究过的，在学术文献中可查可引。然而在各式各样的光纤里掺入稀土离子，不同的掺杂浓度，它们的能级图会产生怎样的变化，是新的研究课题。从测试稀土掺杂光纤的光吸收谱入手，对照文献资料，绘制掺杂光纤的能级图，是一个有效的方法。以掺铥硅光纤为例，它的吸收谱可以帮助我们理解对应于能级 $^3F_{2,3}$ 的吸收波长为 660 nm，如图 4.4.3 所示[41]。

　　而 660 nm 的泵浦光子，可以让亚稳态 $^3F_4$ 吸收跃迁到上面的能级 $^1D_2$。如此便实现了双光子吸收。也就是说，找到了铥离子从基态 $^3H_6$ 吸收两次泵浦（660 nm）光子跃迁到 $^1D_2$ 能级的跃迁路线图，由图 4.4.4 示意。

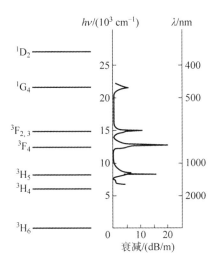

图 4.4.3　硅玻璃中的铥离子能级图和吸收谱

铥离子吸收三次泵浦光子($1.064\ \mu m$)光子跃迁到$^1G_4$ 能级的过程由图 4.4.5 示意。受到激励的能级$^1D_2$ 和$^1G_4$ 产生了 4 个波长的荧光,如图 4.4.6 所示。

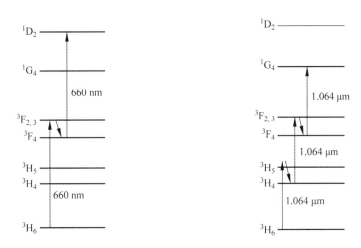

图 4.4.4　铥离子$^1D_2$ 能级受到 660 nm
光激励的机理

图 4.4.5　铥离子$^1G_4$ 能级受到 1.064 μm
光激励的机理

图 4.4.6 也标出了 4 个荧光的波长和它们对应的跃迁能级。其中 650 nm 对应的荧光跃迁的下能级不是基态,而是亚稳态$^3H_4$。而 780 nm 对应的荧光下能级是基态,但上能级是$^3F_4$,是吸收了两次泵浦光子到达的亚稳态。

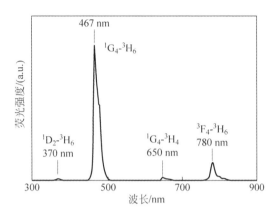

图 4.4.6　铥掺杂硅玻璃光纤受 1.064 μm 光激励后的辐射谱

在铥镱混合掺杂的硅玻璃中,如前所述,镱离子起到更好吸收泵浦光子并将泵浦能量转移给铥离子的作用。而荧光的产生仍然由铥离子的能级结构所决定。铥镱混合掺杂的光纤能级结构如图 4.4.7 所示。

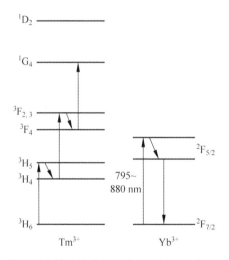

图 4.4.7　铥镱混合掺杂的光纤红外光泵浦下的多光子吸收机理

由于镱离子有很宽的吸收带,从 $795 \sim 880$ nm,使得大量的粒子弛豫到亚稳态,随即在离子间转移到铥离子的能级^{3}H$_5$,当粒子弛豫到亚稳态^{3}H$_4$,在宽带泵浦光中选择合适的光子,二次吸收,跃迁到^{3}F$_{2,3}$,弛豫到^{3}F$_4$亚稳态,然后三次吸收,跃迁到达^{1}G$_4$。从^{1}G$_4$到基态^{3}H$_6$的跃迁,就是蓝光。

进一步分析可以得到,红外泵浦光带宽中各个波长参与这个使粒子向上跃迁至^{1}G$_4$的光子数如表 4.4.1 所示。

表 4.4.1　镱铥混合掺杂光纤中参与能级¹G₄蓝光辐射的红外泵浦各波长光子数

波长/nm	光子数	波长/nm	光子数
800	1.7	840	2.5
820	2.1	860	2.8

氟化物光纤因为它的成分 ZrF_4-BaF_2-LaF_3-AlF_3-NaF 常被学术界用英文称作 ZBLAN 光纤。与硅光纤相比较，它可以制备更高掺杂稀土金属离子浓度的光纤。因此，被许多关于频率上转换的研究实验所采用。

掺钬的 ZBLAN 光纤激光器也实现了室温下的 CW 绿光的可调频操作[42]。ZBLAN 光纤中钬离子的能级图以及双光子吸收产生绿色波长激光的路线如图 4.4.8 所示。

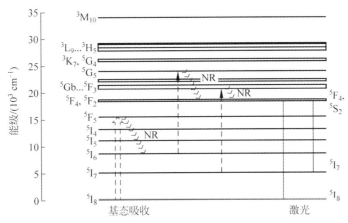

图 4.4.8　掺钬光纤中的能级和双光子吸收产生激光路线图

图 4.4.8 中，NR(non-radiation) 标记的斜线表示非光子辐射的弛豫过程。左侧三条竖直虚线表示吸收，右侧两条竖直实线表示激光跃迁，绿光的跃迁对应于 $^5S_2 \rightarrow {}^5I_8$ 的跃迁，而另一个 0.75 μm 的激光输出对应于 $^5S_2 \rightarrow {}^5I_7$ 的跃迁。绿光的可调范围是 540～553 nm。

多光子吸收。如果采用不同频率的光子，那么，根据已知的稀土离子能级图，就可以设计更多的多光子能级跃迁路线图，产生更多的荧光谱线，若具备足够的增益并加以谐振腔，便有可能产生更多的不同谱线的激光输出。

以掺镨的 ZBLAN 光纤为例，当用两台可调频染料激光器作为泵浦源，两个泵浦频率分别调至 1.01 μm 和 835 nm 时，可以实现 4 条谱线的激光输出，具体讲：蓝光 491 nm、绿光 520 nm、橙光 605 nm 和红光 635 nm。能级跃迁的路线图如图 4.4.9 所示[43]。

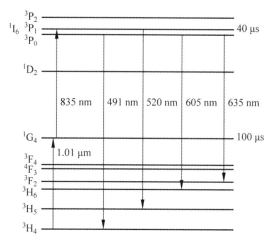

图 4.4.9　ZBLANP 光纤的能级图

因为在制备光纤的过程中，纤芯部分还加入 P_2O_5，以达到光纤折射率分布（纤芯大于包层）的设计目标。因此，论文[43]的作者将光纤称为 ZBLANP 光纤。

4.5　自调 Q 自锁模

巨脉冲和超短脉冲，无论对于理论探索还是对于工程应用，一直都是激光器工作者致力追求的两项目标。巨脉冲通常利用调 Q 开关来实现，而超短脉冲通常利用锁模技术来完成。

4.5.1　同时自调 Q 和自锁模光纤激光器

1991 年，在欧洲第三届量子电子学会议上，笔者（林金桐）报道了掺铒光纤激光器的同时自调 Q 和自锁模现象[44]。各类激光器的自调 Q 现象和被动锁模的报道并不少，但是一个激光器同时自调 Q 和自锁模的报道这是第一次。

【花絮】　1991 年，笔者（林金桐）在伦敦国王学院艾伦·罗杰斯教授的研究组工作，接待了捷克斯洛伐克来的一位短期访问学者 J. Kanka 博士（文献[44]的第二作者），他从捷克斯洛伐克带来了一段掺铒光纤，希望测试一下能否出激光。我们在实验室里用染料激光器作泵浦，看到示波器上有规则脉冲输出。再仔细观测脉冲内部，发现在自调 Q 脉冲的包络里有着锁模短脉冲。于是，又一起工作、讨论了两个星期，完成了这篇论文。参会时拿到会议文集，发现编辑将这篇文章放在了文集的第一页上。

实验光纤是由改进的化学气相沉积(MCVD)法制成的。在硅玻璃纤芯中,掺铒浓度相对较低,为 78 ppm(即 0.0078 mol%)。泵浦光是氩离子激光器激励的染料激光器,泵浦光波长为 660 nm,输出激光的波长为 1.5 μm,光纤的折射率剖面如图 4.5.1 所示。

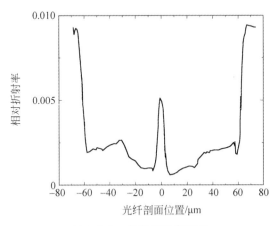

图 4.5.1 光纤折射率剖面

实验采用锗探测器收集激光信号,探测器的带宽和所使用的示波器带宽均为 1 GHz。峰值均匀的自调 Q 脉冲系列在激光阈值一旦超过后立即出现。脉冲的重复频率随着泵浦功率的增加从 18.5 kHz 提高到 37 kHz(图 4.5.2)。脉冲的峰值功率也是泵浦功率的增函数。相应的脉冲宽度从 5 μs 递减到 2 μs。

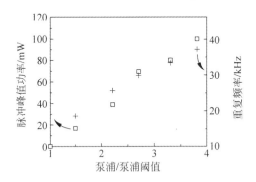

图 4.5.2 自调 Q 脉冲的重复频率与脉冲峰值随泵浦值增加而变化

在自调 Q 脉冲的包络里有自锁模脉冲。一个单独包络内的锁模脉冲的示波器扫描如图 4.5.3 所示。

锁模脉冲的时间间隔和脉宽测量结果如图 4.5.4 所示。

测得的锁模脉冲频率为 25 MHz,与根据光纤腔长所计算的结果相吻合。测得的脉宽为 600 ps,这个测量结果受到探测器和示波器带宽的限制。

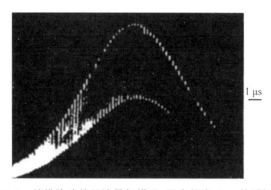

图 4.5.3 锁模脉冲的示波器扫描图,图右标出 1 μs 的时间长度

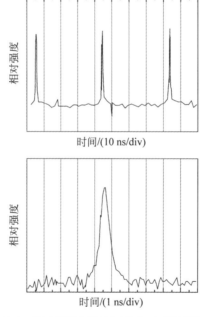

图 4.5.4 脉冲时间间隔(上)和脉宽(下)测试结果

4.5.2 主动调 Q 和被动锁模光纤激光器

当激光器内插入声光调制器主动调 Q 时,可以获得更加稳定的、更高峰值功率的脉冲。在泵浦吸收功率为 60 mW、重复频率为 8 kHz 时,测得的调 Q 峰值功率为 500 mW,脉宽为 1.2 μs。在这样的调 Q 脉冲包络里,自锁模脉冲仍然存在。并且,自锁模脉冲的特性仍然保持与同时自调 Q 自锁模情况下的一致[44]。

1991 年,英国的 D. J. Richardson 等人实现了在环形掺铒光纤激光器的自启动被动锁模[45]。加拿大的 P. Myslinski 等人和英国的 G. P. Lees 等人分别在 1993

年和 1996 年也先后观测到在掺铒光纤激光器的主动调 Q 脉冲的包络里的自锁模现象[46-47]。

P. Myslinski 的实验装置原理如图 4.5.5 所示。采用声光调制器(AOM)作为腔内调 Q 器件,掺杂浓度为 1600 ppm(即 0.16 mol%),光纤长为 0.48 m,泵浦光采用氩离子激光器,泵浦光波长为 514 nm。产生的调 Q 脉冲为 250 mW,重复频率为 1 kHz,测得调 Q 脉宽为 8 ns。

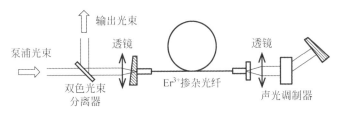

图 4.5.5 调 Q 掺铒光纤激光器的实验装置示意图

"小心"调整输出镜的角度,选择声光调制器的零阶衍射光束,选用 100% 的反射镜,可以在重复频率为 1.6 kHz 的调 Q 的脉冲包络里出现稳定的自锁模脉冲,如图 4.5.6 所示。

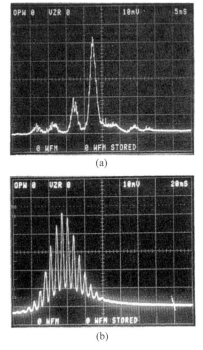

(a)

(b)

图 4.5.6 调 Q 脉冲包络里的自锁模脉冲(实测照片)

测得的最短脉宽为 2 ns,如图 4.5.6(a)所示;当吸收的泵浦功率为 350 mW 时,自锁模脉冲峰值功率为 200 W[46]。

选择效率更高的泵浦波长 980 nm,使用半导体激光器的泵浦掺铒光纤激光器,应用电光调制器实现调 Q 操作,G. P. Lees 等人的实验取得更为高效的结果。他们的实验示意图如图 4.5.7 所示。

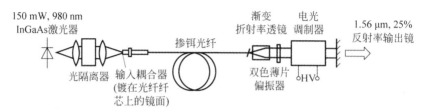

图 4.5.7　主动调 Q 自锁模实验装置图

实验测得在重复频率为 200 Hz、脉宽为 20 ns 的调 Q 脉冲包络里,自锁模脉冲的脉宽为 4ns,峰值功率达 540W[47]。

对于自锁模脉冲产生的机理曾有一些探讨,或归结为群速度色散和自相位调制,或归结于光纤的非线性效应[46]。

讨论光纤的问题,有两个重要的物理量[46,48]:一个是色散距离 L_d,另一个是非线性距离 L_{nl}。

$$L_d = T_o^2 / |\beta_2| \qquad (4.5.1)$$

式中,T_o 为高斯脉冲在强度 $1/e$ 处的半宽;β_2 为色散系数。

$$L_{nl} = 1/\gamma P_o \qquad (4.5.2)$$

$$\gamma = 2\pi n_2 / \lambda_o A_{eff} \qquad (4.5.3)$$

上面两式中,P_o 为传输脉冲的峰值功率;λ_o 为脉冲光波长;n_2 为光纤的非线性系数;$A_{eff} = \pi\omega_o^2$ 为有效光纤纤芯面积,ω_o 为模式尺寸的半径。

如果激光器腔长与色散距离或非线性距离可比拟,那么这两种物理现象便会产生光的调制而使得激光器形成自脉冲输出。对于典型的掺铒光纤激光器而言,色散距离 L_d 大约为 5 km,非线性距离 L_{nl} 大约为 0.85 m[46]。因此文献[46]认为光纤的非线性引起的自相位调制是自锁模脉冲产生的原因。

在激光技术领域,对于可饱和吸收体(saturable absorber)已经有比较深入的理解。可饱和吸收体对于光的吸收系数随着光强增大而减小,当达到饱和值时对激光呈现透明。利用这种可饱和吸收特性可以对激光腔内的损耗进行调制,可以产生激光脉冲输出。

常用的可饱和吸收体有染料、晶体和半导体。不同的激光波长,可以选择不同的可饱和吸收材料。在应用可饱和吸收体实现被动调 Q 和被动锁模方面,人们已经积累了不少经验。

染料由于自身的缺陷已经逐渐被淘汰,目前常用的饱和吸收体材料是饱和吸收晶体、半导体和近年来发展的石墨烯类材料。

华中理工大学黄志坚等人在 1996 年采用半导体激光器芯片作为饱和吸收体,利用线性光纤环形镜和半导体激光器芯片的背向反射镜组成谐振腔,如图 4.5.8 所示[49]。图中,LD2 芯片是腔内可饱和吸收体,LD1 是泵浦光。在 9 mW 的泵浦功率下,激光器实现了自调 Q 脉冲输出。输出光脉冲宽度为 12 μs,脉冲峰值功率约为 22 mW;脉冲序列的重复周期约为 65 μs。

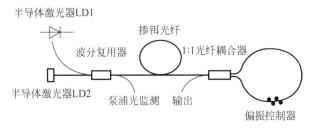

图 4.5.8　自调 Q 掺铒光纤激光器的结构示意图

直到最近几年,学术界依然在探讨饱和吸收体产生自调 Q 的理论和实际应用[50]。

实际上,一个三能级的激光材料,当没有被泵浦,或者是泵浦在阈值以下时,它就是可饱和吸收体。小信号通过时,它吸收;大信号通过时,它被漂白,通过,进而参与放大过程。

4.5.3　一例半导体激光器自调 Q 实验

1984 年,在贝尔实验室工作的李天培博士,将一块半导体激光器材料解离成两部分,一部分将电流设置在阈值以上,是有源区、放大区;另一部分的电流设置在阈值以下,成为腔内的可饱和吸收体。这两部分耦合在一起,成为调 Q 脉冲输出的铟镓砷磷(InGaAsP)半导体激光器。实验的半导体芯片设计如图 4.5.9 所示[51]。图中,左侧 266 μm 长的部分,注入电流 I_1 在阈值以上,这是产生激光的区域。右侧 241 μm 长的部分注入电流 I_2 低于阈值,成为腔内的可饱和吸收体。

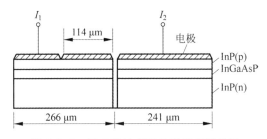

图 4.5.9　调 Q 脉冲半导体激光器结构图

这个很有创意的调 Q 脉冲激光器,它的可饱和吸收体与激光放大部分,在腔内是"串联"的。这与各类主动或被动的调 Q 激光器是一致的。

【花絮】 20 世纪末,笔者(林金桐)担任北京邮电大学校长时,接待过一位北京邮电大学名誉教授、半导体知名学者李天培(T. P. Lee)先生。笔者告诉他在伦敦工作时,曾观察到光纤激光器中同时自调 Q 和自锁模的现象。他对笔者说,多年前曾经将一块半导体材料解离成有源区和可饱和吸收区两部分,置于激光腔内,产生调 Q 脉冲。还加了一句说明,"我一直觉得这是我最好的成果之一。"撰写本章时,笔者找到了李先生的这篇论文[51]。

右二李天培,右三叶培大名誉校长,右四林金桐

4.5.4 同时自调 Q 和自锁模机理猜想

掺铒光纤激光器,输出波长为 $1.5~\mu\mathrm{m}$ 的激光系统是三能级的。为确认是否尾纤部分因为没有足够泵浦而成为可饱和吸收体产生了自脉冲现象,笔者曾采用"截尾"的方法,从 20 m 一直截尾到 4 m,但同时自调 Q 和自锁模现象一直存在,保持不变。只要泵浦在阈值以上,有激光输出,就有同时自调 Q 和自锁模脉冲出现[44]。这使得笔者思考,非线性距离的机理和腔内纵向串联可饱和吸收体的机理或许并不是掺铒光纤激光器同时产生自调 Q 和自锁模的成因。

这样的在激光腔内不加入任何附加可饱和吸收体而同时出现自调 Q 和自锁模脉冲的现象在激光技术领域并不多见。甚至,在笔者的印象中,这是第一次被观测到的激光特殊现象。探索它的机理是有意义的。

笔者大胆提出假设:"分布式横向可饱和吸收体"是同时自调 Q 和自锁模的成因。

　　虽然掺杂铒离子在光纤纤芯里均匀分布,但是在纤芯中传输的泵浦光强分布并不均匀。因此在纤芯边缘的掺杂铒离子并没有受到激活。又由于泵浦光和激光的波长不同,由光纤理论可知(如第 1 章所讲解),在光纤中光强的分布不同,如图 4.5.10 所示。

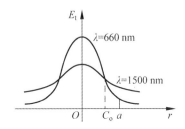

图 4.5.10　不同波长的泵浦光和激光在光纤中的光强分布

　　所以,在两个不同波长、不同光强分布的交点 C_0 到纤芯与包层的界面 a 处,激光束也是在一个部分受到激励的、尚未达到透明状态的可饱和吸收体中传输。这样的情况,对于腔内的激光束而言,就是沿着光纤分布式的横向可饱和吸收体。它使得自脉冲的产生与光纤的长度无关。

　　当然,在进一步的实验和理论证明之前,"分布式横向可饱和吸收体"只是一个猜想。

4.6　多波长操作

　　多波长光纤激光器是一类造价较低、效率较高的激光光源。在波分复用光通信系统、光纤传感、光器件性能测试和材料的色散测试等方面具有应用潜力。学术界经多年的研究,提出了多种方法来使得光纤激光器能产生多波长输出[52]。

4.6.1　多波长输出的早期探索

　　探索多波长输出的早期技术可以归纳如下:①通过低温浸泡来抑制掺铒光纤的均匀加宽机制,在光纤激光器腔内加入滤波器产生多波长[53-54]。②利用光纤的级联布里渊散射来产生多波长[55-59]。③利用混合增益或非均匀加宽机制的增益,如半导体光放大器或拉曼放大器来实现多波长[60-61]。④利用频移方法来产生多波长[62-63]。

　　一般说来,为了实现多波长输出通常需要在激光腔内插入周期性的多波长滤波器,比如波长固定的 F-P 滤波器,波长可调谐的啁啾光纤光栅或取样光栅以及双折射光纤环形镜等。相比这些滤波器还有另外一种相对简单的滤波器,即 Lyot 双折射光纤滤波器,它结构简单,只由一个起偏器和一段高双折射光纤即可组成。而且它的波长间隔可以通过选择合适的双折射光纤长度来改变,它的波长也可以通过改变偏振来精密调谐[64]。

利用非线性偏振旋转也可以使光纤激光器在室温下产生多波长输出。

非线性偏振旋转效应常用于被动锁模、锁模脉冲均匀化等操作[65]。用于被动锁模时是利用了它能产生强度相关损耗而作为一个等效可饱和吸收体。这一属性用于光纤激光器中,可以抑制掺杂光纤均匀加宽而导致的模式竞争,从而在室温下产生稳定多波长输出[66]。

4.6.2 基于非线性偏振旋转效应产生多波长的技术

张祖兴等人在探索多波长输出的光纤激光器方面做了多年的工作,提出并在实验室实现了一种基于非线性偏振旋转效应能在室温下产生多波长输出的光纤激光器[67-73]。激光器没有使用传统的滤波器,而是在激光腔内插入一段保偏光纤,保偏光纤与偏振相关隔离器构成一等效 Lyot 双折射光纤周期性滤波器。在实验室条件下实现了最多18个波长的多波长输出。

非线性偏振旋转效应首先在被动锁模激光器中得到应用。它的机理如图 4.6.1 所示。

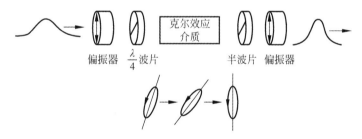

图 4.6.1　非线性偏振旋转被动锁模原理示意图

从概念上理解,非线性偏振旋转的锁模机制与"8"字形激光器相同,这里只是用同一脉冲的两个正交分量代替反向传输的两列波。从实用的角度看,这种方法可以用一个具有单个光纤环形腔的光纤激光器来实现,结构非常简单。图 4.6.1 是偏振附加脉冲锁模原理示意图。其基本原理是：假设初始脉冲是线偏振态,通过一个四分之一波片后变为椭圆偏振态,而椭圆偏振光可以认为是强度不同的左旋和右旋圆偏振光两个偏振分量的叠加。这两个圆偏振分量在光纤中传输时由于受光纤的非线性效应作用(包括自相位调制和交叉相位调制)会产生大小不同的非线性相移,从而使脉冲偏振态发生变化,且整个脉冲的偏振态变化不是均匀的,脉冲峰值处偏振态旋转大于两翼处。调节光纤输出端半波片的取向,使得脉冲中央的高强度部分能透过其后的起偏器,而两翼的低强度部分被阻止,这样就形成了等效的可饱和吸收体,脉冲取得了压缩,这就是非线性偏振旋转锁模基本原理。

非线性偏振旋转锁模本质上是强度相关可饱和吸收,即低强度光被吸收,而高强度光可以通过。但是,非线性偏振旋转效应本身是会饱和的,这就是说当光强大于某一临界值时,激光腔的传输率不是随着光强的增大而增大,而是随着光强的增大而减小,正是利用这种强度相关的损耗可以实现稳定多波长产生。不同于被动锁模光纤激光器,要实现多波长产生,在激光腔内需插入了一段较长的单模光纤,用来增大激光腔内非线性效应。因此,基于非线性偏振旋转环形光纤激光器可能有两种不同的输出状态,即被动锁模和多波长输出。

图 4.6.2 是基于非线性偏振旋转效应产生多波长掺铒光纤激光器的实验装置示意图。环形激光腔中包括一段长 12 m、铒离子掺杂浓度为 0.04 mol％的掺铒光纤(EDF)作为增益介质,一个 980/1550 波分复用器(WDM)用来把 980 nm 泵浦激光耦合进掺铒光纤,一个两端带尾纤的偏振相关隔离器(PDI)保证激光器单方向工作,同时还起到一个起偏器的作用,两个偏振控制器(PC)分别在偏振相关隔离器的两侧用来控制偏振态,还有一个 10 dB 耦合器,它的 10％端口用于输出光信号,90％端口的光信号继续在腔内循环。如果没有了其他器件,这是一个典型的基于非线性偏振旋转的被动锁模光纤激光器结构。不同于被动锁模光纤激光器,这里在激光腔内插入了一段较长的单模光纤(SMF),用来增大激光腔内非线性效应,另外还有一段保偏光纤(PMF),偏振相关隔离器和保偏光纤一起组成了一个在线型的周期性光纤滤波器。它的波长间隔由公式 $\Delta\lambda = \lambda^2/(\Delta n l)$ 决定,其中 Δn 和 l 分别是保偏光纤的双折射和长度。此滤波器的结构示意图如图 4.6.3,它的传输可以用下面公式给出:

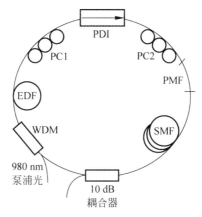

图 4.6.2　基于非线性偏振旋转效应产生多波长掺铒光纤激光器的实验示意图

$$|T|^2 = \cos^2\theta_1 \cos^2\theta_2 + \sin^2\theta_1 \sin^2\theta_2 + \frac{1}{2}\sin2\theta_1 \sin2\theta_2 \cos(\Delta\phi + \Delta\phi')$$

$$(4.6.1)$$

式中, θ_1 是从偏振相关隔离器出来光的偏振方向 y 与保偏光纤竖直双折射轴 u 的夹角; θ_2 是偏振相关隔离器偏振取向与保偏光纤竖直双折射轴 u 的夹角。 $\Delta\phi$ 是由偏振控制器引入的沿保偏光纤两正交双折射轴 u 和 v 光分量的相位差。 $\Delta\phi'$ 是两正交偏振分量在单模光纤中传输而产生的线性相移差, 且 $\Delta\phi'$ 可表示为 $\Delta\phi' = 2\pi(1-\delta\lambda/\lambda)L/L_b$, 式中 λ 是光波长, $\delta\lambda$ 是波长失谐, L_b 是双折射光纤拍长。从方程(4.6.1)可以看出, 双折射光纤滤波器传输是波长的周期性函数。

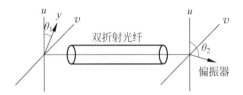

图 4.6.3   双折射光纤滤波器示意图

基于非线性偏振旋转效应多波长光纤激光器的工作原理描述如下。从偏振相关隔离器出来的线偏振光由于偏振控制器 PC2 的作用变为椭圆偏振光, 椭圆偏振光可以看成是强度不等的左、右圆偏振光的叠加, 通过单模光纤时由于光克尔效应强度不等的左、右圆偏振光会经历不等的非线性相移, 因此合成的偏振态随着光的传播而旋转, 并且旋转的角度与光强度有关。光再次到达偏振相关隔离器之前有另一个偏振控制器 PC1, 调节 PC1 可以改变通过偏振相关隔离器的光强。故由偏振相关隔离器、单模光纤、偏振控制器和起偏器构成的联合体能起到一个强度相关器件的作用。一般地, 对于这样的联合体, 其传输和光强的关系存在两个不同的区域。一个是传输随光强的增加而提高, 被动锁模光纤激光器就是工作在这一区域。另外一个是传输随光强的增加而减小, 即高强度光将经历更大损耗, 这时联合体相当于一个功率均衡器。这种强度相关非均匀损耗可以用来克服均匀加宽介质中的模式竞争。所以, 非线性偏振旋转效应诱导的非均匀损耗和掺铒光纤的模式竞争的平衡可以使得掺铒光纤激光器在室温下产生稳定的多波长输出。

在此实验中使用的保偏光纤长为 11 m, 一卷单模光纤长为 5 km, 泵浦功率先固定在 170 mW。仔细调节激光腔内的两个偏振控制器, 可以观察到两类不同性质的输出光谱: 被动锁模和连续波多波长。工作在被动锁模时, 虽然输出光谱也呈现出多波长的特性, 但这种多波长与连续波多波长不同, 它是由于双折射光纤滤波器对锁模脉冲光谱的滤波而产生的[60]。工作在连续多波长时, 随着偏振控制器的不断调节波长数不是固定的,而是不断变化的。图 4.6.4 是 14 个波长的输出光谱,图 4.6.5 是 16 个波长的输出光谱,图 4.6.6 是 18 个波长的输出光谱。多波长光谱波长间隔都是 0.45 nm,这与根据公式计算的值一致。多次扫描多波长输出光谱,可以观察到基于非线性偏振旋转效应产生的多波长在波长和光功率上都有较好的稳定性。

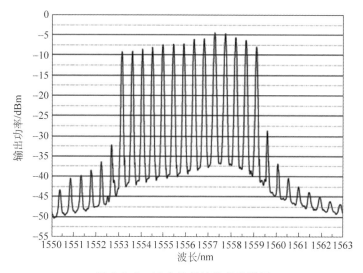

图 4.6.4　14 个波长的输出光谱图

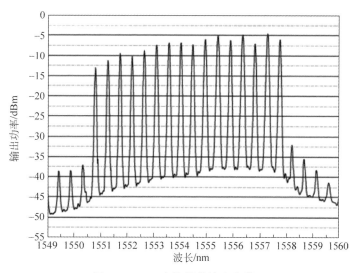

图 4.6.5　16 个波长的输出光谱图

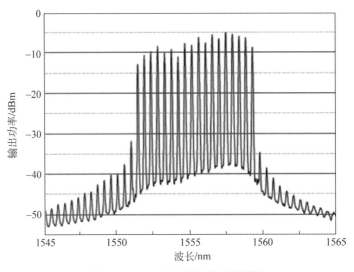

图 4.6.6　18 个波长的输出光谱图

为了验证非线性偏振旋转效应的光强度相关性和分析泵浦光功率对多波长输出光谱平坦性的影响,在泵浦功率为 170 mW 产生了 18 个波长后,使偏振控制器保持不动,逐步减小 980 nm 泵浦功率并记录各泵浦功率下相应输出光谱,结果如图 4.6.7 所示,图中(a)是泵浦功率为 145 mW 时的多波长光谱图,(b)、(c)、(d)分别是泵浦功率为 105 mW、65 mW、25 mW 时的多波长光谱图,可以看出,随着泵浦功率的减小,多波长光谱的平坦性变得越来越差。特别是当泵浦功率小于25 mW 时,激光器呈现出强烈的模式竞争,多波长激光输出极不稳定,原因是此时非线性偏振旋转诱导的非均匀损耗已不能有效地抑制由于掺铒光纤均匀加宽造成的模式竞争。可见,被动锁模和多波长输出是基于非线性偏振旋转效应环形光纤激光器的两种不同输出模式,而且可以通过改变偏振来实现从一种模式切换到另一种模式。

非线性偏振旋转效应在半导体光放大器中也存在,因为半导体光放大器中两个模式(TE 模式和 TM 模式)有不同的增益和双折射的存在。当光波经过半导体光放大器时,其偏振态会发生变化,这就是非线性偏振旋转效应。由于光场的 TE 和 TM 两模式的增益不同,以及两模式经历的折射率不同,导致从半导体光放大器输出信号偏振态(通常为椭圆偏振态)不同于进入半导体光放大器时的情况,即发生了非线性偏振旋转效应。导体光放大器中非线性偏振旋转效应也可作为一种新的克服半导体光放大器均匀加宽线宽内模式竞争的机理和方法,使得基于半导体光放大器光纤激光器在室温下能产生稳定的超密波长间隔多波长输出。

张祖兴等人的研究表明,非线性偏振旋转诱导的强度相关非均匀损耗能有效地抑制均匀加宽增益介质掺铒光纤中的模式竞争,在室温下实现了最多 18 个波长

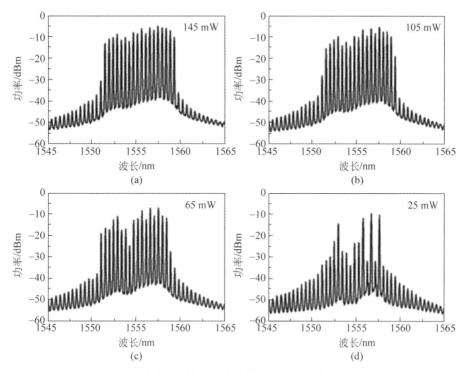

图 4.6.7 多波长输出光谱随泵浦功率的变化

的多波长输出。实验中使用的滤波器是线型的双折射光纤周期性滤波器,简化了光纤激光器的结构,使光纤激光器更易于集成。他们还研究了泵浦功率对多波长输出特性的影响,发现泵浦功率对多波长的均匀性有很大影响。泵浦功率越小,光强度相关非线性偏振旋转效应越弱,多波长光谱越不均匀。

参考文献与深入阅读

[1] PAYNE D N,REEKIE L,MEARS R J,et al. Rare-earth doped single-mode fibre laisers,amplifiers and devices[C]. United States,San Francisco:Conference on Lasers and Electro-Optics,9-13 June 1986.

[2] LAMING R I,FARRIES M C,MORKEL P R,et al. Efficient pump wavelengths of erbium-doped fibre optical amplifier[J]. Electronics Letters,1989,25(1):12-14.

[3] NAKAZAWA M,KIMURA Y,SUZUKI K. Efficient Er^{3+}-doped optical amplifier pumped by a $1.48\mu m$ InGaAsP laser diode[J]. Applied Physics Letters,1989,54(4):295.

[4] HOWARD H D. Deploying the world's largest undersea fiber cable system[C]. United States,Florida,Orlando:National Fiber Optic Engineers Conference,1998.

[5] LI T. The impact of optical amplifiers on long-distance lightwave telecommunications[J].

Proceedings of the IEEE,1993,81(11)：1568-1579.

[6] MORKEL P R,COWLE G J,PAYNE D N. Travelling-wave erbium fibre ring laser with 60 kHz linewidth[J]. Electronics Letters,1990,26(10)：632-634.

[7] SCIFRES D R,BURNHAM R D,STREIFER W. Distributed-feedback single heterojunction GaAs diode laser[J]. Applied Physics Letters,1974,25(4)：203-206.

[8] 饶云江,王义平,朱涛. 光纤光栅原理及应用[M]. 北京：科学出版社,2006.

[9] JAUNCEY I M,REEKIE L,TOWNSEND J E,et al. Single-longitudinal-mode operation of an Nd^{3+}-doped fibre laser[J]. Electronics Letters,1988,24(1)：24-26.

[10] KRINGLEBOTN J T,ARCHAMBAULT J L,REEKIE L,et al. Er^{3+} ： Yb^{3+}-codoped fiber distributed-feedback laser[J]. Optics Letters,1944,19(24)：2101-2103.

[11] KRINGLEBOTN J T,MORKEL P R,REEKIE L,et al. Efficient diode-pumped single-frequency erbium：ytterbium fiber laser[J]. IEEE Photonics Technology Letters,1993, 5(10)：1162-1164.

[12] KOGELNIK H,SHANK C V. Coupled-wave theory of distributed feedback lasers[J]. Journal of Applied Physics,1972,43(5)：2327-2335.

[13] STREIFER W,BURNHAM R,SCIFRES D. Effect of external reflectors on longitudinal modes of distributed feedback lasers[J]. IEEE Journal of Quantum Electronics,1975, 11(4)：154-161.

[14] CHEN C L. Directional coupler resonators as guided-wave optical components：a proposal [J]. Applied Optics,1987,26(13)：2612-2617.

[15] URQUHART P. Compound optical-fiber-based resonators[J]. Journal of the Optical Society of America A,1988,5(6)：803-812.

[16] BARNSLEY P,URQUHART P,MILLAR C,et al. Fibre Fox-Smith resonators：application to single-longitudinal-mode operation of fibre lasers[J]. Journal of the Optical Society of America A,1988,5(8)：1339-1346.

[17] HSU K,MILLER C M,KRINGLEBOTN J T,et al. Tunable,single-frequency Er：Yb phosphor-silicate fiber Fabry-Perot laser[C]. Italy,Florence：ECOC'94：20th European Conference on Optical Communications,1994.

[18] 谢红云,安振峰,陈国鹰. 大功率半导体激光器阵列[J]. 半导体技术,2003,28(4)：33-36.

[19] PO H,SNITZER E,TUMMINELLI R,et al. Double clad high-brightness Nd fibre laser pumped by a GaAlAs phased array[C]. United States,Houston：Optical Fiber Communication Conference,1989.

[20] MINELLY J D,CHEN Z J,LAMING R I,et al. Efficient cladding pumping of an Er^{3+} fibre[C]. Belgium,Brussels：European Conference on Optical Communication（ECOC）, 1995.

[21] MULLER H R,KIRCHHOF J,REICHEL V,et al. Fibers for high power lasers and amplifiers[J]. Comptes Rendus Physique,2006,7(2)：154-162.

[22] FERMANN M E,HARTER D,MINELLY J D,et al. Cladding-pumped passively mode-locked fiber laser generating femtosecond and picosecond pulses[J]. Optics Letters,1996, 21(13)：967-969.

[23]　PO H,CAO C D, LALIBERTE B M, et al. High power neodymium-doped single transverse mode fibre laser[J]. Electronics Letters,1993,29(17)：1500-1501.

[24]　DOMINIC V,MACCORMACK S,WAARTS R,et al. 110 W fiber laser[J]. Electronics Letters,1999,35(14)：1158-1160.

[25]　LIMPERT J,LIEM A,ZELLMER H,et al. 500 W continuous-wave fibre laser with excellent beam quality[J]. Electronics Letters,2003,39(8)：645-647.

[26]　JEONG Y,SAHU J,PAYNE D. Ytterbium-doped large-core fiber laser with 1 kW of continuous-wave output power[J]. Electronics Letters,2004,40(8)：470-471.

[27]　楼祺洪,周军,朱健强,等.国产双包层掺镱光纤实现 440W 的连续高功率激光输出[J].中国激光,2005,32(1)：20.

[28]　赵鸿,周寿桓,朱辰,等.大功率光纤激光器输出功率超过 1.2 kW[J].中国激光,2006,33(10)：1359.

[29]　SNITRER E,WOODCOCK R. Yb^{3+}-Er^{3+} glass laser[J]. Applied Physics Letters,1965,6(45)：1965.

[30]　HANNA D C,PERCIVAL R M,PERRY I R,et al. Efficient opration of a Yb-sensitized Er fibre laser pumped in the 0.8 μm region[J]. Electronics Letters,1988,24：1068-1069.

[31]　MORKEL P R. Modelling erbium/ytterbium-doped fibre amplifiers[C]. United States, New Mexico,Santa Fe：Optical Amplifiers and Their Applications,1992.

[32]　TOWNSEND J E,BARNES W L,JEDRZEJEWSKI K P,et al. Yb^{3+} sensitised Er^{3+} doped silica optical fibre with ultrahigh transfer efficiency and gain[J]. Electronics Letters,1991,27(21)：143-147.

[33]　BARNES W L,POOLE S B,TOWNSEND J E,et al. Er^{3+}-Yb^{3+} and Er^{3+} doped fiber lasers[J]. Journal of Lightwave Technology,1989,7(10)：1461-1465.

[34]　ARTEM'EV E F,MURZIN A G,FEDOROV Y K,et al. Some characteristics of population inversion of the $^4I_{13/2}$ level of erbium ions in ytterbium-erbium glasses[J]. Soviet Journal of Quantum Electronics,1981,11(9)：1268.

[35]　LAMING R I,POOLE S B,TARBOX E J,et al. Pump excited state absorption in erbium-doped fibres[J]. Optics Letters,1988,13(12)：1084-1086.

[36]　LEES G P,HARTOG A,LEACH A,et al. 980 nm diode pumped erbium^{3+}/ytterbium^{3+} doped Q-switched fibre laser[J]. Electronics Letters,1995,31(21)：1836-1837.

[37]　AUZEL F E. Materials and devices using double-pumped phosphors with energy transfer [J]. Proceedings of the IEEE,1973,61(6)：758-786.

[38]　TONG F,RISK W P,MACFARLANE R M,et al. 551 nm diode-laser-pumped upconversion laser[J]. Electronics Letters,1989,25(20)：1389-1391.

[39]　TONG F,MACFARLANE R M,LENTH W. Laser emission at 413 and 730 nm in upconversion-pumped $YLiF_4$：Nd^{3+}[C]. United States,Maryland,Baltimore：Quantum Electronics and Laser Science Conference,THKK4,1989.

[40]　RISK W P,PON R,LENTH W. Diode laser pumped blue-light source at 473 nm using intracavity frequency doubling of a 946 nm Nd：YAG laser[J]. Applied Physics Letters,1989,54：1625-1627.

[41] HANNA D C,PERCIVAL R M,PERRY I R,et al. Frequency upconversion in Tm-and Yb：Tm-doped silica fibers[J]. Optics Communications,1990,78(2)：187-194.

[42] ALLAIN J Y, MONERIE M, POIGNANT H. Room temperature CW tunable green upconversion holmium fibre laser[J]. Electronics Letters,1990,26(4)：261-263.

[43] SMART R G,HANNA D C,TROPPER A C,et al. Cw room temperature upconversion lasing at blue,green and red wavelengths in infrared-pumped Pr^{3+}-doped fluoride fibre[J]. Electronics Letters,1991,27(14)：1307-1309.

[44] LIN J T,KANKA J,DONG L,et al. A simultaneously Q-switched and mode-locked fibre laser[C]. United Kingdom,Edinburgh：3rd European Quantum Electronics Conference & 10th National Quantum Electronics Conference,1991.

[45] RICHARDSON D J,LAMING R I,PAYNE D N,et al. Selfstarting,passively modelocked erbium fibre ring laser based on the amplifying Sagnac switch[J]. Electronics Letters,1991,27(6)：542-544.

[46] MYSLINSKI P,CHROSTOWSKI J,KONINGSTEIN J A K,et al. Self-mode locking in a Q-switched erbium-doped fiber laser[J]. Applied Optics,1993,32(3)：286-290.

[47] LEES G P,NEWSON T P. Diode pumped high power simultaneously Q-switched and selfmode-locked erbium doped fibre laser[J]. Electronics Letters,1996,32(4)：332-333.

[48] AGRAWAL G P. Nonlinear Fiber Optics[M]. Boston：Academic press,1989.

[49] 黄志坚,孙军强,刘雪峰,等. 自调 Q 掺铒光纤激光器[J]. 高技术通讯. 1996,6(12)：13-15.

[50] 杨亚婷,杜洋,王海燕,等. 自调 Q 掺铒光纤激光器动态特性研究[J]. 激光技术,2015,3(5)：679-684.

[51] LEE T P,BURRUS C A,SEESA W B,et al. Q-switching cleaved-coupled-cavity laser with an integrated intracavity modulator[J]. Electronics Letters,1984,20(1)：1-2.

[52] 刘艳格,冯新焕,董孝义. 室温稳定多波长光纤激光器技术的研究新进展[J]. 中国激光,2007,A34(7)：883-894.

[53] CHOW J,TOWN G,EGGLETON B,et al. Multiwavelength generation in an erbium-doped fiber laser using in-fiber comb filters[J]. IEEE Photonics Technology Letters,1996,8(1)：60-62.

[54] PARK N,WYSOCKI P F. 24-line multiwavelength operation of erbium-doped fiber-ring laser[J]. IEEE Photonics Technology Letters,1996,8(11)：1459-1461.

[55] COWLE G J,STEPANOV D Y. Multiple wavelength generation with Brillouin/erbium fiber lasers[J]. IEEE Photonics Technology Letters,1996,8(11)：1465-1467.

[56] LIM D S,LEE H K,KIM K H,et al. Generation of multiorder Stokes and anti-Stokes lines in a Brillouin erbium fiber laser with a Sagnac loop mirror[J]. Optics Letters,1998,23(21)：1671-1673.

[57] SONG Y J,ZHAN L,HU S,et al. Tunable multiwavelength Brillouin-erbium fiber laser with a polarization-maintaining fiber Sagnac loop filter[J]. IEEE Photonics Technology Letters,2004,16(9)：2015-2017.

[58] SONG Y J,ZHAN L,JI J H,et al. Self-seeded multiwavelength Brillouin-erbium fiber

laser[J]. Optics Letters,2005,30(5)：486-488.

[59]　胡松,尉仕康,詹黎,等.15 波长输出的布里渊掺铒光纤激光器[J].光学学报,2005,
25(2)：212-215.

[60]　WANG D N,TONG F W,FANG X H,et al. Multiwavelength erbium-doped fiber ring
laser source with a hybrid gain medium[J]. Optics Communications,2003,228：295-301.

[61]　SUN J Q,ZHANG Y,ZHANG X L. Multiwavelength lasers based on semiconductor
optical amplifiers[J]. IEEE Photonics Technology Letters,2002,14(6)：750-752.

[62]　BELLEMARE A,KARÁSEK M,ROCHETTE M,et al. Room temperature multifrequency
erbium-doped fiber lasers anchored on the ITU frequency grid[J]. Journal of Lightwave
Technology,2000,18：825-831.

[63]　KIM S K,CHU M J,LEE J H. Wideband multiwavelength erbium-doped fiber ring laser
with frequency shifted feedback[J]. Optics Communications,2001,190：291-302.

[64]　张祖兴.基于非线性偏振旋转和碳纳米管饱和吸收体新型光纤激光器研究[R].博士后研
究工作报告.北京：北京邮电大学,2011.

[65]　MATSAS V J,NEWSON T P,RICHARDSON D J,et al. Selfstarting passively modelocked
fibre ring soliton laser exploiting nonlinear polarization rotation[J]. Electronics Letters,
1992,28(15)：1391-1393.

[66]　FENG X H,TAM H Y,WAI P K A. Stable and uniform multiwavelength erbium-doped
fiber laser using nonlinear polarization rotation[J]. Optics Eexpress,2006,14(18)：
8205-8210.

[67]　ZHANG Z X,ZHAN L,XIA Y X. Multiwavelength comb generation in self-starting
passively mode-locked fiber laser[J]. Microwave and Optical Technology Letters,2006,
48(7)：1356-1358.

[68]　ZHANG Z X,WU J,XU K,et al. Tunable nonlinear-polarization-rotation based
multiwavelength fiber Laser with in-line fiber filter[C]. Shanghai：Asia Optical Fiber
Communication and Optoelectronic Exposition and Conference,2008.

[69]　ZHANG Z X,WU J,XU K,et al. Multiwavelength figure-of-eight fiber laser with a
nonlinear optical loop mirror[J]. Laser Physics Letters 2008,5(3)：213-216.

[70]　ZHANG Z X,WU J,XU K,et al. Multiwavelength fiber laser with fine adjustment,based
on nonlinear polarization rotation and birefringence fiber filter[J]. Optics Letters,2008,
33(4)：324-326.

[71]　ZHANG Z X,WU J,XU K,et al. Two different operation regimes of fiber laser based on
nonlinear polarization rotation passive mode-locking and multiwavelength emission[J].
IEEE Photonics Technology Letters,2008,20(12)：979-981.

[72]　ZHANG Z X,WU J,XU K,et al. Polarization-dependent output states of a fiber laser with
nonlinear polarization rotation[J]. Optical Engineering,2008,47(8)：085002.

[73]　ZHANG Z X,WU J,XU K,et al. Tunable multiwavelength SOA fiber laser with ultra-
narrow wavelength spacing based on nonlinear polarization rotation[J]. Optics Eexpress,
2009,17(19)：17200-17205.

第 5 章

高功率光纤激光产生技术

输出功率是激光器非常重要的性能指标之一,也是衡量激光技术发展的重要标志。本章主要介绍了在过去 30 多年间,经过包层泵浦技术、大模场光纤技术、光子晶体光纤技术、级联泵浦技术和合束技术等一系列光纤技术和激光技术的发展,光纤激光器的输出功率从最早的毫瓦量级到现在的 10 万瓦量级的发展历程。

5.1　包层泵浦技术

5.1.1　双包层光纤结构

20 世纪 80 年代中期,低损耗石英传输光纤制备技术趋于成熟,在 1.55 μm 的传输损耗达到了 0.15 dB/km[1],无限逼近了石英光纤的理论损耗值。基于无源石英光纤的光纤通信网络的大面积铺展,推动了全光纤有源器件研究的迅速发展。

利用在石英传输光纤基础上发展起来的改进的化学气相沉积(modified chemical vapour deposition,MCVD)的预制棒制备技术,辅助以氯盐溶液的稀土掺杂方法,实现了低损耗高质量稀土掺杂光纤预制棒的制备,促使了有源光纤激光器的快速发展。1985 年掺钕石英光纤激光器[2](如图 5.1.1)和 1987 年掺铒光纤激光器[3]、掺铒光纤放大器[4]的发明标志着利用半导体激光器泵浦的稀土掺杂全光纤有源器件进入了实用化阶段,这是因为半导体激光泵浦源的采用摆脱了闪光灯和气体激光器等大型泵浦源的约束,使得光纤激光器的结构日益紧凑和小型化。

然而,基于传统单包层结构的纤芯泵浦稀土掺杂单模光纤激光器面临着输出功率提升受限的技术瓶颈。传统单横模输出的半导体单发射激光源的输出功率仅在毫瓦至百毫瓦数量级,继续提升泵浦功率势必导致半导体泵浦源输出模式质量

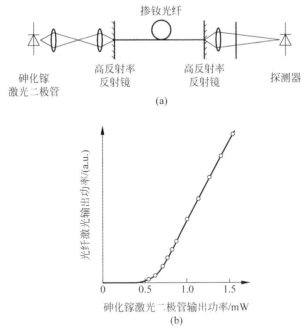

图 5.1.1　首次报道的半导体泵浦掺钕石英(单包层结构)光纤激光器

(a) 光纤激光器系统结构示意图；(b) 光纤激光输出功率图[2]

迅速下降，亮度降低；而单横模掺杂光纤对多模的半导体泵浦的接收能力(即泵浦耦合效率)极低。如何解决低亮度、多模半导体激光泵浦源和高亮度单横模光纤激光输出之间的矛盾，是 20 世纪 80 年代末高功率光纤激光器研究方向需首要解决的科学问题和技术问题。

玻璃激光器和玻璃光纤激光器的发明人[5]斯奈策(E. Snitzer)借鉴了激光玻璃棒采用的闪光灯侧面泵浦的思路(如图 5.1.2(a))，于 1988 年底率先把侧面泵浦的几何光学原理应用到了光纤激光器中[6]。如图 5.1.2(b)、(c)所示，斯奈策在原有单包层光纤的纤芯和外包层之间，引入一个泵浦包层(即内包层)，这个泵浦包层环绕在单模的稀土掺杂纤芯周围，泵浦包层和外包层折射率差很大，使得泵浦包层的数值孔径很大，这样极大地提高了它对多模泵浦光的接收能力；泵浦光进入双包层光纤后，在泵浦包层和外包层之间实现全内反射，多次反复通过掺杂纤芯，由于掺杂芯和泵浦包层的折射率差较小，易于实现单模或少模的激光输出。这样一个双包层增益光纤结构，对于泵浦光可以看作是一个高数值孔径的大芯多模光纤，而对于输出激光可以看作是一个数值孔径较小的单模光纤。

对于具有中心圆对称结构的双包层增益光纤，从光纤输入端进入泵浦包层的斜射光线在多次界面反射并沿光纤轴向传播的过程中，不会有机会穿过纤芯(见

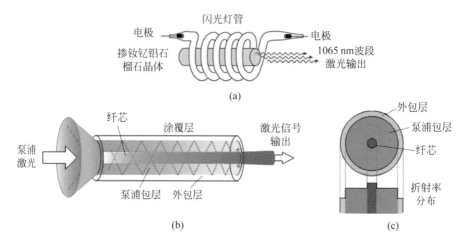

图 5.1.2 早期光纤激光器结构

(a) 闪光灯泵浦玻璃激光器；(b) 双包层光纤激光器原理图；(c) 双包层光纤横截面结构示意图

图 5.1.3(a)的示意图)，这样的光纤结构不利于对泵浦光的有效吸收。提高纤芯对泵浦光的吸收效率，需要提高多模泵浦光和单模掺杂纤芯之间的模式重合，在几何光学上就是要让在泵浦包层中的泵浦光具有较高掠过纤芯的概率，这样就一定要破坏双包层增益光纤的中心圆对称结构。通常采用的方法是对于泵浦包层结构为圆形横截面时，将稀土掺杂纤芯偏离圆对称中心轴(见图 5.1.3(b))；而更普遍的方法是，采用非圆形横截面结构的泵浦包层(见图 5.1.3(c)、(d)、(e))。

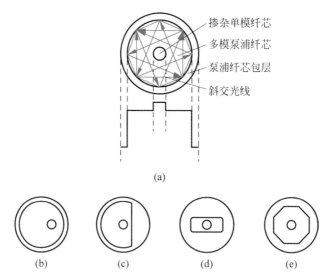

图 5.1.3 双包层光纤横截面示意图

(a) 具有圆中心对称结构的双包层光纤中斜射光线沿光纤轴向传输不通过纤芯的光路示意图；

(b)~(e) 具有非圆对称中心的双包层光纤结构示例图

从本质上来看,传统单包层的稀土掺杂光纤激光器是一个频率转换器(即从泵浦波长转换到新激光波长);而双包层结构的稀土掺杂光纤激光器不仅是一个频率转换器,更是一个能够把高功率、低亮度、多模泵浦光转换成高功率、高亮度、接近衍射极限的高空间模式质量的激光输出的亮度倍增器。例如对于泵浦包层直径为 $400~\mu m$ 和数值孔径 NA 为 0.4 的双包层光纤,其光束质量因子 M^2 约为 260,根据亮度公式 $B = P/(M_x^2 \cdot M_y^2 \cdot \lambda^2)$(其中,$B$ 为亮度,M_x^2、M_y^2 为激光在两个正交方向上的光束质量因子,λ 为激光波长,P 为激光功率),当泵浦光转换为近衍射极限的单模输出时,其亮度提高了近 5 个数量级,这意味着激光光束模式质量和空间功率密度的大幅度提升。

双包层掺杂光纤激光器的发明蕴含着深刻的物理意义。热力学第二定律告诉我们,孤立的无源系统的总混乱度不会减小,即不可能从无序状态向有序状态转换。双包层光纤激光器就是一个在外界能量输入条件下,把空间分布无序的光场能量转换为高度有序的光场能量的物理系统;即该系统在存在外界能量输入(即泵浦)的条件下,多模低亮度的泵浦光(即空间分布无序的光场能量)在双包层稀土掺杂光纤激光器这个有源系统中实现了向单模、高亮度激光(即空间分布高度有序的光场能量)输出的转换。

1988 年首次报道的双包层掺钕光纤激光器采用了圆形泵浦包层结构和偏芯设计[6],激光器实现了近 50 mW 的单模输出(见图 5.1.4);1989 年,斯奈策等报道了采用非圆形泵浦包层结构的双包层掺钕光纤激光器,在半导体激光器泵浦下,其单模激光输出功率超过了 100 mW(见图 5.1.5)[7]。

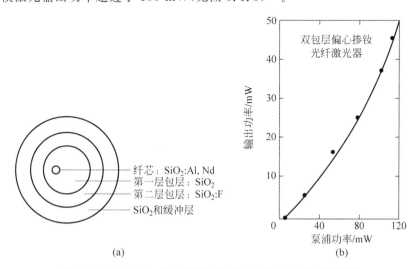

图 5.1.4　1988 年,斯奈策等报道的双包层掺钕光纤激光器

(a) 双包层偏心掺钕光纤结构;(b) 产生激光输出功率[6]

143

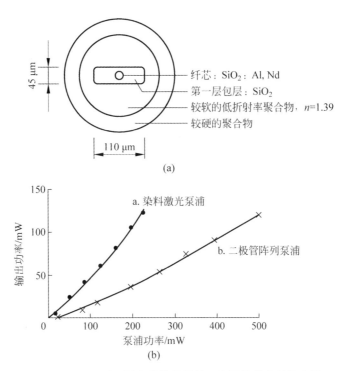

图 5.1.5　1989 年,斯奈策等报道的双包层掺钕光纤激光器

(a) 双包层光纤结构示意图;(b) 激光输出功率[7]

　　这样从 1985 年到 1989 年的 5 年间,半导体泵浦的光纤激光器的输出功率从亚毫瓦量级[2]迅速提升到了 100 mW 以上,实现了两个数量级的突破[7]。尽管如此,当时大部分人依然不看好光纤激光器的未来。美国海军实验室的 Duling 于 1989 年甚至预言连续激光输出的光纤激光器的最终输出功率水平大概也就是几百毫瓦[8]。在今天看来,这个预期值偏离事实 4～5 个数量级,实在过于保守。

　　在当时,大家普遍更看好光纤激光器的竞争对手之一的薄片激光器。从几何结构来看,薄片激光器和光纤激光器处于两个极端:前者的增益介质横截面积大,但增益厚度小(几百微米量级),类似于一个二维结构,业内形象地称之为"胖而扁",后者的增益介质横截面积小(芯径 10～100 μm),长度大(几米到几十米),类似于一个一维结构,业内称之为"细而长";但这两种几何形状相较于传统的三维形状的固体激光器都具有表面积大、在高功率运行下利于散热的热管理优势。在高功率输出时,增益介质横截面积大的薄片激光器增益基质可以紧贴在热沉上进行迅速散热冷却。而光纤激光器在高功率运行下明显的两个缺点是:①芯径小,在高激光功率密度下易于发生损伤;②增益长度长,在高功率条件下因长度累加的非线性效应(受激拉曼散射(SRS)、受激布里渊散射(SBS)、自聚集效应等)变得显著。非线性效应和激光损伤这两个因素使得光纤激光器输出功率的提升存在一个天花板。而薄片激光器由于横截面大,增益长度短,非线性效应相对较弱。此外,当时人们对后来高功率半导体激光泵浦源的迅猛发展也估计不足。

5.1.2　GT-WAVE 光纤结构

双包层光纤借用了闪光灯泵浦技术中泵浦光侧面斜向穿越稀土掺杂增益介质的思路(见图 5.1.6),但在实际操作上其泵浦光是从端面入射进入掺杂光纤的,泵浦光和产生的激光共享光纤输出端,因此在光纤输出端泵浦光功率不可忽略。在提取产生的激光输出信号时,必须采用分光等手段滤掉泵浦光成分。为了解决这个技术难题,同时也为了绕开双包层光纤激光器技术专利保护的限制,在 2000 年,作为高功率光纤激光器领头羊的英国南安普顿激光器公司(Southampton Photonics,Inc.,SPI)的 Anatoly Grudinin(后来为英国 Fianium 公司的创始人)和 Paul Turner 等人借鉴了波分复用光纤耦合器的技术,发明了 GT-WAVE 光纤技术[9]。有趣的是,GT-WAVE 光纤的名字隐含了发明人 Grudinin 和 Turner 两个人姓氏的首字母。

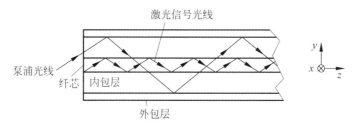

图 5.1.6　泵浦光线从侧面斜向穿越掺杂纤芯双包层光纤传播示意图

在用于光纤远距离通信领域的波分复用(WDM)光纤合束器的结构(见图 5.1.7(a))基础上,GT-WAVE 光纤技术采用了泵浦光纤和稀土掺杂光纤分离与合束的技术方案,即把一根乃至多根无芯的多模泵浦光纤和一根单包层的稀土掺杂光纤一起在光纤拉丝塔上拉制成一根光纤束。由于采用了聚合物涂覆层,在泵浦入射端,可以采用机械剥离手段或化学溶剂方法去除涂覆层,将泵浦光纤和掺杂光纤分离开。在 GT-WAVE 光纤的分离部分,每个无芯的多模泵浦光纤和高功率多模半导体激光泵浦源输出光纤熔接耦合;对于光纤的合束部分,由于光纤拉制过程中对通过涂覆层的光纤的外加张力和拉丝参数进行了精确的控制,在聚合物涂覆树脂的辅助下,掺杂增益光纤和无芯泵浦光纤实现侧面紧密接触,从而使得泵浦光能够以倏逝场的形式有效地从侧面耦合到掺杂增益光纤中,然后斜向穿越掺杂纤芯进行泵浦。再通过合理设计稀土掺杂光纤的纤芯与包层之间的比例,在适当的合束光纤长度内能够精确控制和提高泵浦光纤和掺杂光纤之间的耦合效率(见图 5.1.7(b))。

图 5.1.7(c)给出了(2+1)型 GT-WAVE 光纤的横截面示意图。GT-WAVE 光纤的优点是:①可以灵活自由地增加泵浦层的横截面积和泵浦光纤的数量;②单个无芯多模泵浦光纤和高功率多模半导体激光泵浦源的多模尾纤之间可以实现近零损

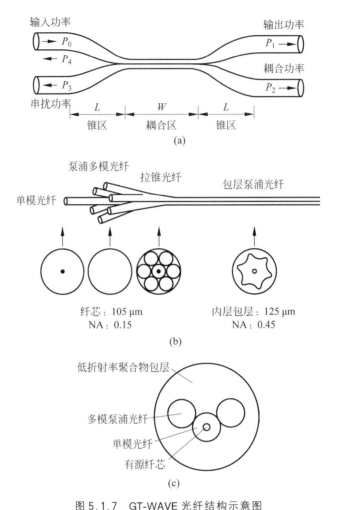

图 5.1.7　GT-WAVE 光纤结构示意图

(a) 波分复用光纤耦合器；(b) GT-WAVE 光纤泵浦原理图；

(c) (2+1)型 GT-WAVE 光纤横截面结构示意图

耗熔接,有利于实现高功率激光输出;③光纤波分复用耦合器的结构可以有效地去
除残余的泵浦光。值得注意的是,光纤激光器公司的另一个巨头——美国 IPG 公司
(即 IPG Photonic Corporation)在它申请的专利中也提到了类似 GT-WAVE 的结构设
计[10];但是由于 SPI 公司和 IPG 公司在技术上存在着复杂的关系,事实上没有因为
该专利而产生纠纷。

中国工程物理研究院林傲祥研究团队从 2014 年起开始研发基于 GT-WAVE
光纤的高功率光纤激光器;在 2018 年的最新报道中,他们在(8+1)型的掺镱 GT-
WAVE 光纤中实现了功率为 8.74 kW 的 1079 nm 激光输出,其激光器泵浦-激光
斜效率达到了 81%(见图 5.1.8)[11]。

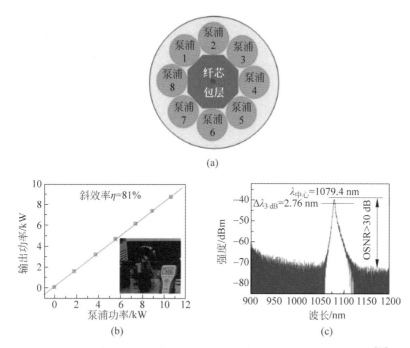

图 5.1.8　国产(8+1)型的 GT-WAVE 光纤实现了 8.74 kW 激光输出[11]

(a) 光纤的剖面图；(b) 输出功率与泵浦功率的关系；(c) 激光功率为 8.0 kW 时的光谱

5.2　大模场光纤技术

5.2.1　传统双包层低 NA 大模场掺杂光纤

前面讲过,光纤激光器的缺点是稀土掺杂光纤的纤芯横截面积小,传输长度长,在高功率激光泵浦作用下,非线性效应(包括受激拉曼散射(SRS)、受激布里渊散射(SBS)、四波混频(FWM)、自相位调制(SPM)等)变得显著,从而限制了激光的输出功率。对于传统尺寸芯径的双包层掺杂光纤,譬如 9 μm 纤芯直径(对应数值孔径 NA 为 0.1~0.2),其最大连续激光输出功率为 100 W,相当于每平方微米输出功率为 1~2 W,在这样高的激光功率密度下,纤芯内会产生非常显著的非线性效应,限制了输出功率的进一步提升;解决高功率光纤激光器功率提升这一技术瓶颈的有效手段就是大幅度地增大光纤模场直径。

当光纤的纤芯直径增大,同时保证光纤在工作波长上单模或近单模传输时,光纤在制备上需要大幅度降低纤芯和泵浦包层的折射率差和纤芯的数值孔径。

第 1 章讲述了归一化频率的概念。式(5.2.1)定义了光纤的归一化频率,它是与光纤芯径、折射率分布以及传输光波长有关的一个参数。

$$\nu = a k_0 (n_1 - n_2)^{1/2} \tag{5.2.1}$$

式中，$k_0 = 2\pi/\lambda$；a 是纤芯的半径。当 $\nu < 2.4048$ 时，光纤为单模操作。因此，大幅度减小数值孔径 $NA = (n_1 - n_2)^{1/2}$，可以有效增大纤芯直径而仍然保持光纤的单模操作。

图 5.2.1 给出了传统稀土掺杂石英光纤制备过程的简单示意图和各种主要掺杂组分对石英基质的折射率变化的贡献。例如，在泵浦包层材料采用纯石英玻璃（折射率 $n = {\sim}1.46$），纤芯采用一定量（一般为 1wt.%~10wt.%）的稀土离子掺杂浓度时，由于稀土元素的原子量大，上述稀土掺杂量会显著地提高纤芯的折射率，为了降低双包层大模场稀土掺杂光纤的纤芯的 NA，需要在纤芯的石英基质中同时加入低折射率组分（如氟、硼等）来抵消稀土掺杂导致的折射率增加量，使纤芯折射率仅略高于内包层，从而达到纤芯的 NA 低于 0.1 的结果。

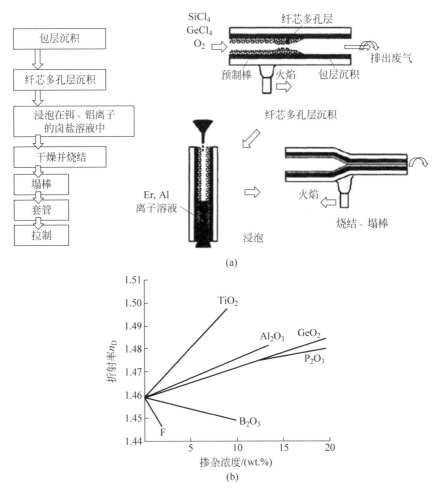

图 5.2.1　传统稀土掺杂石英光纤制备过程

（a）改进的化学气相沉积（MCVD）和溶液掺杂法制备稀土掺杂石英光纤预制棒示意图；

（b）石英玻璃基质中掺杂组分不同时掺杂浓度和掺杂纤芯的折射率关系曲线

通过调控纤芯和泵浦包层的组分,可以在具有 50 μm 以下芯径传统双包层结构的大模场光纤中实现激光的单模或准单模运行。

5.2.2　传统大模场光纤激光器输出突破千瓦瓶颈

2003 年 8 月 2 日(高功率光纤激光器迈入千瓦级台阶的伟大日子),作为全球特种光纤研究领头羊的英国南安普顿大学光电子研究中心(ORC)和从 ORC 分离出来的光纤激光器公司 SPI 公司共同宣布在基于单纤的双包层掺镱石英光纤激光器中实现了 1 kW 的连续激光输出功率。采用掺镱双包层光纤的芯径为 40 μm(见图 5.2.2(a))。激光器采用自由空间耦合方式,激光输出波长为 1090 nm,激光斜效率为 80%(见图 5.2.2(b)和(c)),其激光输出光束质量因子 M^2 约为 3[12]。同年薄片

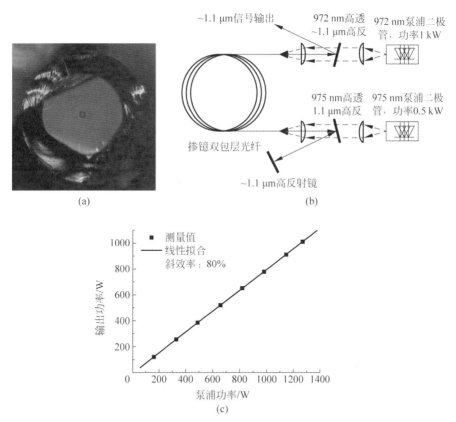

图 5.2.2　英国 SPI 和南安普顿大学光电子研究中心(ORC)在 2003 年首次报道的千瓦
　　　　 级高功率光纤激光器结果

(a) 光纤横截面示意图;(b) 激光器装置示意图;(c) 激光输出功率与入射泵浦功率的线性关系

激光器的通快公司(TRUMPF)的商用薄片激光器的连续输出最大功率为 1.5 kW 光

束质量因子 M^2 约为 18,连续输出的光纤激光器在输出功率上终于追上了薄片激光器,同时其输出激光光束的质量因子要远远优于薄片激光器。

5.2.3 掺杂离子和激光波长

高功率稀土掺杂石英光纤激光器的增益来源于掺杂的三价镧系稀土离子的 4f-4f 电子能级跃迁。镧系稀土元素特指元素周期表中第 57 号元素镧(La)到第 71 号元素镥(Lu)的 15 种元素;其中首尾的镧和镥三价阳离子的 4f 电子层电子数为全空或全满,因此不存在 4f-4f 电子能级跃迁;对于其他 13 种镧系元素离子,由于其 4f 电子层处于未充满状态,4f 电子可以在 7 个 4f 电子轨道之间任意分布,从而产生各自光谱项和能级,并在光谱上表现为从紫外到中红外波段的多个特征的吸收和发射谱线。

图 5.2.3 给出了典型的 7 种稀土离子(镨 Pr^{3+}、钕 Nd^{3+}、铕 Eu^{3+}、钬 Ho^{3+}、铒 Er^{3+}、铥 Tm^{3+}、镱 Yb^{3+})在玻璃基质中的能级图[13]。高功率稀土掺杂石英光纤激光器采用的稀土离子主要为:

(1) 钕离子(Nd^{3+}),发光波长为 0.9 μm($^4F_{3/2}$-$^4I_{9/2}$ 跃迁)、1 μm($^4F_{3/2}$-$^4I_{11/2}$ 跃迁)和 1.3 μm($^4F_{3/2}$-$^4I_{13/2}$ 跃迁);

(2) 镱离子(Yb^{3+}),发光波长为 1 μm($^2F_{5/2}$-$^2F_{7/2}$ 跃迁);

(3) 铒离子(Er^{3+}),发光波长为 1.5~1.6 μm($^4I_{13/2}$-$^4I_{15/2}$ 跃迁);

(4) 铥离子(Tm^{3+}),发光波长为 1.7~2 μm($^3H_4$-$^3H_6$ 跃迁);

(5) 钬离子(Ho^{3+}),发光波长为 2~2.1 μm($^5I_7$-$^5I_8$ 跃迁)。

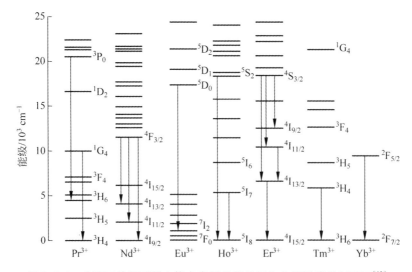

图 5.2.3　主要三价镧系稀土掺杂离子的能级图和主要激光发射跃迁[13]

由于从泵浦光子到激光发射光子之间的量子缺陷($\lambda_{\text{laser}}/\lambda_{\text{pump}}$)的不同,以及对应的泵浦波长的高功率半导体泵浦源的技术发展程度不同,掺杂不同稀土离子的石英光纤激光器的功率水平发展大不相同。图 5.2.4(a)给出了掺杂镱、铒、铥 3 种离子的石英光纤激光器的功率发展水平。由于镱离子的能级简单(仅有两个能级),理论上不存在如钕离子一样的浓度淬灭效应,可以在石英玻璃基质中掺入较高浓度的镱离子而不使其发光寿命下降,同时镱离子的 1 μm 发射由$^2F_{5/2}$-$^2F_{7/2}$ 跃迁引起,其量子缺陷最低(可以高达 90%以上),因此高功率 1 μm 掺镱石英光纤激光器发展最为迅速。目前掺镱光纤激光器已经能够实现万瓦以上的连续激光单纤输出;对于 2 μm 掺铥(或钬)光纤激光器,连续激光输出也已经突破了千瓦水平;在高泵浦功率下,掺铒(或铒镱共掺)石英光纤激光器会发生显著的上转换效应,从而限制了泵浦光向有用的 1.5 μm 激光的转换效率,限制了激光输出功率的提升,因此掺铒(或铒镱共掺)石英光纤激光器的激光转换效率相对较低,目前其单模连续激光输出水平在百瓦水平(见图 5.2.4(b))。

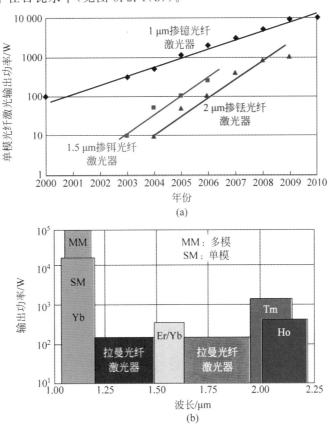

图 5.2.4　1 μm 掺镱、1.5 μm 掺铒、2 μm 掺铥、掺钬石英光纤激光器
(a)输出功率历史增长趋势;(b)现有单纤激光输出功率水平[14]

5.2.4　近单模传统大模场光纤激光器单纤输出功率

由 MCVD 制备工艺制备的传统石英光纤的纤芯和包层折射率差是通过调控纤芯和包层的化学组分来实现的,这种方法能够精确控制的折射率差为 $10^{-4}\sim 10^{-3}$,即能够精确控制的纤芯数值孔径 NA 的下限为 0.04 ± 0.01。$1\ \mu m$ 双包层大模场单模掺镱石英光纤的最大模场直径为 $25\ \mu m$ 左右,大于这个芯径的大模场光纤一般为少模光纤,少模光纤可以通过弯曲等技术实现准单模输出[15]。由于光纤端面损伤、热负载和其他诸如 SRS、SBS 等非线性效应的限制,采用多模半导体激光器泵浦的基于单纤光纤激光器的实际最大连续输出功率约为 5 kW。

德国耶拿大学 Tünnermann 研究小组在 2017 年报道了近单模单根双包层掺镱光纤中的最高连续激光输出功率为 4.3 kW,两个正交方向的光束质量因子 M^2 分别为 1.27 和 1.21,采用半导体激光器直接泵浦,激光斜效率高达 90%,采用光纤芯径为 $23\ \mu m$,NA 为 0.04,纤芯和包层折射率差约为 0.0005,归一化频率 ν 约为 2.8(见图 5.2.5)[16]。

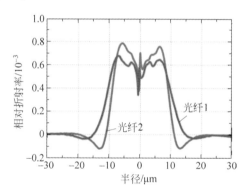

图 5.2.5　德国耶拿大学 Tünnermann 组 2017 年报道的掺镱石英光纤折射率分布曲线[15]

中国工程物理研究院林傲祥研究团队在 2018 年报道了在单根双包层掺镱光纤的最高连续激光输出功率为 5.1 kW,激光斜效率为 85%,采用光纤芯径为 $30.8\ \mu m$,NA 为 0.06,纤芯和包层折射率差约为 0.0012,归一化频率 ν 约为 5.6(见图 5.2.6)[17]。

5.2.5　传统大模场光纤激光器的单纤理论输出功率极限

图 5.2.7 是理论模拟仿真得到的基于纤芯直径为 $35\ \mu m$ 的 $1\ \mu m$ 掺镱大模场光纤的连续输出激光器的热负载、损伤阈值、受激拉曼阈值与光纤长度之间的关系[18]。德国耶拿大学的 Limpert 和 Tünnermann 等人通过实验证明了 $4\ \mu m$ 芯径

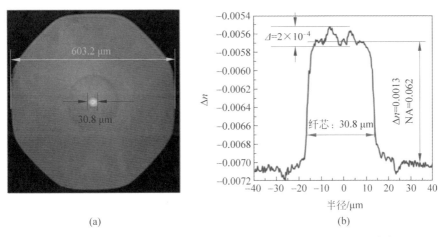

(a)　　　　　　　　　　　　(b)

图 5.2.6　中国工程物理研究院林傲祥组 2018 年报道的光纤结构[17]

（a）横截面照片；（b）折射率分布曲线

的掺镱石英光纤切割好的端面能够承受 200W 连续输出功率,由此可知稀土掺杂石英光纤端面的损伤阈值可计算为 13 $W/\mu m^2$,以此类推,对于 35 μm 芯径的掺杂石英光纤,损伤阈值功率为 12.5 kW(见图 5.2.7 中的水平虚线)。另外,要产生近 10 kW 的输出功率,同时避免受激拉曼散射非线性效应的制约,光纤长度必须小于 8 m,此时,光纤提取的功率约为 1200 W/m。当输出功率为 10 kW 时,产生的热量约为总输出功率的 10%,这时候激光器的热管理不能采用传统的空气冷却技术,而必须采用通水冷却技术来有效地散热。根据这一模型计算结果,在 35 μm 芯径大模场光纤中实现万瓦级的单模激光输出是可行的。

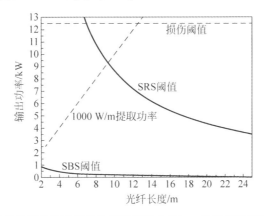

图 5.2.7　根据理论模拟仿真获得的光纤芯径为 35 μm 的连续激光输出大模场光纤激光器的热负载、损伤阈值和 SRS 阈值、SBS 阈值与光纤长度的关系[18]

5.3 双包层大模场光子晶体光纤技术

MCVD 过程是把纤芯物质一层层（纳米-亚纳米尺度厚度）地沉积在纯石英玻璃管内壁（见图 5.2.1(a)），这个过程温度高达 1500～1600℃，高温下纤芯内各元素具有较高的扩散速率，在后面的塌棒、光纤拉制过程中，扩散现象同样显著，从而使得最后获得的光纤折射率分布和设计的折射率分布偏离较大，这样很难精确有效地控制光纤折射率分布和稀土离子浓度在纤芯内的分布，所以传统 MCVD 法制备的大模场双包层掺杂石英光纤的纤芯和泵浦包层的折射率差 Δn 存在一个下限，为 $10^{-4}～10^{-3}$，对应 NA 为 0.04 ± 0.01，单模光纤条件下最大纤芯直径为 40～50 μm，这限制了在单纤光纤激光器中实现更高功率的连续激光输出或更高峰值功率的脉冲激光输出。

传统双包层大模场掺杂光纤存在着难以突破更大模场尺寸的技术瓶颈。这可以从材料科学层面找到原因：在兼顾热性能匹配的条件下，通过调控光纤纤芯和包层材料的组分差异的方法来调控纤芯和包层的折射率差，其精度与光纤材料在高温热处理时组分元素的热扩散带来的干扰是处于同一量级的。因此，必须在材料调控机制之外，寻找其他调控机制来突破传统大模场掺杂光纤的技术瓶颈问题。

1996 年英国巴斯（Bath）大学的菲利普·罗素（Phillps Russell）首次实现光子晶体光纤[19]，并报道了石英玻璃光子晶体光纤的制备和特殊波导特性。它是在单一玻璃（如石英玻璃）基质材料中，在纤芯周围周期性排列光波长尺度的微结构（如空气孔、低折射率材料或高折射率材料等）获得的特殊光纤结构形式。由基质材料（玻璃）和微结构材料（譬如空气）构建成光波长尺度的微结构排列；然后利用基质材料（玻璃）和微结构材料（譬如空气）之间较大的折射率差，设计出传统光纤无法实现的波导特性（如色散、非线性系数等）；最后在导光机制上，光子晶体光纤在传统折射率导光（即通过全内反射机制导光）波导机制之外，以带隙或反谐振机制在低折射率芯（譬如空气芯）内实现光波导（见图 5.3.1）。

【花絮】 1986 年，菲利普·罗素博士前往南安普顿光电子研究中心（ORC），谋求讲师教职。他在 ORC 作了题为《周期性结构材料的光学特征》的学术报告，当时笔者（林金桐）在听众席上。光纤中许多周期性结构，比如光纤光栅、晶体光子光纤，想必都是他已经思考过的问题。1992 年，他提出了光子晶体光纤的概念。1996—2005 年，罗素赴巴斯大学任教授，建立并领导"光子学与光子材料"研究组。此后，罗素教授赢得许多荣誉：皇家学会院士、IEEE 光子学奖等。2015 年，罗素还担任了美国光学学会（OSA）光学国际年的主席。

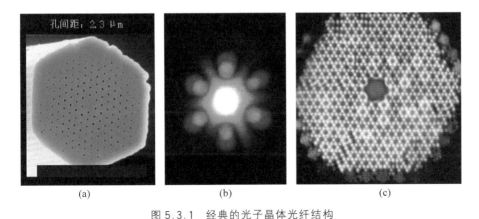

图 5.3.1 经典的光子晶体光纤结构

（a）折射率导光的高折射率纤芯的光子晶体光纤；（b）传输绿光和红光时的远场图案；

（c）带隙导光的空芯光子晶体光纤

在以折射率导光机制实现导光的具有高折射率纤芯的光子晶体光纤中，可以实现高非线性系数、宽带色散调节和超大模场等多种性能[19-20]。对于大模场单模光子晶体光纤，以正六边形堆积为例，当空气孔直径 d 和相邻孔间距 Λ 的比例 $d/\Lambda<0.45$ 时，可以在任何波长、任何芯径尺寸条件下以单模运作，这就是所谓的无截止波长的大模场单模光子晶体光纤。因为光纤支持的基模能够被约束在空气孔列阵间，其泄漏损耗低，而其他高阶模则因为模式尺寸小于孔间距，泄漏损耗极高，由此这种光子晶体微结构造成了基模和其他高阶模之间巨大的损耗差，以至于在一定的光纤长度内除损耗最低的低阶模（譬如基模）以外，其他高阶模因为泄漏损耗太大而被衰减掉（见图 5.3.2）。

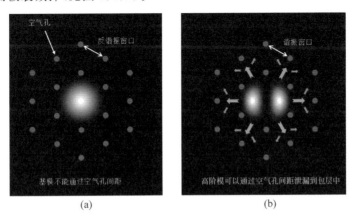

图 5.3.2 基于折射率导光机制的光子晶体光纤通过微结构调控基模

及高阶模泄漏损耗示意图

（a）基模；（b）高阶模

　　折射率导光机制的双包层大模场稀土掺杂光子晶体光纤通过微结构调控可以使掺杂纤芯和包层之间有效折射率差达到 $1 \times 10^{-5} \sim 2 \times 10^{-5}$ 的水平，比仅仅通过材料调控可以实现的纤芯和包层之间的折射率差低一个数量级，对应的纤芯数值孔径 NA 可以达到 0.005 ~ 0.01 的低水平，对应的单模光纤纤芯直径达到约 200 μm 的水平。

　　图 5.3.3 为典型双包层大模场稀土掺杂光子晶体光纤的结构示意图，中心部分为掺杂稀土的增益纤芯，黑色部分为低折射率的空气孔。通过在增益纤芯周围堆积 2 ~ 3 圈的三角形结构排列的微小孔径的空气孔，使得该微结构包层的有效折射率略低于纤芯，由此构建出一个折射率略低于纤芯的泵浦包层。在泵浦包层之外，通过堆积一圈薄壁石英玻璃毛细管，并在光纤拉制过程中通入较大的微气压使毛细管得到膨胀，使孔间隙远远小于光波长，从而在内部的泵浦包层和外部的实心玻璃层之间构筑了一圈有效折射率接近空气的微结构隔离层，起到了传统双包层光纤中第二包层的作用。传统面向高功率激光应用的稀土掺杂双包层石英光纤的第二包层由掺氟石英玻璃构成（折射率约为 1.43），这样泵浦包层的数值孔径在 0.4 左右，而基于光子晶体光纤结构的双包层光子晶体光纤则可以把泵浦包层的数值孔径提高到 0.8 以上，有利于提高泵浦包层对泵浦光的收集能力。

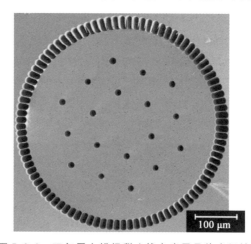

图 5.3.3　双包层大模场稀土掺杂光子晶体光纤结构

　　目前稀土掺杂单模大模场石英玻璃光子晶体光纤最大芯径已经达到了 135 μm；德国耶拿大学 Tünnermann 和 Limpert 团队在该掺镱棒状超大模场双包层光子晶体光纤中，实现了迄今在单纤光纤激光器（或放大器）中最高单脉冲能量输出（26 mJ），而输出光束质量因子 $M^2 < 1.3$[21]。2019 年初，同样是德国耶拿大学的 Tünnermann 和 Limpert 团队报道了迄今单模无源超大模场石英玻璃光子晶体光纤的最大芯径为 205 μm，并预言有源超大模场石英玻璃光子晶体光纤也将迅速突破 200 μm 模场直径的门槛[22]。

图 5.3.4 为连续激光双包层掺镱大模场光子晶体光纤的输出功率增长趋势，可以看到与传统稀土掺杂的双包层光纤激光器相比，双包层大模场光子晶体光纤在实现连续输出的千瓦级激光的场景中无论是输出功率还是输出模式都毫不逊色。需要说明的是，图 5.3.4 仅仅更新到 2006 年，后期因为连续输出的单模光纤激光器开始步入万瓦级水平，且更多地被企业所报道；再者由于光子晶体光纤制备成本较大，在工业用光纤激光器中使用并不是很经济，因此光子晶体光纤较少被报道用于更高功率的连续输出的光纤激光器。同时，后期大家都发现稀土掺杂大模场光子晶体光纤在高平均功率、高峰值功率的超快脉冲光纤激光器上更能体现出其波导性能的优势（如超大模场有利于抑制有害非线性效应等）。超快脉冲光纤激光器将在第 7 章中介绍。

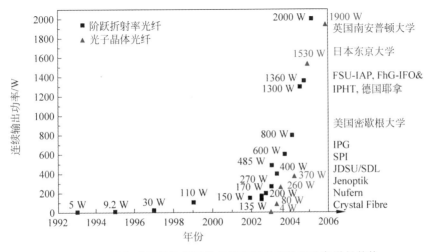

图 5.3.4　近年光子晶体光纤激光器连续激光输出功率增长趋势

5.4　级联泵浦技术

2008 年，美国洛伦兹-利弗莫尔国家实验室的 J. W. Dawson 等人综合考虑了热效应、泵浦源的亮度、稀土掺杂浓度、非线性光学、端面损伤、受激拉曼散射 SRS、受激布里渊散射（SBS）等物理因素的影响，对连续光纤激光器的单纤输出功率极限进行了较为详细的分析；其计算结果表明，由于泵浦源、端面损伤、SRS 和热透镜效应的共同影响，单模宽谱光纤激光的单纤输出功率在 37 kW 附近存在一个极限，该极限与掺杂光纤的芯径和长度无关（见图 5.4.1）[23]。该极限是目前 40 μm 芯径掺镱光纤激光器单纤输出的 10 倍左右，因此从大方向来讲，稀土掺杂超大模场光子晶体光纤远远没有达到其技术应用的天花板；在光纤设计和制造方面，继续增大石英玻璃光纤的芯径在今后仍然是实现提升光纤激光器输出功率的有效途径。

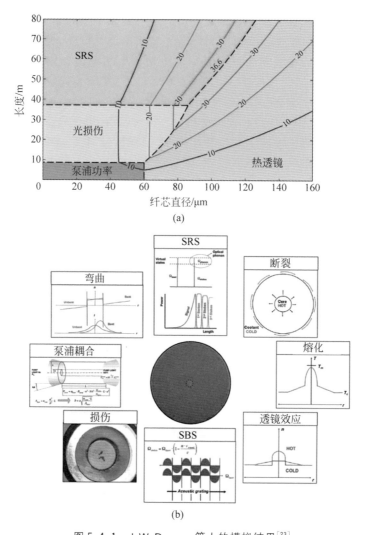

图 5.4.1　J.W.Dawson 等人的模拟结果[23]

（a）光纤激光连续输出的功率极限等值线图（功率单位为 kW）；

（b）8 种影响光纤激光连续输出功率的物理现象示意图

　　同时，Dawson 的理论工作[23]还指出，高功率光纤激光器的功率提升能力受限于许多因素，譬如泵浦源的亮度、非线性效应、模式不稳定性等。目前包层泵浦光纤采用的是多模、低亮度的半导体泵浦源，尽管包层泵浦光纤激光器本身就是一个亮度的提升器，但多模低亮度泵浦源会直接限制光纤激光器最后能够实现的亮度，并导致空间横模式的不稳定性。采用高亮度的光纤激光器作为高功率光纤激光器的最后一级泵浦源的级联泵浦技术，是突破上述技术瓶颈的有效技术途径之一。

所谓的级联泵浦,是通过 977 nm 多模低亮度的半导体泵浦在掺镱石英光纤(YDF)中实现位于短波长 1018 nm 的高亮度单模激光输出,并作为后一级光纤激光器的泵浦源,然后将 N 个高亮度单模高功率掺镱光纤激光器(YDFL)合束泵浦最后一级掺镱光纤,实现高效率、高功率激光输出(见图 5.4.2)。

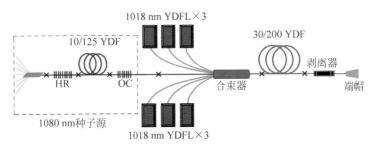

图 5.4.2　2 kW 级联泵浦掺镱光纤激光器系统结构示意图[24]

Dawson 的工作模拟了采用 977 nm 多模低亮度半导体泵浦掺镱石英光纤的转换效率与输出波长的关系,可以看到输出波长位于短波长 1010~1030 nm 时,掺镱石英光纤的转换效率最高(见图 5.4.3)[23]。因此,为实现整体高效率的激光输出,级联泵浦掺镱光纤激光器大都采用 97X-nm 系列多模半导体泵浦实现 1018 nm 附近的短波长激光输出,然后将多个 1018 nm 激光合束泵浦最后一级的掺镱光纤,实现高功率单模单纤激光输出[24]。

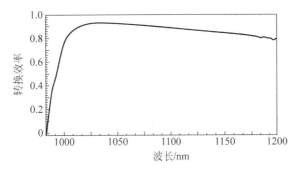

图 5.4.3　J. W. Dawson 模拟的 977 nm 多模低亮度半导体泵浦掺镱
石英光纤转换效率与输出波长关系[23]

2011 年,国防科技大学刘泽金、周朴研究团队的理论研究表明,在不考虑高功率输出条件下光纤内发生的模式不稳效应的情况下,级联泵浦光纤激光器单纤输出功率可以达到 70 kW 的高水平[25]。

2009 年 6 月 17 日,国际高功率光纤激光器的龙头老大,美国 IPG 公司报道了单纤激光器已实现万瓦单模输出[26]。它采用了级联泵浦技术,即把多个单模短波长输出掺镱光纤激光器合束成一路,泵浦最后一级掺镱光纤,实现了 9.6 kW 的单模输出。

图 5.4.4 总结了自 1989 年以来单纤高功率单模光纤激光器输出功率的发展历程[27]。从图中可以看到,连续输出的光纤激光器输出功率以平均每年增长 2.1 倍的速度高速发展,前期用了近 15 年的时间,光纤激光器从单纤亚毫瓦的输出水平迈上了千瓦的台阶;后期光纤激光器开始大幅度地进入各个工业应用领域,成为各类其他高功率激光器的毋庸置疑的替代技术。而在功率提升方面,仅用了 6 年的时间就从千瓦输出水平提升到了万瓦输出的水平。

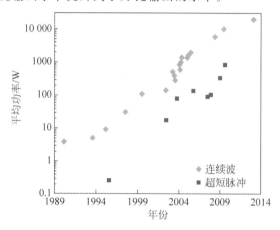

图 5.4.4　高功率连续光纤激光器输出功率水平增长趋势[27]

光纤激光器进入千瓦时代以后,美国 IPG 公司逐渐成为高功率光纤激光器的行业老大,并垄断了高功率光纤激光器高端产品的技术和市场。目前 IPG 公司推出的光纤激光器的最高连续输出功率号称达到了 500 kW。图 5.4.5 是 IPG 公司官网给出的 100 kW 连续输出光纤激光器样机照片。

图 5.4.5　IPG 公司 100 kW 连续输出光纤激光器样品照片

5.5　合束技术

前面讲到,高功率光纤激光器单纤输出功率和输出模式会受到材料激光损伤阈值和光纤非线性效应等因素的限制。理论上,尽管上面介绍的 Dawson 等人的理论工作认为通过合理的大芯径光纤和合理的泵浦设计,在掺杂光纤不发生模式不稳效应的理想情况下,半导体泵浦的高功率光纤激光器单纤输出可以提升到近 40 kW 的水平[23],而通过级联泵浦可以实现 70 kW 的水平[25],但在实际应用中,大多数单纤高功率光纤激光器的近单模输出功率水平在 5～10 kW。因此在单纤激光器技术之外,通过合束技术把多路单纤激光器的输出合束成一路,以实现单路激光器无法实现的万瓦级至十万瓦级的更高激光功率输出[28]。

目前的高功率光纤激光器主要用到了相干合束和非相干的光谱合束两种技术(见图 5.5.1)。

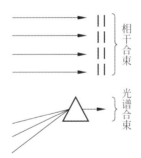

图 5.5.1　相干合束和非相干的光谱合束原理示意图

5.5.1　相干合束技术

图 5.5.2 是典型的多路光纤激光相干合束系统的示意图[28-29]。合束系统主要由光源子系统、相位控制子系统、单路光纤放大、合束系统等 4 个关键单元组成:种子激光首先通过分光元件分成 N 路,每一路激光经过一个电光相位调制器后再通过多级级联放大、再由光束合成系统和准直系统后传输到自由空间,光电探测器对分光镜透射的一小部分 N 路激光的相位变化信息进行检测,经过闭环反馈调制各路光束的相位,使得整个系统内各路激光具有相同的相位(即彼此相干),从而实现整个输出阵列光束为预期的高功率相干合成光束。

光纤激光相干合束是实现高平均功率、高光束质量激光输出的有效方式。经过近 10 年的发展,科研人员在单束可相干合束激光、多束激光相位控制以及光束合成等方面开展了深入研究,并相继取得了突破性进展。2011 年美国麻省理工学

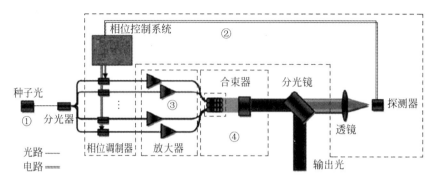

图 5.5.2　多路光纤激光相干合束系统的示意图

院林肯实验室 C. X. Yu 等人将 8 路商用的 0.5 kW 掺镱光纤放大器进行相干合成,实现了 4 kW 的输出功率,该光纤激光器的输出光束质量因子 M^2 为 1.25,合成效率为 78%[30]。2014 年美国诺格公司 S. J. McNanght 等人首次实现对单束 1 kW 级的非保偏光纤激光束进行相干合束,采用 3 路非保偏的 1 kW 光纤束经过衍射光栅元件的相干合束后获得了 2.4 kW 的输出功率,且光束质量因子 M^2 为 1.2,他们认为利用二维陈列和衍射光栅元件的几何结构,可以将相干合成的光纤功率定标到 100 kW[31]。2014 年,美国空军实验室采用相干锁定技术,将 16 路窄线宽的 90 W 光纤激光器通过二维 4×4 的激光阵列,相干合成后输出了 1.45 kW 的单一激光束[32]。2012 年国防科技大学刘泽金团队采用 SPGD(stochastic parallel gradient descent)算法,将 9 路光纤放大器相干合成,实现了 1.8 kW 的输出功率[33]。目前多路光纤激光相干合束的输出功率最高水平为美国麻省理工学院林肯实验室在 2016 年报道的 44 kW[34]。

　　此外,由于相干合束对整个光路系统设计调控要求极高,在光路数 N 极大的条件下,人工调试各路相位显然是无法实现迅速反馈的,目前已经有报道通过使用深度学习的人工智能技术来实现高速反馈调制各路相位[35]。

5.5.2　光谱合束技术

　　由于相干合束技术复杂性高、难度大,非相干的光谱合束技术[36]受到了越来越多研究机构的重视。在光谱合束中,多路光束具有不同的波长,但通过一个色散元件,譬如体光栅(VBG),可以使这多路光束重叠在一路光中(见图 5.5.3)。光谱合束技术只需要使各光束在空间上重叠,而在近场和远场上无需复杂相位控制,这是光谱合束优于相干合束的地方。

　　采用光谱合束技术对多束不同波长的光束进行叠加,每个入射光束在光栅上具有不同的入射角度,但所有衍射光束具有相同的衍射角度;物理上,光谱合束技

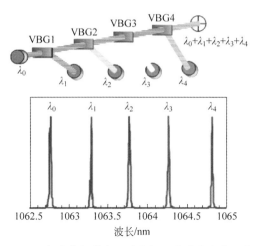

图 5.5.3　多路光纤激光通过非相干光谱合束的示意图

术能够提高合束后的光谱亮度但随之也牺牲了光谱的纯度。但是,在大部分激光功率增强的应用中,输出功率和光束质量是主要的激光光束特性,而光谱纯度则是次要的;因此,光谱合束是可将高功率光纤激光器输出功率提升到万瓦以上的最有应用前景的技术路线。

为了保证合束后的光束质量,合束前光源的光谱带宽一般要求小于 100 pm (在 1 μm 波长,100 pm 线宽对应约 26 GHz),光谱合束技术首先需要多波长、近衍射极限输出的、高功率、窄线宽光纤激光光源[37];其次,光谱合束在物理上是色散的逆过程,通过色散元件把以不同入射角度到达色散元件表面的多波长、窄线宽光束以相同的角度重叠在一路出射。光谱合束技术使用的色散元件一般为棱镜、二向色镜、体光栅等。

美国 Aculight 公司(2008 年被洛克希德·马丁公司收购)代表着以光谱合束技术实现高功率光纤激光器的国际领先水平。他们于 2013 年开始立项,通过光谱合束技术为美国陆军开发基于光纤激光模块的车载激光武器系统,用于击落敌方无人驾驶飞行器、火箭、火炮和迫击炮;并于 2014 年成功推出了由 96 路单频窄线宽光纤激光器(每路输出功率为 300 W,线宽为 3 GHz)构成的 30 kW 功率的原始样机系统(accelerated laser demonstration initiative,ALADIN),输出激光光束质量因子 $M^2 < 2$[38];并计划于 2022 年进行 100 kW 激光武器系统的试验。

2016 年,中国科学院上海光学精密机械研究所通过光谱合束技术将 8 路 1070 nm 的高功率光纤超荧光光源(每路输出功率为 1.5 kW)合束成 10.8 kW 的输出功率,光谱合束效率达到了 94%[39]。这代表了国内光纤激光器光谱合束技术的最高功率输出水平。

5.6 激光器光束质量参数

前面提到的无量纲光束质量因子 M^2 是用来表征实际光束沿着传播方向和理想的衍射极限的高斯光束之间的偏离程度。而对于商用高功率光纤激光器,输出光束质量通常采用光束参数积(beam parameter product,BPP)来衡量。

图 5.6.1 为高斯光束的纵向分布示意图,图中焦点处光斑半径为 w,远场发散角半角为 θ。光束参数积为焦点处光斑半径乘以远场发散角,即 $\mathrm{BPP} = w\theta$。

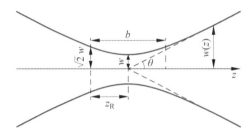

图 5.6.1　高斯光束的纵向分布曲线示意图

假设激光输出波长为 λ,光束质量因子 M^2 和 BPP 的计算公式为

$$M^2 = \frac{\mathrm{BPP}}{\lambda/\pi} \tag{5.6.1}$$

$$\mathrm{BPP} = M^2 \times \frac{\lambda}{\pi} \tag{5.6.2}$$

因此,BPP 与 M^2 成正相关关系,系数为 λ/π。在输出激光波长为 1064 nm 时,光束参数积 $\mathrm{BPP} \approx 0.339 M^2$,单位为 mm·mrad,理想衍射极限(单横模)输出激光的 BPP 为 0.339 mm·mrad;BPP 值越大,说明输出空间模式越差。对于光纤而言,w 可近似为光纤纤芯半径 r,θ 近似为光纤数值孔径 NA,则对于光纤激光器 $\mathrm{BPP} \approx r \cdot \mathrm{NA}$。光纤激光器要实现高功率输出,通常采用大芯径的光纤,所以要保证高的输出光束质量,需要尽量降低光纤的数值孔径 NA。

BPP 是用来衡量光束聚焦能力的重要参数,因为通过透镜或扩束镜改变光束直径,相应的光束发散角会发生变化,而 BPP 保持不变,即在整个激光传输区域守恒。所以 BPP 是高功率激光器输出质量的一个重要参数指标。

图 5.6.2 总结了不同类型的激光器(包括半导体激光器、CO_2 激光器、Nd：YAG 固体激光器、碟片激光器和光纤激光器)的 BPP 与输出功率之间的关系曲线。可以看到,光纤激光器在瓦至万瓦级的输出功率下都具有最好的光束质量参数[14]。

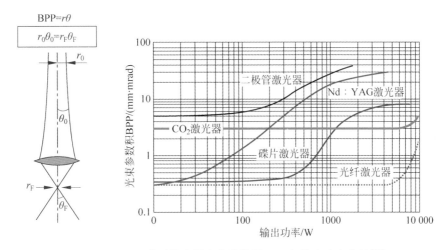

图 5.6.2　不同类型激光器光束参数积 BPP 与输出功率曲线[14]

5.7　商用高功率光纤激光器

　　激光具有方向性好、亮度高、单色性好及高能量密度等特点,因此是优良的加工利器。欧美国家最早将激光用于加工制造;随后,21 世纪开始全球制造业中心转移到中国等发展中国家,激光技术也逐渐转移到了中国等制造业大国。

　　和其他激光器相比,光纤激光器具有光束质量高、能量密度高、电光转换效率高、可加工材料范围广等优点,被广泛地应用于雕刻、打标、切割、钻孔、熔覆、焊接、表面处理等加工处理环节,随着光纤激光技术的发展和下游行业需求的增加,光纤激光器市场规模保持着快速的增长,在打标、金属切割等领域已经逐渐替代 CO_2 激光器和普通固体激光器。

　　从图 5.7.1 和图 5.7.2[40]可以看到,2013—2018 年全球光纤激光器市场份额和规模都得到了快速的增长。在 2018 年,全球激光器市场规模为 137.5 亿美元,同比增长 5.3%,2013—2018 年全球激光器市场规模年复合增长率为 8.9%;而其中光纤激光器逐步占有固体激光器和气体激光器的市场,市场份额占比从 2013 年的 33.8% 上升到了 2018 年的 51.5%,首次成为市场最大激光器品种。2018 年全球光纤激光器销售收入为 26.0 亿美元,2009—2018 年年复合增长率为 35.50%,远高于同期激光器整体以及工业激光器的增速。

　　从 2018 年数据来看,全球激光器市场主要分布在美国、欧洲和中国地区;近年来中国激光器市场规模快速增长,市场占比持续上升,2018 年,中国激光器市场规模占全球市场的 64.9%,美国激光器市场规模占全球市场的 8.2%,欧洲地区占15.2%。

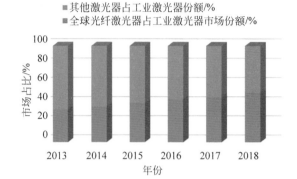

图 5.7.1　2013—2018 年全球光纤激光器市场份额增长[40]

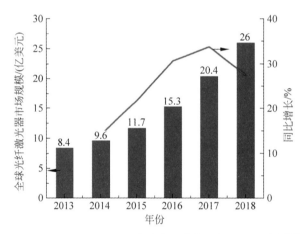

图 5.7.2　2013—2018 年全球光纤激光器市场规模增长[40]

随着激光新的应用领域的不断扩展和应用程度的加深,预计未来几年全球激光产业将继续保持增长,预计到 2024 年全球激光器销售收入有望达到 206.3 亿美元,其中工业激光器销售规模将在 84.6 亿美元左右,与之相对应的光纤激光器市场规模将有望达到 48.3 亿美元[40],如图 5.7.3 所示。

在光纤激光器技术发展上,国内光纤激光器企业起步较晚。直至 2005 年前后,国内激光器领先企业如锐科激光、创鑫激光等才成功研制出光纤激光器,开始打破了国外的技术垄断,并大大地推动了国内光纤激光器销售价格的下降,迅速扩大了光纤激光器和激光设备的市场容量。

目前,我国光纤激光器行业处于快速成长阶段,低功率光纤激光器市场应用趋于成熟,市场容量增长迅速,市场份额被国内厂商(包括锐科激光、创鑫激光、杰普特、上海飞博、武汉安扬、国神光电、46 所、东方锐镭、欧泰激光等)占据。本土光纤激光器企业的产品主要涉及纳秒激光器、准连续激光器和连续激光器,以中低功率

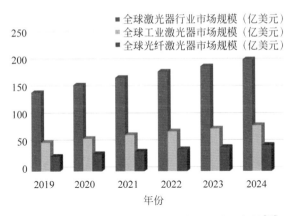

图 5.7.3 2019—2024 年全球激光产业市场规模[40]

输出为主。高功率光纤激光器还是主要依赖于进口。

自 2018 年开始,我国光纤激光器市场整体增长速度开始放缓;据《2020 中国激光产业发展报告》[41]的数据显示,2019—2020 年我国光纤激光器市场增长率均为个位数,2019 年销售总额超过 82.6 亿元。

图 5.7.4 为 2019 年国内光纤激光器市场竞争格局[41]。在这 82.6 亿元的市场规模中,前三甲依然是 IPG、锐科激光、创鑫激光,而随着国产品牌的强势崛起,IPG 的市场份额较 2018 年有了明显下滑,和第二名的差距正被大幅度缩小。

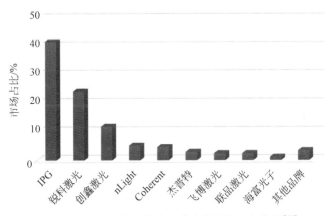

图 5.7.4 2019 年国内光纤激光器市场竞争格局[41]

国内企业中市场份额增长最快的是武汉锐科激光。自 2017 年起,锐科激光逐步实现了从低功率到高功率的光纤激光器的产业化。锐科激光官网目前推出的多模组高功率光纤激光器最大输出功率达到了 30 kW,对应的 BPP<10。图 5.7.5 为锐科官网给出的 15 kW 激光器样机照片。

图5.7.5　锐科激光公司15 kW多模组连续光纤激光器样机照片

作为全球光纤激光器领头羊的IPG公司的多模组最大输出功率则可以达到200 kW,采用500 μm大芯径光纤输出时,光纤输出光束参数积BPP＜25。

整体而言,国内商用高功率光纤激光器近5年在输出功率和市场份额方面迎头赶上了欧美;但在以武器级高功率激光器为代表的高端光纤激光器产品和核心技术(尽管这些激光器市场需求量很小)方面,以IPG为代表的欧美公司的优势依然没有动摇,这个优势来自于欧美在高功率光纤激光器设计和制备技术、高功率半导体泵浦源技术、特种稀土掺杂石英光纤的设计和制备技术,以及经过长时间市场竞争和实践考验的技术思路等多个领域的长时间的积累和垄断。无疑,通过更长时间的技术积累和沉淀,我国研究单位和企业必然能够实现在高功率光纤激光器技术上的全面反超。

参考文献与深入阅读

[1]　LI T. Optical Fiber Communications：Volume 1 Fiber Fabrication[M]. Orlando：Academic Press Inc. ,1985.

[2]　MEARS R J,REEKIE L,POOLE S B,et al. Neodymium-doped silica single-mode fibre laser[J]. Electronics Letters,1985,21(7)：738-740.

[3]　REEKIE L,JAUNCEY I M,POOLE S B,et al. Diode-laser-pumped operation of an Er^{3+}-doped single-mode fibre laser[J]. Electronics Letters,1987,23(20)：1076-1078.

[4]　MEARS R J,REEKIE L,JAUNCEY M,et al. Low-noise erbium-doped fiber amplifier operating at 1.54μm[J]. Electronics Letters,1987,23(19)：1026-1028.

[5]　SNITZER E. Optical maser action of Nd^{3+} in a barium crown glass[J]. Physical Review Letters,1961,7(12)：444-446.

[6]　SNITZER E,PO H,HAKIMI F,et al. Double clad offset core Nd fibre laser[C]. United States,New Orleans：Optical Fiber Sensors,1988.

[7]　PO H,SNITZER E,TUMMINELLI R,et al. Double clad high brightness Nd fiber laser

pumped by GaAlAs phased array[C]. United States, Houston：Optical Fiber Communication Conference 1989.

[8]　DULING I N, GOLDBERG L, BURNS W K. High power diode-pumped superluminescent fiber source[C]. United States, Baltimore：Conference on Lasers and Electro-Optics, 1989.

[9]　BORISOVICH G A, NEIL P D, T P WILLIAM, et al. Multi-fibre arrangements for high power fibre lasers and amplifiers：US, 6826335[P]. 2012-08-21.

[10]　GAPONTSEV V P, FOMIN V, PLATONOV N. Powerful fiber laser system：US, 7593435B2 [P]. 2009-04-09.

[11]　林傲祥, 湛欢, 王瑜英, 等. 国产泵浦增益一体化复合功能激光光纤实现 8.74 kW 激光输出[J]. 强激光与粒子束, 2018, 30(1)：7-8.

[12]　SPI Single-Fiber Laser Breaks kW Barrier[EB/OL].［2023-05-16］：https://www.photonics.com/Articles/SPI_Single-Fiber_Laser_Breaks_kW_Barrier/a16858.

[13]　REISFELD R, JORGENSEN C K. Lasers and Excited States of Rare Earths[M]. Berlin：Springer-Verlag, 1977.

[14]　ZERVAS M N, CODEMARD C A. High power fiber lasers：a review[J]. IEEE Journal of Selected Topics in Quantum Electronics, 2014, 20(5)：219-241.

[15]　KOPLOW J P, KLINER D A V, GOLDBERG L. Single-mode operation of a coiled multimode fiber amplifier[J]. Optics Letters, 2000, 25(7)：442-444.

[16]　BEIER F, HUPEL C, KUHN S, et al. Single mode 4.3 kW output power from a diode-pumped Yb-doped fiber amplifier[J]. Optics. Express, 2017, 25(13)：14892-14899.

[17]　LIU S, ZHAN H, PENG K, et al. Multi-kW Yb-doped aluminophosphosilicate fiber[J]. Optical Materials Express, 2018, 8(8)：2114-2124.

[18]　LIMPERT J, ROESER F, KLINGEBIEL S, et al. The rising power of fiber lasers and amplifiers[J]. IEEE Journal of Selected Topics in Quantum Electronics, 2007, 13(3)：537-545.

[19]　KNIGHT J C, BIRKS T A, RUSSELL P, et al. All-silica single-mode optical fiber with photonic crystal cladding[J]. Optics Letters, 1996, 21(19)：1547-1549.

[20]　RUSSELL P. Photonic crystal fibers[J]. Science, 2003, 299(5605)：358-362.

[21]　STUTZKI F, JANSEN F, LIEM A, et al. 26 mJ, 130 W Q-switched fiber-laser system with near-diffraction-limited beam quality[J]. Optics Letters. 2012, 37(6)：1073-1075.

[22]　STEINKOPFF A, JAUREGUI C, STUTZKI F, et al. Transverse single-mode operation in a passive large pitch fiber with more than 200 μm mode-field diameter[J]. Optics Letters, 2019, 44(3)：650-653.

[23]　DAWSON J W, MESSERLY M J, BEACH R J, et al. Analysis of the scalability of diffraction-limited fiber lasers and amplifiers to high average power[J]. Optics Express, 2008, 16(17)：13240-13266.

[24]　ZHOU P, XIAO H, LENG J, et al. High-power fiber lasers based on tandem pumping[J]. Journal of the Optical Society of America B, 2017, 34(3)：A29-A36.

[25]　ZHU J, ZHOU P, MA Y, et al. Power scaling analysis of tandem-pumped Yb-doped fiber lasers and amplifiers[J]. Optics Express, 2011, 19(19)：18645-18654.

[26]　STILES E. New developments in IPG fiber laser technology[C]. Germany, Dresden：5th

International Workshop on Fiber Lasers，2009.

[27] JAUREGUI C，LIMPERT J，TÜNNERMANN A. High-power fibre lasers[J]. Nature Photonics，2013，7：861-867.

[28] 刘泽金，周朴，许晓军，等. 高功率光纤激光相干合成的研究进展与发展分析[J]. 中国科学：技术科学，2013，43(09)：979-990.

[29] 王小林，周朴，粟荣涛，等. 高功率光纤激光相干合成的现状、趋势与挑战[J]. 中国激光，2017，44(02)：9-34.

[30] YU C，AUGST S J，REDMOND S M，et al. Coherent combining of a 4 kW，eight-element fiber amplifier array[J]. Optics Letters，2011，36(14)：2686-2688.

[31] MCNAUGHT S J，THIELEN P A，ADAMS L N，et al. Scalable coherent combining of kilowatt fiber amplifiers into a 2. 4 kW beam[J]. IEEE Journal of Selected Topics in Quantum Electronics，2014，20(5)：174-181.

[32] DAILEY J. AFRL reconds highest output power ever for coherently array of fiber laser [EB/OL]. (2014-07-22). [2016-04-05]. http://www. wPafb. af. mil/news/story. asp? id＝123418654.(电子公告)

[33] WANG X，LENG J，ZHOU P，et al. 1. 8 kW simultaneous spectral and coherent combining of three-tone nine-channel all-fiber amplifier array[J]. Applied Physics B，2012，107(3)：785-790.

[34] Chronology of MDA's Plans for Laser Boost-Phase Defense (August 26，2016).[新闻报道]. https://mostlymissiledefense. com/2016/08/.

[35] TÜNNERMANN H，SHIRAKAWA A. Deep reinforcement learning for coherent beam combining applications[J]. Optics Express，2019，27(17)：24223-24230.

[36] KLINGEBIEL S，RÖSER F，ORTAÇ B，et al. Spectral beam combining of Yb-doped fiber lasers with high efficiency[J]. Journal of the Optical Society of America B，2007，24(8)：1716-1720.

[37] 郑也，杨依枫，赵翔，等. 高功率光纤激光光谱合成技术的研究进展[J]. 中国激光，2017，44(02)：35-50.

[38] Lockheed laser weapon hits 30 kW [EB/OL].[2014-01-29][新闻报道]：http://optics. org/news/5/1/38.

[39] ZHENG Y，YANG Y，WANG J，et al. 10. 8 kW spectral beam combination of eight all-fiber superfluorescent sources and their dispersion compensation[J]. Optics Express，2016，24(11)：12063-12071.

[40] 前瞻产业研究院. 中国激光产业市场前瞻与投资战略规划分析报告[R]. 2019.[产业报告]

[41] 中国科学院武汉文献情报中心、中国激光杂志社、中国光学学会. 2020 中国激光产业发展报告[R]. 2020.[产业报告]

第 6 章

单频窄线宽光纤激光产生技术

本章首先阐述单频窄线宽光纤激光产生机理；然后介绍有源稀土掺杂光纤通过短直腔分布式光栅反射(DBR)和分布式反馈(DFB)两种技术途径实现单频窄线宽激光的进展；重点详细介绍在无源光纤中利用光纤的非线性光学效应(拉曼散射和布里渊散射等)实现分布式反馈单频窄线宽激光的机理和最新研究进展。

6.1 单频窄线宽光纤激光产生机理

激光(譬如单频激光)的线宽是指激光在光谱上的宽度,通常定义为光谱线宽的半高全宽(full width half maximum,FWHM),更准确地讲,激光线宽是指发射的电场的光谱功率密度在频率、波数或波长维度上的宽度,因此激光线宽的单位一般是 Hz、cm^{-1} 或 nm。从相干长度和相干时间上讲,激光的线宽与其时域相干性密切相关。

在第一台激光器被实验证明之前,肖洛(Arthur Leonard Schawlow)和汤斯(Charles Hard Townes)就已经把激光线宽作为激光的重要性能参数进行了理论研究,并给出激光器线宽的基本限制因素,由此产生了著名的肖洛-汤斯(Schawlow-Townes)线宽极限方程[1]:

$$\Delta \nu = \frac{2\pi h \nu (\Delta \nu_{cav})^2}{P_{out}} \tag{6.1.1}$$

式中,$\Delta \nu$、$\Delta \nu_{cav}$ 分别是输出激光、激光谐振腔的半高全宽；$h\nu$ 是光子能量；P_{out} 是激光输出功率。式(6.1.1)表明,假设激光腔在无损耗的条件下,输出激光的量子极限线宽 $\Delta \nu$ 与激光谐振腔线宽 $\Delta \nu_{cav}$ 的平方成正比,而与激光输出功率成反比。这个线宽极限的物理意义在于,在激光谐振腔输出的激光不是理想的纯单色光,必然带有一定线宽,这个线宽取决于激光腔内产生的单个纵模的宽度和放大自发辐射耦合到振荡的纵模的概率;而在实际情况中,由于存在各种噪声源(如机械振动、温度波动和泵浦功率波动等),实际激光输出的线宽要远远大于上述的理论线宽。

图 6.1.1(a)为传统的两端有腔镜的光纤激光谐振腔,其往返光程长度为 l,腔内损耗为 α,两个腔镜的反射系数分别为 r_1 和 r_2。如果频率为 ν 的电场 E_{in} 注入谐振腔,并且假设腔内没有双折射效应,那么腔内电场强度 E_{cav} 为[1]

$$E_{cav}(\nu) = \frac{E_{in}(\nu)}{1 - r_1 r_2 \exp(i\phi - \alpha l)} \tag{6.1.2}$$

式中,ϕ 为腔内相移,可以表示为 $\phi = 2\pi\nu l/c$(c 为光速)。

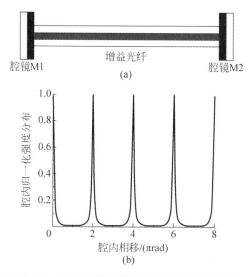

图 6.1.1　传统的双腔镜光纤激光谐振腔示意图
(a) 结构示意图;(b) 腔内归一化光强 $|E(\nu)|^2$ 相对于腔内相移分布

由公式(6.1.2)可以推出,当腔内相移 ϕ 是 2π 的整数倍时,E_{cav} 有最大值(见图 6.1.1(b))。该最大值对应谐振腔内存在的纵模并以 $\Delta\nu$ 的频率间隔重复出现,且该频率间隔由式(6.1.3)计算得到:

$$\Delta\nu = \frac{c}{l} \tag{6.1.3}$$

对应典型的稀土掺杂离子铒(Er^{3+})或钕(Nd^{3+}),其荧光光谱带宽为几百太赫兹量级,因此在其增益带宽内可以允许几千个纵模的存在。对于理想的均匀展宽增益基质,在其激光谐振腔内,增益最高的一个纵模会首先起振并消耗所有增益、阻止相邻纵模起振,从而实现单纵模激光输出。在理论上,这种理想系统的线宽同样满足肖洛-汤斯线宽极限方程。但在实际上,这种理想情况对于光纤激光器并不会发生,事实上光纤激光器通常是许多纵模同时起振的,其输出既不是单纵模,也不是窄线宽;发生这种情况的原因主要有:在稀土掺杂的玻璃光纤基质中,均匀展宽和非均匀展宽机制同时存在。对于一个由均匀展宽增益基质构成的系统,受激离子和谐振腔内信号产生同样的频率响应;而在非均匀展宽增益基质构成的系统中,譬如稀土掺杂离子周围的局部环境会改变这种频率响应关系,因此这种频率响应关系会遭到破坏,这样尽管在相同特定局部环境下的某组受激增益离子能够使某个特定纵模首先起振,但在整体上,不同环境下的不同组受激增益离子都有可能满足起振条件,结果就是不同波长的多纵模在光纤谐振腔内同时起振[1]。

有效限制谐振腔内起振的纵模数是实现光纤激光器单频窄线宽输出的关键,这可以通过在腔内引入频率调控机制来实现,即加大需要起振的那个纵模和其他由于非均匀展宽引起的纵模在频率上的差异,从而增大其他纵模的起振难度。最简单的办法就是在腔内引入窄线宽的波长选择性元件,如布拉格反射镜或可调谐滤波器,前者选择性地将需要的纵模频率反射回谐振腔内,后者选择性地将不需要的纵模频率透射出去,从而有效地减少参与竞争增益能量的纵模数。当该类元件的频率(波长)选择性足够高时,只让一个纵模起振,即可实现单频窄线宽输出。

在光纤激光器中,布拉格光纤光栅(fiber Bragg grating,FBG)是最常用的频率选择性元件,可以构成超低插值损耗的全光纤激光器系统。典型的全光纤激光器结构示意图如图 6.1.2 所示,与增益光纤两端相连的高反射率光纤光栅(HR-FBG)和低反射率耦合光纤光栅(OC-FBG)构成光纤激光器谐振腔,输出信号主要从低反射率耦合光栅端口输出。输出信号光谱由一系列分立的谐振腔振荡频率构成,即纵模。假设增益光纤长度与折射率分别为 l_f 和 n,根据式(6.1.3)可知,其纵模间隔满足式(6.1.4)。典型石英光纤激光器的光纤谐振腔长度在 1 cm 至 50 m 之间,对应纵模间隔 $\Delta\nu$ 在 10 GHz 至 2 MHz 之间。

$$\Delta\nu = \frac{c}{2 \cdot n \cdot l_f} \tag{6.1.4}$$

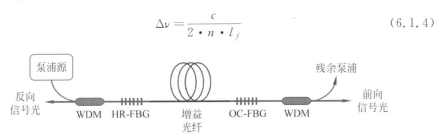

图 6.1.2　光纤激光器结构示意图

WDM 为波分复用器;HR-FBG 为高反射率光纤光栅;OC-FBG 为低反射率耦合光纤光栅

图 6.1.3 为激光增益带宽、波长滤波器带宽和纵模间距之间的关系示意图。因此,要实现单频信号输出,增益带宽应小于纵模间隔;或者通过窄带波长滤波器

对纵模进行选择，仅保留一个特定的模式输出，抑制其他多余的模式。光纤的增益带宽通常在几十纳米的量级。对于石英光纤，假设 1 m 长的激光腔对应的纵模间距在 0.1 GHz 量级，且纵模间距随着激光腔长度变大而减小，因此，要使增益带宽小于纵模间隔实现难度极大。

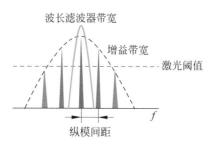

图 6.1.3　增益带宽、波长滤波器带宽和纵模间距之间的关系

为了实现单纵模激光输出，需要增大纵模间距，则需要减小腔的长度，使得在激光阈值增益带宽内只存在一个纵模，如 DFB 光纤激光器技术；或者采用短腔法与窄带滤波相结合的方法，如 DBR 光纤激光器技术。其他还有采用复合腔法、未泵浦增益光纤作为可饱和吸收体法、F-P 标准具法等[2-4]。前两者是系统集成度最高、稳定性较好的两种方法。所以下面重点介绍短直腔 DBR 和 DFB 单频窄线宽激光产生技术。

6.2　有源光纤短直腔 DBR 激光产生技术

1991 年，美国技术研究中心 Ball 等人首次在掺铒的石英光纤中实现了单频光纤激光输出[5]，其激光器实验装置示意图如图 6.2.1(a)所示，DBR 激光腔长度为 0.5 m，激光腔两端的 FBG 直接刻写在掺杂光纤上，FBG 长度为 12.5 mm，通过优化 FBG 的带宽和激光输出波长，两个 FBG 的反射率分别为 72%（输出端的 OC-FBG）和 80%（输入端的 HR-FBG）。输出功率与吸收泵浦功率之间的转化效率最大约为 27%，最大输出功率约为 5 mW（见图 6.2.1(b)）。通过商用的 F-P 标准具测试为单纵模输出，线宽为 47 kHz。

常用的 DBR 掺杂光纤激光器结构示意图如图 6.2.2 所示。稀土掺杂光纤及其两端的光纤光栅构成了 DBR 光纤激光谐振腔。为了减小腔内损耗，作为腔镜的两个光纤光栅直接刻写在掺杂增益光纤上，避免了增益光纤与光纤光栅的熔接，使得增益光纤与谐振腔融为一体，进一步提高了 DBR 光纤激光器的可集成性。基于此，2009 年，暨南大学的关柏鸥研究团队在 Er-Yb 共掺的磷硅酸盐光纤中实现了 DBR 单频光纤激光输出，高反和低反的光纤光栅长度分别为 4.6 mm 和 2.8 mm，

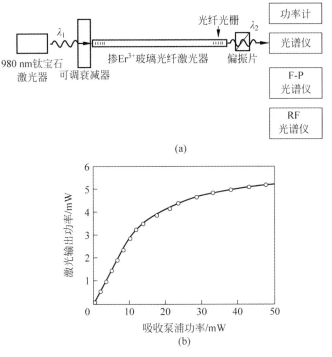

图 6.2.1　首例掺铒 DBR 光纤激光器

（a）激光器结构示意图；（b）输出功率特性[5]

直接刻写在增益光纤的两端，光栅之间的间隔为 1 mm，DBR 激光腔的总长度仅为 8.4 mm，输出激光的 3 dB 线宽约为 3 kHz[6]。2011 年，Allan C. L. Wong 等人同样采用一体化的 DBR 光纤激光器结构，将光纤光栅直接刻写在商用的掺铒增益光纤上，实现了超短腔、单频光纤激光输出，包含光纤光栅在内的整个激光腔长度仅为 7 mm，激光腔有效长度为 0.4 mm，输出激光的线宽为 0.22 kHz[7]。

图 6.2.2　DBR 掺杂光纤激光器结构示意图

　　目前，千赫兹窄线宽短腔 DBR 光纤激光器通常采用高浓度掺杂的磷酸盐玻璃光纤或含磷的石英玻璃光纤作为增益基质[6-11]，这类基质中稀土掺杂浓度可以很高，从而可以在较短的光纤内对泵浦光具有足够高的光吸收。以掺铒光纤激光器为例，由于铒离子在 980 nm 波段的吸收较弱，所以通常通过在掺铒光纤中共掺镱离子的方法来增强掺杂纤芯在 970～980 nm 的泵浦吸收系数。其增益光纤长度一般为 1～10 cm，根据铒在 1.55 μm 波段的增益带宽，要获得严格意义的单纵模输出，自由光谱范围（FSR）必须大于 300 GHz，对应的激光腔长度小于 400 μm，因此厘米长度的 DBR 短腔掺铒光纤激光器内至少存在着几十个纵模，必须再通过窄线宽光纤光栅来滤去其他纵模（见图 6.1.3），从而实现单频窄线宽激光输出。因此，短腔 DBR 光纤激光器的缺点是，其谐振腔支持多个纵模的存在，在工作环境温度波动，以及工作台微小扰动等因素影响下，FBG 的波长发生漂移导致较严重的跳模现象。美国亚利桑那大学及其派生出来的 NP Photonics 和 AdValue Photonics 两家公司、国内华南理工大学杨中民研究组对基于高浓度铒镱共掺磷酸盐玻璃光纤的 1.55 μm DBR 单频光纤激光器都有较长时间的研究[12]，他们都采用几个厘米长度的高浓度铒镱共掺磷酸盐玻璃光纤作为增益介质，在其两端熔接基于石英光纤的一个宽带高反射率和一个窄带低反射率光纤光栅作为纵模选择元件。由于磷酸盐玻璃光纤和石英光纤之间的熔接温度差异约在 1000℃，很难实现高可靠性及重复性的低损耗光纤熔接，导致整个光纤激光器的鲁棒性较差。为了克服上述光纤材料不匹配问题，采用较高掺杂浓度的石英光纤作为增益基质，比如早期英国南安普顿光电子研究中心和近期北京工业大学王璞研究组都是以铒掺杂或铒镱共掺的石英光纤作为增益介质，在两端熔接一对高低反射率的光纤光栅形成 DBR 激光腔并实现 1.55 μm 窄线宽单频输出，线宽都达到了 10 kHz 量级。在光纤技术之外，通常辅助以自注入锁定[13]、掺铒光纤放大器饱和放大效应[14]等手段来实现进一步提高信噪比和压缩线宽的目的。

6.3 有源光纤 DFB 激光产生技术

光纤 DFB 激光谐振腔由单一的带 π 相移 DFB 布拉格光栅构成，该 DFB 光栅均匀分布于增益介质内，π 相移的作用是在 DFB 光栅阻带内形成唯一窄线宽透射窗口，该频率在谐振腔内损耗最小，抑制了其他纵模的竞争，从而选择性地在该频率处实现单频窄线宽激光输出。如图 6.3.1 所示，在光纤纤芯上刻写带 π 相移的 DFB 光栅，光栅中心波长位于增益带宽内，当输入泵浦功率达到阈值功率时，产生前向和反向 DFB 激光信号。

1994 年，英国南安普顿大学光电子研究中心（ORC）首次报道了稀土掺杂 DFB 光纤激光器[15]，如图 6.3.2 所示，当时采用了 2 cm 长的铒镱共掺均匀 FBG，通过局部加热的方法在 FBG 中引入 π 相移，从而实现了稳定的单纵模激光输出，实测线宽为 300 kHz。该激光器仅在单一的 FBG 中实现了激光输出，不仅具备 DBR

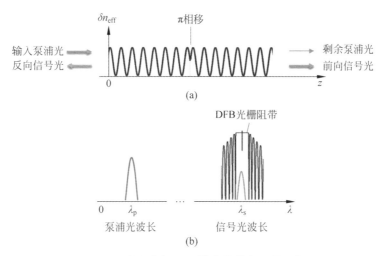

图 6.3.1　有源光纤 DFB 激光器基本原理示意图

（a）π 相移 DFB 结构；（b）泵浦光、信号光与光栅光谱关系图示

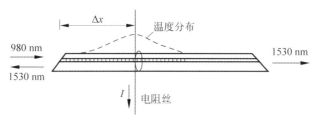

图 6.3.2　首例铒镱共掺 DFB 光纤激光器结构示意图[15]

光纤激光器的所有优点，而且输出激光波长由一个相移光栅决定，波长选择性更好。然而，该激光器的相移是由局部加热所产生的折射率变化形成的，受温度波动的影响较大，从而影响激光输出的稳定性能。在 1995 年，A. Asseh 等人采用永久性 π 相移的掺镱 DFB 光纤光栅[16]，实现了 1047 nm 波长的单频激光输出，其中，π 相移 DFB 光纤光栅的总长度为 10 cm，该光栅通过紫外光曝光法制备而成，激光起振的阈值功率小于 230 μW，单边输出功率的转换效率为 44％，并且实验证实了波长调节范围大于 10 nm，得到了稳定的单频激光输出，说明 DFB 光纤激光器有优越的单频波长选择特性，是长距离相干通信、光纤传感、气体探测等应用的理想光源。此后，DFB 光纤激光器得到学术圈和商业界的高度重视，DFB 光纤激光技术迅速发展起来。

　　图 6.3.3 总结了迄今为止的稀土掺杂及非线性效应 DFB 单频窄线宽光纤激光器的研究进展[15-38]。具体而言，DFB 光纤激光器的发展受到了应用需求的驱动。20 世纪 90 年代是远距离光纤通信技术高速发展的黄金时代，所以，当时报道

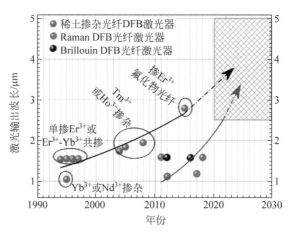

图 6.3.3 DFB 光纤激光器研究进展

的稀土掺杂 DFB 光纤激光器(基于掺铒或铒镱共掺的石英、磷酸盐玻璃光纤)输出波长主要集中在近红外的 1.5 μm 波段。进入 21 世纪后的第一个 10 年中，由于 2 μm 波段激光技术(如长波长光纤通信、传感、激光加工等)的实际需求，人们利用基于掺铥、钬的石英、锗酸盐、硅酸盐玻璃光纤的稀土掺杂 DFB 光纤激光器把输出波长延伸到了 2 μm 波段。在最近的 10 年间，受到高精度中红外激光光谱技术对可调谐、窄线宽、单频激光光源的需求驱动，同时也由于其他配套的光子技术(譬如大功率半导体激光泵浦光源和基于 800 nm 飞秒激光的光纤光栅刻写技术)的迅速发展，稀土掺杂 DFB 光纤激光器(基于掺铒的氟化物光纤)的输出波长延伸到了 2.8 μm[29]。

然而，稀土掺杂光纤激光器由于受到掺杂稀土离子能级的限制，激光输出波长只能覆盖由稀土离子发射决定的几个离散波段[1]，例如石英玻璃基质光纤中，Yb^{3+} 离子的发射光谱波长范围为 970～1040 nm；Nd^{3+} 离子的发射光谱波长范围为 1000～1150 nm 和 1320～1400 nm；Pr^{3+} 离子发射光谱波长范围为 1060～1110 nm；Er^{3+} 离子的发射光谱波长范围为 1500～1600 nm；Tm^{3+} 离子发射光谱波长范围为 1700～2015 nm；Ho^{3+} 离子发射光谱波长范围为 2040～2080 nm 等，石英稀土掺杂光纤的输出长波长段受限在约 2.2 μm。进入 2 μm 以上的中红外波段后，玻璃基质的高声子能量导致的非辐射弛豫跃迁变得显著，激光发射效率大幅度下降，需要采用低声子能量的非氧化物玻璃(如氟化物玻璃)作为掺杂基质材料，同时，由于多声子散射的增强，热效应成为影响稀土掺杂中红外光纤激光器效率、性能的主要因素；此外，中红外稀土掺杂光纤激光器受稀土离子能级、稀土掺杂浓度、光纤长度、光纤损耗等因素影响较大，比它在近红外实现激光输出要困难得多，譬如在掺铒的氟化物玻璃(氟锆玻璃 ZBLAN)基质中，在 2.7～2.9 μm 发射的上、下能级

($^4I_{11/2}$ 和 $^4I_{13/2}$)寿命分别为 6.9 ms 和 9 ms[39],其上能级寿命短于下能级,不能形成有效的粒子数反转,在没有采取特殊泵浦设计的情况下,很难得到连续的激光输出。总体而言,稀土掺杂光纤激光器输出波长只覆盖了 4 μm 以内几个离散的波段,比如在中红外 2.5～2.7 μm 波段及 4 μm 以上波段存在着空白,且效率随波长增大而迅速下降,无法满足 3～5 μm 波段的应用需求。因此可以预期,在未来 10 年间,2.5～5 μm 中红外波段的单频窄线宽 DFB 光纤激光器技术将会受到重视并会有一个长足的发展。

6.4 无源光纤非线性 DFB 激光产生技术

6.4.1 概述

综上所述,稀土掺杂有源光纤 DFB 激光产生技术受到所用光纤增益带宽的限制,只能产生离散的几个波长的激光输出,对于稀土离子增益带宽之间的波长,很难通过该技术实现单频窄线宽激光输出。另外,DFB 光纤激光技术不仅结构紧凑、体积小,而且能够产生稳定的、可调谐的单频窄线宽激光信号,在通信、遥感、环境监测等重要领域具有广泛的应用前景。因此,克服稀土掺杂有源光纤的带宽限制难题,在更普遍的无源光纤中,实现 DFB 光纤激光技术具有重要意义。

尽管光纤玻璃材料的非线性很弱,但是由于光纤"细又长"的特点,纤芯尺寸小,微米量级,光在纤芯中传输时,纤芯内场强非常高,因此存在一定的非线性现象[40],主要分为受激非弹性散射和非线性折射率效应两大类,前者主要包括受激拉曼散射(SRS)和受激布里渊散射(SBS);后者主要包括自相位调制(SPM)、交叉相位调制(XPM)和四波混频(FWM)效应。合理利用光纤的非线性效应,可以产生有用的效果,比如利用光纤的 SRS 效应,可以构成光纤拉曼放大器、激光器,实现光信号的放大、波长变换。将光纤的非线性效应与分布式反馈激光腔结构完美结合,即可实现光纤非线性 DFB 激光器。

光纤非线性 DFB 激光器分为拉曼-DFB 光纤激光器和布里渊-DFB 光纤激光器[30-37],前者基于光纤的受激拉曼散射效应,后者基于光纤的受激布里渊散射效应。与稀土增益不同,基于上述非线性效应产生的激光波长在理论上可以覆盖任何波段,因此基于光纤基质材料非线性效应 DFB 光纤激光器能够有效地突破上述稀土掺杂 DFB 光纤激光器的输出波长面临的瓶颈问题。首先,拉曼、布里渊激光输出波长只与泵浦激光波长和光纤基质的拉曼、布里渊频率迁移相关,理论上能够在任意波长上实现激光输出;其次,由于非线性受激散射的特点,量子缺陷小,非线性 DFB 光纤激光器理论上热效应非常低,因此具有更低的噪声[31];最后,光纤基质为非掺杂的无源光纤,成本低。

在理论工作方面,拉曼-DFB 光纤激光器的理论模型最早由美国密歇根大学的 Perlin 和 Winful 于 2001 年提出[41],模型采用基于普通石英光纤的均匀 FBG,仿真结果表明:①激光起振的阈值功率与光纤光栅长度的立方成反比;②激光振荡时存在着相互竞争的两个简并模;③将激光阈值功率降低到 1 W 以内,比如 0.7 W 时,所需要的 FBG 长度为 1 m,且此时光栅的耦合系数为 100 m^{-1}。这样长的 FBG 在实际制备上技术难度非常高。

为了降低激光阈值并把 FBG 的长度控制在合理的范围内,英国南安普顿大学 ORC 的 N. G. R. Broderick 博士课题组于 2009 年提出了带有 π 相移的拉曼-DFB 光纤激光器理论模型[42],其理论预测当 DFB 光栅的长度为 20 cm 时,激光器的阈值功率可以控制在 1 W 以内。2010 年,在上面理论工作的基础上,ORC 的 M. Ibsen 博士(是笔者(施进丹)的导师)课题组在理论上预测了相位噪声和幅度噪声导致的 DFB 光栅的不均匀性对拉曼-DFB 光纤激光器起振条件的影响,论文指出强度适中的 DFB 光栅最有利于实现拉曼-DFB 光纤激光信号,这为后期的实验验证奠定了理论基础[43]。

在实验工作方面,2011 年美国 OFS 实验室采用公司特制的高非线性拉曼光纤,利用 1.48 μm 的 80 W 大功率连续(CW)拉曼光纤激光器作为泵浦源,在 12.4 cm 长的 DFB 光栅上实现了 1.584 μm 拉曼-DFB 光纤激光输出,该激光器的阈值功率为 4.3 W,输出功率为 0.35 W,实测激光线宽为 4～7 MHz[30]。与此同时,英国南安普顿大学 ORC 的 M. Ibsen 博士研究组采用商用的单模光纤(PS980(Fibercore)和 UHNA4(Nufern)),利用连续的 1.06 μm 光纤激光器,在自行设计和制备的 30 cm 长、带有中心 π 相移的 DFB 光栅上,实现了 1.1 μm 波段拉曼-DFB 光纤激光输出,该激光器的阈值功率为 1 W 左右,输出总功率达到 1.6 W,吸收泵浦-激光净转换效率高达 93%[31],该输出功率和转换效率迄今为止仍为拉曼-DFB 光纤激光器领域的最高纪录。同年,他们又采用连续的线偏振光纤泵浦源,在相同长度的、带有中心 π 相移的 DFB 光栅上实现了阈值功率仅为 0.44 W 的拉曼-DFB 光纤激光输出,该激光器的输出功率为 0.14 W,泵浦-激光转换效率为 13.5%,实测激光线宽小于 2.5 kHz[32]。2017 年,加拿大蒙特利尔理工学院 R. Kashyap 小组采用 3 μm 芯径保偏光纤,在 30 cm 长、带有 π 相移的 DFB 光栅中实现了 1.12 μm 和 1.18 μm 的拉曼-DFB 光纤激光输出,阈值功率分别为 0.35 W 和 0.76 W,激光器的输出功率分别为 0.05 W 和 0.3 W,泵浦-激光转换效率分别为 2.5% 和 8.5%[33]。2018 年,加拿大蒙特利尔理工学院 R. Kashyap 小组在理论和实验上分析了 DFB 激光腔内高功率强度引起的非线性热效应对拉曼-DFB 光纤激光器的转换效率的影响[34-35],这对获得更高效率、更高性能的拉曼-DFB 光纤激光器具有重要的指导意义。

【花絮】　2008 年,笔者(施进丹)到英国南安普顿大学 ORC 攻读博士,导师是 M. Ibsen 博士,2009 年开始通过理论和实验研究拉曼-DFB 光纤激光器,在 2011 年 5 月左右,笔者在实验室检测到了 1.11 μm 无源光纤的拉曼-DFB 激光信号,当时的阈值功率在 1~2 W,跟导师讨论后,计划将阈值功率继续降低,采用半导体激光器直接泵浦(当时单模半导体激光器的最大输出功率在 300 mW 左右),再将结果投稿。当年 7 月底,美国 OFS 实验室 Westbrook 等人的结果率先发表在 OL 上。我们跟他们的研究完全是并行的,采用了不同类型的光纤、不同的光栅设计输出了不同波长、不同功率的激光信号等。当年笔者的研究成果首先投稿到悉尼 CLEO PR Pacific Rim 2011 截稿期后论文,并顺利接收,论文号是 C1174,笔者做了大会口头报告。当界大会仅录用了 16 篇截稿期后论文。2012 年 3 月 12 日,国际光子学网站(RP Photonics)亮点文章特别报道了"新型拉曼激光器",共引用了两篇文章,其中一篇就是笔者的"高效率的拉曼分布式反馈激光器"[31],另一篇是"连续的 VECSEL 拉曼激光器"。

布里渊-DFB 光纤激光器于 2012 年由美国 OFS 实验室的 K. S. Abedin 博士等人在 OFS 高非线性光纤带有 π 相移的 DFB 光栅中实现,DFB 光栅总长度为 12.4 cm,泵浦光源采用 1583 nm 连续输出的窄线宽激光放大器,线宽约为 150 kHz,布里渊-DFB 激光起振的阈值功率约为 30 mW,输出波长相较于泵浦光红移约 9.44 GHz,泵浦光与信号光的转换效率为 27%[36]。之后,澳大利亚悉尼大学 CUDOS 研究中心的 Winful 等人在上述实验的基础上,建立了理论模型,研究了布里渊-DFB 激光信号产生的动态过程[44-45]。

相较于拉曼-DFB 光纤激光器,布里渊-DFB 光纤激光器的波长变换范围及带宽比前者要小很多,这主要是由于 SBS 起源于光子与声子的相互作用,产生的非线性增益带宽较窄且频移较小,在吉赫兹量级;再者 SBS 激光器的阈值功率与泵浦光源的线宽成反比关系,需要采用窄线宽泵浦光源。因此,拉曼-DFB 光纤激光器在可实现的波长范围、调谐带宽及对泵浦源的选择性等方面都优于布里渊-DFB 光纤激光器。我们将对拉曼-DFB 光纤激光器的模型、产生及输出特性等方面做进一步的详细介绍。

6.4.2　拉曼-DFB 光纤激光器理论模型

带有 π 相移拉曼-DFB 光纤激光器的原理示意图如图 6.4.1 所示,光栅均匀分布在光纤的纤芯中,周期为 Λ,长度为 L,π 相移位于光栅 $Z\pi$ 的位置,实现 π 相移的光栅长度记为 $\Delta L = \pi/(2\beta_s)$(其中 β_s 为信号光的传输常数),将光栅分为 L_1 和 L_2 两部分。光栅的中心波长设计为

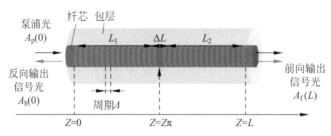

图 6.4.1　拉曼-DFB 光纤激光器原理示意图

$$m\lambda_{\text{DFB}} = 2n_{\text{eff}}\Lambda \tag{6.4.1}$$

式中，m 表示光栅的阶数，取值为自然数；n_{eff} 为纤芯有效折射率。光栅的中心波长设计为拉曼-DFB 信号光波长 λ_{s}，位于所用光纤的拉曼增益带宽内，与泵浦光波长 λ_{p} 满足如下关系：

$$\frac{c}{\lambda_{\text{s}}} = \frac{c}{\lambda_{\text{p}}} - f_{\text{R}} \tag{6.4.2}$$

式中，c 为光速；f_{R} 为一阶 Stokes 拉曼频移（石英光纤一阶 SRS 频移峰值在 441 cm^{-1}）。

如图 6.4.1 所示，假设泵浦光从光栅左边输入，当输入的泵浦功率不断增大并达到阈值时，拉曼-DFB 信号光将会从光栅前向（即 DFB 光栅的右端，$Z=L$ 处）和反向（即 DFB 光栅左端，$Z=0$ 处）输出，剩余未转换的泵浦光从 DFB 光栅右端输出。假设采用连续的泵浦光源，所用的光纤在泵浦光和信号光波长都是单模传输，有效模场面积 A_{eff} 近似为光纤纤芯面积。A_{p}、A_{b}、A_{f} 分别为泵浦光、反向输出信号光和前向输出信号光电场幅度，与各自的功率密度和功率满足如下关系：

$$|A_x|^2 \equiv I_x \equiv P_x/A_{\text{eff}}, \quad x=\text{p,b,f} \tag{6.4.3}$$

泵浦光、前向和反向输出信号光之间的动态关系由时域和空间域的二维非线性耦合波方程组（nonlinear coupled mode equations，NLCMEs）表示[42]。基于上述连续激光以及单模传输的假设，群速度散射的影响可以忽略，泵浦和信号光将采用缓慢变化的包络近似值（slowly varying envelope approximation，SVEA）理论，非线性耦合波方程组可以简化为式（6.4.4a）～式（6.4.4c）：

$$\frac{\partial A_{\text{p}}}{\partial z} + \frac{1}{v_{\text{p}}} \cdot \frac{\partial A_{\text{p}}}{\partial t} = -\frac{g_{\text{p}}}{2}(|A_{\text{f}}|^2 + |A_{\text{b}}|^2)A_{\text{p}} + \text{i}\gamma_{\text{p}}(|A_{\text{p}}|^2 + 2|A_{\text{f}}|^2 +$$

$$2|A_{\text{b}}|^2)A_{\text{p}} - \frac{\alpha_{\text{lp}}}{2}A_{\text{p}} \tag{6.4.4a}$$

$$\frac{\partial A_{\text{f}}}{\partial z} + \frac{1}{v_{\text{s}}} \cdot \frac{\partial A_{\text{f}}}{\partial t} = \frac{g_{\text{s}}}{2}|A_{\text{p}}|^2 A_{\text{f}} + \text{i}\gamma_{\text{s}}(2|A_{\text{p}}|^2 + |A_{\text{f}}|^2 + 2|A_{\text{b}}|^2)A_{\text{f}} +$$

$$\text{i}\kappa A_{\text{b}} + \text{i}\delta_{\beta}A_{\text{f}} - \frac{\alpha_{\text{ls}}}{2}A_{\text{f}} \tag{6.4.4b}$$

$$-\frac{\partial A_b}{\partial z}+\frac{1}{v_s}\cdot\frac{\partial A_b}{\partial t}=\frac{g_s}{2}\mid A_p\mid^2 A_b+\mathrm{i}\gamma_s(2\mid A_p\mid^2+2\mid A_f\mid^2+\mid A_b\mid^2)A_b+$$

$$\mathrm{i}\kappa A_f+\mathrm{i}\delta_\beta A_b-\frac{\alpha_{ls}}{2}A_b \tag{6.4.4c}$$

式中 v_p、v_s 表示泵浦光和信号在光纤中的传播速度,由于 DFB 光栅总长度小于 1 m,泵浦光与信号光之间的色散和走离效应(walk-off)可以忽略不计,所以 $v_p=v_s$;式(6.4.4)右边第一项表示拉曼耦合效应,g_p、g_s 表示泵浦光和信号光波长的拉曼增益系数,满足关系 $g_p=g_s\cdot\lambda_s/\lambda_p$,当信号光与泵浦光波长满足式(6.4.2)时,有 $g_s=g_r$,其中 g_r 为基于泵浦光的峰值拉曼增益系数;式(6.4.4)右边第二项表示 SPM 和 XPM 非线性效应,其中泵浦光和信号光的克尔非线性系数分别为:$\gamma_p=2\pi n_2/\lambda_p$ 和 $\gamma_s=2\pi n_2/\lambda_s$($n_2$ 为光纤的非线性折射率);式(6.4.4)右边最后一项表示光纤损耗的影响,α_{lp}、α_{ls} 分别为光纤在泵浦波长和信号波长的传输损耗;式(6.4.4b)~式(6.4.4c)右边剩余两项表示光栅耦合效应,其中 κ 为光栅的耦合系数,δ_β 表示失调谐系数,大小为 $\delta_\beta=2\pi n_{eff}(1/\lambda_{DFB}-1/\lambda_s)$,其中 λ_{DFB} 为 DFB 光栅设计中心波长。

该模型式(6.4.4)的边界条件如下:

$$\begin{cases} A_p(z=0,t)=\sqrt{I_0}=\sqrt{P_0/A_{eff}} \\ A_f(z=0,t)=0 \\ A_b(z=L,t)=0 \end{cases} \tag{6.4.5}$$

式中,P_0 为泵浦光的输入功率。

上述非线性耦合波方程组可以通过 de Sterke 等人提出的 Runge-Kutta 高阶迭代算法得到数值解[46]。由前期对石英拉曼-DFB 光纤激光器的研究可知,在理论模拟中需要注入一定的噪声信号,经过耦合波方程组的迭代使数值系统达到收敛稳定状态,从而产生激光信号。在连续泵浦光的激励下,系统达到稳定状态后,在时域上的信号变化可以近似为零,此时,可以忽略材料色散对泵浦光和信号光的影响,非线性耦合波方程组可以简化为一维的偏微分耦合波方程组,然后采用耦合波理论的矩阵转换方法,得到数值仿真结果[35,47]。

6.4.3　拉曼-DFB 光纤激光信号的动态演变过程

采用商用的锗掺杂石英玻璃无源光纤和 1540 nm 光纤激光器作为泵浦源,通过传统紫外曝光法制备出 π 相移 DFB 光纤光栅,相移位置位于光栅的正中央位置,即在 15 cm 处,光纤、光栅的具体参数如表 6.4.1 所示。基于上述理论模型,仿真分析了拉曼-DFB 光纤激光信号起振、在腔内强度分布、输出功率等动态演变过程。图 6.4.2 为拉曼-DFB 激光信号产生至稳定输出的动态过程,激光信号产生于光纤自发拉曼噪声,在泵浦激励作用下,拉曼噪声信号在 DFB 激光腔内首先呈指数增长,当增益大于或等于激光腔内损耗时,激光信号达到稳定输出。我们将达到稳定输出所需的泵浦时间称为起振时间。该时间与泵浦功率大小以及光栅耦合系数有关,泵浦功率越大,或者光栅耦合系数越高,起振时间越短,并且起振时间在微秒量级,如图 6.4.2 所示。

表 6.4.1 仿真主要参数列表

仿 真 参 数	取值
光栅长度 L/cm	30
有效模场面积 A_{eff}/μm^2	约 12
非线性折射率 n_2[40]/(m²/W)	约 3.2×10^{-20}
峰值拉曼增益系数 g_r[48]/(m/W)	约 7×10^{-14}
泵浦光波长 λ_p/nm	1540
信号光波长 λ_s/nm	1652
光纤损耗 α/(dB/m)	约 0.1
光栅耦合效率 κ/m	>20
光栅失调谐系数 δ_β	0

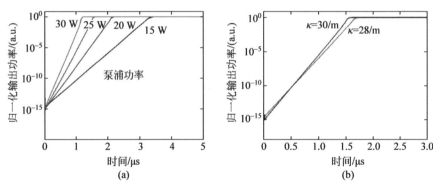

图 6.4.2 拉曼-DFB 激光输出功率与泵浦时间的关系

(a) 不同泵浦功率且 $\kappa=30$/m;(b) 不同光栅耦合系数且泵浦功率为 25 W

理论上 π 相移 DFB 光纤激光器可以等效为 F-P 腔激光器,其激光腔长度 L_{eff} 可以近似为 $|R_B/\kappa|$,其中 R_B 为光栅的反射率[38]。由此,当 $\kappa=30$/m 时,L_{eff} 约为 3.33 mm,并且该等效长度随光栅耦合系数的增大而减小。图 6.4.3(a)为在泵浦功率分别为 15 W 和 25 W 时,泵浦光和正向输出拉曼-DFB 激光信号在激光腔内的强度分布曲线,可见激光信号绝大部分能量集中在等效激光腔内,并且受泵浦功率的影响较小;泵浦光功率在等效激光腔内转化为激光信号,并且泵浦功率越大,残余的未转化的泵浦光功率越小,表明转换效率越高。图 6.4.3(b)仿真分析了拉曼-DFB 激光信号的转换效率与泵浦功率的变换关系,转换效率随泵浦功率变大而增

大。此外,转换效率随光栅耦合系数的变大反而减小,这是因为当光栅耦合系数增大后,等效激光腔长度变小,即等效增益减小,所以转换效率相应减小。

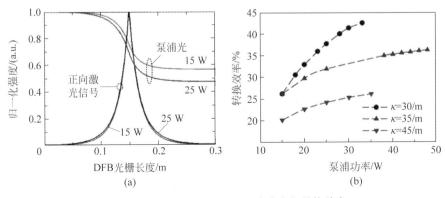

图 6.4.3　激光在 DFB 腔内强度分布与转换效率

(a) 在泵浦功率分别为 15 W 和 25 W 时,泵浦光与正向输出拉曼-DFB 激光信号在激光腔内的
强度分布曲线,其中 $\kappa = 30/\mathrm{m}$;(b) 不同光栅耦合系数条件下,拉曼-DFB 激光信号的转换效率
与泵浦功率的变换关系

激光起振所需的泵浦阈值功率大小直接影响到激光器的实现及其工业化,设计合理的低阈值功率的拉曼-DFB 光纤激光器是实验实现拉曼-DFB 光纤激光器的关键。图 6.4.4 为拉曼-DFB 光纤激光器输出总功率与输入泵浦功率变化关系的仿真结果。由图可知,当泵浦功率超过阈值功率时,输出总功率与泵浦功率呈线性关系,该拟合曲线的斜率为总斜转换效率,拟合曲线与横坐标交点即为阈值功率。当光纤光栅的耦合系数 κ 由 28/m 增大到 45/m 时,阈值功率由大于 10 W 降低到 5 W 左右,相应的斜转换效率也由大变小。这里需要指出的是,该理论模型没有考虑激光的热效应的影响,所以输出总功率随泵浦功率线性增长。但是在实际当中,激光的热效应会影响激光转换效率,当泵浦激光足够大时,输出总功率可能会接近饱和。

拉曼-DFB 光纤激光器的阈值功率不仅与光栅的耦合系数有关,还与光纤的拉曼增益系数、有效模场面积、传输损耗,以及光栅的长度、相移位置、折射率调制噪声等参数相关。图 6.4.5 为基于三种实际光纤的有效模场面积、拉曼增益系数和传输损耗的参数,仿真得到拉曼-DFB 光纤激光器的阈值功率与光栅长度的变化关系,其中光栅常数 κL 取值恒为 9。光纤 1 为 Hi1060 光纤(美国 Nufern 公司生产),该光纤的截止波长小于 1 μm,在 C 波段,模场面积 A_{eff} 近似为 30 μm^2,拉曼增益系数 g_{r} 约为 0.6×10^{-13} m/W;光纤 2 为 UHNA4(美国 Nufern 公司生产)高 NA 的模场匹配光纤,其纤芯面积较小,非线性系数较高,A_{eff} 近似为 6 μm^2,拉曼增益系数 g_{r} 约为 1.55×10^{-13} m/W;光纤 3 为碲酸盐玻璃高非线性光纤,其纤芯面积小,拉曼增益系数高,A_{eff} 近似为 2.6 μm^2,拉曼增益系数 g_{r} 约为 32.17×10^{-13} m/W[49]。此

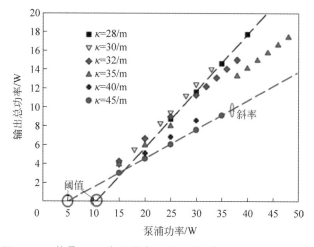

图 6.4.4 拉曼-DFB 光纤激光器输出总功率与泵浦功率的关系

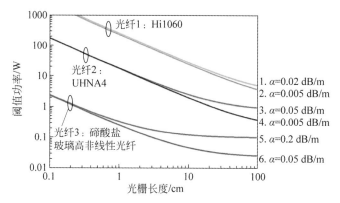

图 6.4.5 不同光纤参数下,拉曼-DFB 光纤激光器的阈值功率
随光栅长度变化仿真结果,其中 $\kappa L \equiv 9$

外,对于每一种光纤仿真分析了两组光纤损耗对阈值功率的影响。总体而言,阈值
功率随光栅长度增长呈指数减小趋势;对于光纤损耗较大时,光栅长度大于某一
个值之后,阈值功率将不再减小。例如对于 0.05 dB/m 的 UHNA4 光纤(曲线 3),
光栅长度大约为 30 cm 时,拉曼-DFB 光纤激光器的阈值功率趋于一个常数,约为
1.5 W;对于 0.2 dB/m 的光纤 3(曲线 5),光栅长度约为 5 cm 时,拉曼-DFB 光纤激光
器的阈值功率几乎趋于稳定。此外,高非线性特种光纤(光纤 3)的拉曼-DFB 光纤
激光器阈值功率明显小于另外两种基于石英玻璃光纤的拉曼-DFB 激光器,阈值功率
在百毫瓦量级,完全满足半导体激光器直接泵浦的条件。因此,非石英玻璃基质的高
非线性光纤是低功率、小体积的拉曼-DFB 光纤激光器的有效选择,并且是产生中红
外 4 μm 以上单频窄线宽激光器的必要媒介。

6.4.4　高功率拉曼-DFB 光纤激光器的实现及其输出特性

基于上述理论分析,有利于实现拉曼-DFB 光纤激光器的光纤要满足两个条件:①易于形成低损耗、高质量的 FBG;②较高的拉曼增益。由于光纤拉曼增益系数与波长成反比,所以同时满足以上条件,可以采用 1.06 μm 掺镱光纤激光器或放大器为泵浦源,同时选用两款商用的单模光纤:PS980(英国的 Fibercore 公司)和 UHNA4(美国的 Nufern 公司),它们的截止波长都在 1 μm 附近,光纤损耗小,纤芯具有紫外光敏性,易于 FBG 的刻写。光纤常用参数见表 6.4.2。

表 6.4.2　商用光纤 PS980 和 UHNA4 的基本参数

光 纤 参 数	PS980	UHNA4
NA	0.12~0.14	0.35
MFD@1100 nm/μm	6.2±0.3	2.6±0.3
截止波长/nm	900	1100
g_r@1.06 μm/($\times 10^{-13}$ m/W)	约 0.86	约 1.55

由上述拉曼-DFB 光纤激光器的理论模型可知,DFB 光栅的中心波长需要在光纤拉曼增益带宽内,并且越接近拉曼增益的峰值频移,DFB 激光信号波长的拉曼增益系数越大。首先,采用 1.06 μm 线偏振光纤放大器作为泵浦源,测试得到 PS980 和 UHNA4 光纤的一阶拉曼频谱,如图 6.4.6 所示,可见 PS980 光纤一阶拉曼频移峰值位于 460~470 cm^{-1},比 UHNA4 的一阶拉曼频移要长且带宽更宽;UHNA4 的拉曼频移峰值位于 430 cm^{-1}。与 GeO$_2$ 玻璃和石英玻璃的一阶拉曼频谱相比较可以发现,这两种光纤的拉曼频移峰值位于 GeO$_2$ 玻璃和石英玻璃之间,这主要是光纤中不同锗掺杂浓度导致的。

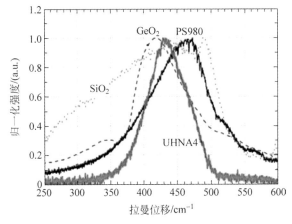

图 6.4.6　PS980 和 UHNA4 光纤基于 1.06 μm 线偏振光源实测拉曼频谱
(SiO$_2$,GeO$_2$ 的拉曼频谱引自参考文献[48])

因此,如果采用 1.06 μm 泵浦光源,PS980 和 UHNA4 两种光纤的 DFB 光栅的中心波长最优设计分别约在 1120 nm 和 1115 nm。基于上述理论仿真的优化参数,在上述两种光纤中制备得到 DFB 光栅传输光谱图(图 6.4.7)。采用 244 nm连续紫外光源和相位掩模板的连续刻写光纤光栅的制备方法[31],光栅的长度均为30 cm,π 相移位于光栅中间位置,光栅的耦合系数 κ 落在 30/m 和 37/m 之间,其中 PS980-1 光栅耦合系数约为 37/m,UHNA4-1 光栅耦合系数约为 30/m；UHNA4光纤的两个光栅的中心波长分别约在 1109.2 nm 和 1109.5 nm,PS980 光纤的两个光栅的中心波长分别约在 1117.7 nm 和 1118.0 nm,均在一阶拉曼增益带宽内。需要注明的是,由于光栅长度较长,π 相移带通的线宽很窄,远远小于光谱仪的线宽精度,未能在光谱图中反映出来。

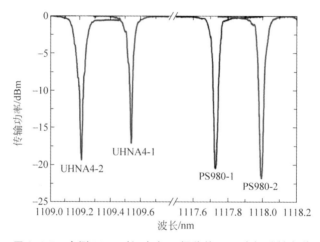

图 6.4.7　实测 30 cm 长、中心 π 相移的 DFB 光栅透射光谱

图 6.4.8(a)为基于 1 μm 连续泵浦光源的全光纤高功率拉曼-DFB 光纤激光器实验装置示意图,其中光源为 1.06 μm 非保偏的光纤放大器,最大输出功率为 20 W,实物照片如图 6.4.8(b),其输出经过隔离器和偏振控制器之后通过 1064/1117 nm波分复用器(WDM1)耦合进入拉曼-DFB 光纤光栅,再经过另两个 1064/1117 nm波分复用器(WDM2 和 WDM3)将残余泵浦光与信号光分离开来。由于光纤光栅对温度、应力等因素具有较高的敏感性,所以将 DFB 光纤光栅放置在温度控制器上,确保光纤光栅上温度分布的均匀性和稳定性,同时减小环境对光栅的不利影响。

采用图 6.4.7 所示的四个 DFB 光栅构成的拉曼-DFB 光纤激光器都能够起振并产生前向和反向输出激光信号,下面以 PS980-1 和 UHNA4-1 光栅为例,将由此构成的拉曼-DFB 激光器简称为 R-DFB1 和 R-DFB2,介绍拉曼-DFB 光纤激光输出信号的光谱、功率和线宽等特性。图 6.4.9 为当泵浦功率在阈值附近时,前向和反向输出激光信号光谱图,其中 R-DFB1 的阈值功率约为 2 W,R-DFB2 的阈值功率

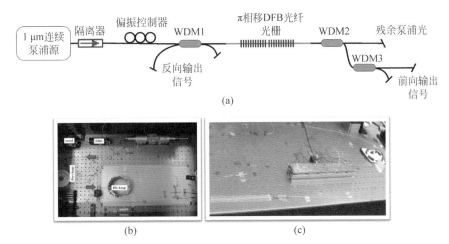

图 6.4.8　高功率拉曼-DFB 光纤激光器实验图

(a) 实验装置示意图；(b) 泵浦光源实物照片；

(c) DFB 光栅激光器放置台实物照片

约为 1 W，后者的阈值功率约为前者的一半，主要是由于后者光纤的纤芯更小、非线性系数和拉曼增益系数更高。当泵浦功率低于阈值功率时，从前向输出端测得的光谱图中可以明显看到光栅的"影子"，即图 6.4.9(a) 和 (b) 中黑线上的凹陷位置，此时由于激光腔内损耗大于总的增益，不能起振；逐渐增大泵浦功率，当达到阈值功率时，立即输出高信噪比的拉曼-DFB 激光信号，由于 π 相移位于光栅中间位置，产生前向和反向激光信号几乎相等，光谱图几乎重合，如图 6.4.9(c) 和 (d) 所示，受限于 OSA 光谱仪的分辨率，无法实测激光信号的线宽，实际线宽远小于 0.01 nm。

　　拉曼-DFB 光纤激光器的前向和反向总输出功率与输入泵浦功率和吸收泵浦功率的关系如图 6.4.10 所示，当输入泵浦功率在阈值功率附近时，输出总功率缓慢增长；当输入泵浦功率超过阈值功率的 2～3 倍时，输出总功率呈线性快速增长，且两个激光器的增长斜效率均约为 13%，是同年美国 OFS 实验室报道的 12 倍左右[30]。相对于输入泵浦功率的转换斜效率比上述仿真结果略低，其原因可能是：①在仿真中略微高估了光纤的拉曼增益系数、非线性系数等光纤参数；②DFB 光栅存在一定的相位或幅度噪声，从而影响了泵浦的转化效率等。将输入泵浦功率减去剩余的泵浦功率，得到吸收泵浦功率，从而做出总输出功率与吸收泵浦功率的关系曲线，如图 6.4.10(b) 所示，两个激光器的总输出功率均与吸收泵浦功率呈线性增长关系，且 R-DFB1 和 R-DFB2 的斜效率分别约为 74% 和 93%，前者效率略低是由于 PS980 光纤在该波长的损耗略高于后者，并且前者输出激光波长大于后者。93% 的转换效率非常接近理论量子转换效率，可见拉曼-DFB 光纤激光器的热效应非常小，吸收泵浦转换效率较高。

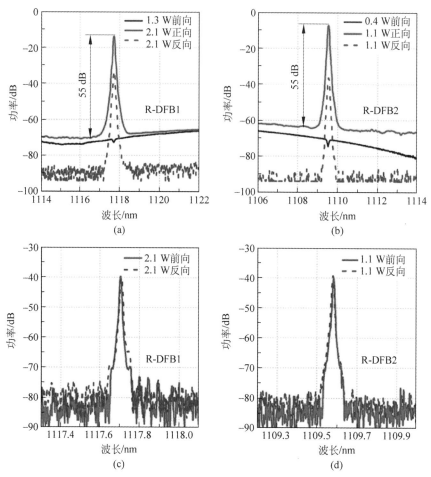

图 6.4.9 拉曼-DFB 光纤激光器在阈值附近前向、反向输出信号光谱

（a）和（b）的 OSA 光谱分辨率为 0.1 nm；（c）和（d）的 OSA 光谱分辨率为 0.01 nm

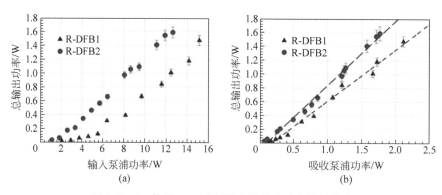

图 6.4.10 拉曼-DFB 光纤激光器输出功率特性曲线

R-DFB1 和 R-DFB2 实验得到的最大输出功率分别约为 1.6 W 和 1.5 W,是目前报道的该类型激光器直接输出的最大功率。在不同输出功率条件下,用光谱仪测试了输出光谱,发现输出光谱都保持了大于 55 dB 的高信噪比。另外在大功率输出条件下,前向输出光谱的带宽比反向输出的略有展宽,这是前向输出信号与泵浦光信号相互作用产生的非线性效应造成的,详见 6.4.5 节内容。

拉曼-DFB 光纤激光器输出单频窄线宽信号,实际线宽远小于 OSA 光谱仪的测试精度,需要通过自外差延时干涉法或外差激光干涉法等线宽测试方法测量得到。图 6.4.11 为 R-DFB1 和 R-DFB2 激光输出信号自外差延时干涉的射频谱,调制频率为 110 MHz,实验装置所用延时线的长度为 29.75 km,提供 144 μs 的延时,理论上测试线宽精度可以达到约 2.5 kHz。自外差延时干涉频谱在 10 GHz 频谱范围内(图 6.4.11),只有调制频率处的干涉谱,说明输出激光信号为单频;在 100 kHz 频谱范围内得到的干涉信号清晰可见,主干涉峰满足洛伦兹分布,且主干涉峰两侧有明显的干涉边带,说明实际线宽小于测试精度 2.5 kHz[32],由洛伦兹曲

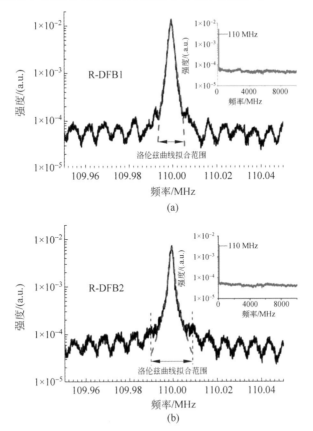

图 6.4.11　拉曼-DFB 光纤激光输出信号通过自外差延时干涉法测量得到的线宽频谱图

线对应的线宽在千赫兹以内。该线宽小于其他课题组的结果[30,35]，主要是因为拉曼-DFB 光纤光栅的长度为 30 cm，远大于其他课题组所用的光栅长度，所以产生的拉曼-DFB 激光信号的线宽更窄，单色性更高。

此外，拉曼-DFB 光纤激光器通过将输出信号进行空间光准直后，再利用半玻片和偏振分光片等实验装置，测试了其偏振消光比（polarization extinction ratio，PER），上述两种光纤的拉曼-DFB 激光器（R-DFB1 和 R-DFB2）的偏振消光比均大于 18 dB，具有良好线性偏振特性。由于拉曼效应与偏振相关，采用线偏振泵浦光源，拉曼-DFB 光纤激光器的阈值功率可以降为原来的一半[32]。

6.4.5 拉曼-DFB 光纤激光器的其他非线性现象

拉曼-DFB 光纤激光器具有输出功率高（可以达到瓦量级）、相对于吸收泵浦功率的转换效率高（接近其量子转换效率）、线宽窄（小于或等于千赫兹）等特性，然而其输出受限于受激布里渊散射、四波混频等非线性效应，它们限制了其输出功率的不断增长。图 6.4.12 为当泵浦输入功率较大时，R-DFB2 激光器的前向和反向输出光谱图，可以明显地看到相对于拉曼-DFB 激光信号约 0.06 nm 红移处的 Stokes 信号，等价于频移约 15.6 GHz，该频移与基于约 1109.54 nm 波长为泵浦产生的一阶布里渊频移理论计算结果非常吻合。加拿大蒙特利尔理工学院 KASHYAP 小组在其研究中也同样报道了 SBS 现象[33]。

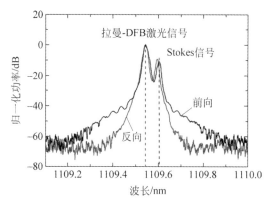

图 6.4.12 当输入泵浦功率较大时，R-DFB2 激光器的前向和反向输出信号
光谱图，OSA 光谱仪分辨率为 0.01 nm

英国南安普顿光电子研究中心 IBSEN 博士课题组通过实验及理论研究报道了基于拉曼-DFB 光纤激光器的宽带四波混频波长变换现象[50-51]。图 6.4.13 为实验装置示意图，其中图 6.4.13(a)为研究拉曼-DFB 光纤激光器自身产生四波混频波长变换现象；图 6.4.13(b)为将拉曼-DFB 激光信号作为四波混频的泵浦源，与

腔外波长可调谐的 $1\,\mu\mathrm{m}$ 单频激光放大器探测信号相互作用产生波长变换现象的实验装置示意图。其中 L_1 为 DFB 光纤光栅长度,即 $30\,\mathrm{cm}$; L_2 为输出尾纤的长度;拉曼-DFB 光纤激光器的输出信号通过透镜 1 和透镜 2 组成的空间光耦合方式进入光谱仪(OSA),由 OSA 测试四波混频波长变换的频谱特性及其转换效率。

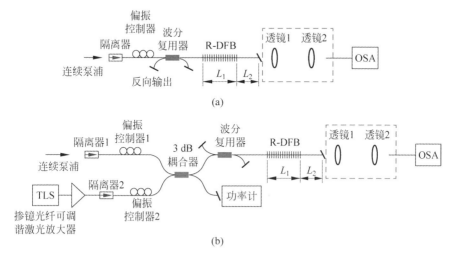

图 6.4.13　拉曼-DFB 光纤激光器输出四波混频波长变换实验装置示意图

图 6.4.14 为 R-DFB1 和 R-DFB2 光纤激光器直接输出宽带光谱图,其中 R-DFB1 的尾纤长度 L_2 分别为 $1.8\,\mathrm{m}$ 和 $11.8\,\mathrm{m}$ 时,与之对应的输出曲线分别为 1 和 2,几乎完全相同,说明四波混频波长变换与尾纤长度无关,发生在拉曼-DFB 激光腔内;图中曲线 3 和曲线 4 分别为 R-DFB2 的前向和反向输出光谱,长波长输出信号只存在于前向输出端口,说明四波混频波长变换是由拉曼-DFB 激光信号与同向传输的泵浦信号相互作用产生的。假设拉曼-DFB 光纤激光器的泵浦光波长为 λ_i,拉曼-DFB 激光信号波长为 $\lambda_{jn}(n=1,2)$,通过四波混频后产生的共轭信号波长为 $\lambda_{kn}(n=1,2)$,由实验结果可知,它们满足如下公式:

$$\frac{c}{\lambda_{kn}}=2\frac{c}{\lambda_{jn}}-\frac{c}{\lambda_i},\quad n=1,2 \tag{6.4.6}$$

式(6.4.6)为简并四波混频波长变换公式[40],基于四波混频波长变换理论,其转换效率及带宽取决于色散曲线及参与波长之间的相位匹配关系。图 6.4.15(a)为所用光纤的色散曲线计算结果,其零色散点在 $1.5\,\mu\mathrm{m}$ 以上,拉曼-DFB 的泵浦、激光及其共轭信号波长均位于正常色散区。然而,DFB 光纤光栅是色散调节器,在光栅中心波长处产生断崖式的色散变化,见图 6.4.15(b)中的插图。所以,在拉曼-DFB 光纤激光器中产生四波混频波长变换现象是由光纤及其光栅相互作用的结果。共轭信号 λ_{kn} 相对于其探测信号 λ_i 的转换效率最大值约为 $-25\,\mathrm{dB}$,主要由输

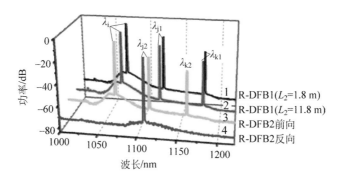

图 6.4.14　拉曼-DFB 光纤激光器输出光谱特性

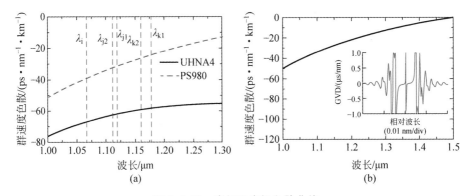

图 6.4.15　光纤及光栅色散曲线

(a) PS980 和 UHNA4 光纤色散计算曲线,图中虚线表示各波长的位置;

(b) PS980 光纤色散,其中插图为 DFB 光纤光栅色散计算结果

出泵浦光功率和拉曼-DFB 光纤激光腔的整体色散决定[50]。

将拉曼-DFB 光纤激光器作为四波混频波长变换器,改变探测信号的波长,即可以产生长波长的共轭信号。图 6.4.16(a)为基于 R-DFB1 激光器得到的实验结果,其中 1 μm 探测信号连续可调范围约为 1040.8~1080.4 nm,受限于激光源本身的调节范围,得到相应的共轭信号范围约为 1158~1207.3 nm,共轭信号的光谱与输入探测信号保持一致,图 6.4.16(b)所示为♯2 探测信号与其共轭信号♯2*的光谱对照图,光谱仪测试的波长精度为 0.01 nm。将探测信号由♯1 调节至♯5 时,拉曼-DFB 激光信号的频率调制范围为 9.3~19.9 THz,实验测量得到四波混频波长变换效率约从 -25 dB 变到 -37.5 dB,这是由于远离四波混频泵浦波长时,相位失匹配参数变大,从而降低了转换效率。通过理论模型的数值分析,上述实验结果能够很好地与理论模拟计算结果相吻合[51],可见拉曼-DFB 激光信号受四波混频非线性效应的影响,限制了更高功率的产生,同时它又是一个有效的宽带波长变换器,产生更多、更宽的新波长信号。

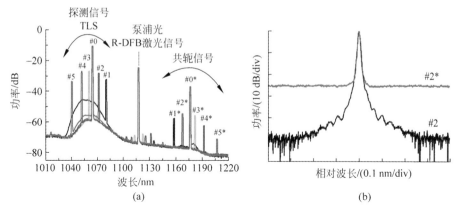

图 6.4.16　拉曼-DFB 激光器产生四波混频实验结果

（a）1 μm 可调谐激光器与拉曼-DFB 激光信号相互作用产生四波混频波长变换光谱图；

（b）图（a）中♯2 与其共轭信号♯2*的光谱对照图

6.5　高功率单频窄线宽光纤激光最新进展

　　基于谐振腔的单频光纤激光器的输出功率受到受激布里渊效应的影响，基本上被限制在瓦级水平。这是因为受激布里渊的增益线宽在兆赫兹量级，这样基于光纤输出的、线宽在百千赫兹以下的高功率单频窄线宽激光正好可以落在布里渊增益带宽内，当输出功率在瓦级以上时，达到并超出布里渊激光产生的阈值，产生不必要的布里渊激光信号，从而导致单频光纤激光器的输出功率受限。

　　为避免布里渊激光的产生，同时不牺牲线宽的性能优势，高功率单频窄线宽光纤激光输出必须采用主控振荡器（master oscillator power-amplifier，MOPA）[52]，即采用单频窄线宽种子源和基于高掺杂浓度、较短长度增益光纤的单程放大器结合的方法，避免在谐振腔内发生的多次往返行程中沿光纤长度积累的布里渊非线性效应，同时为抑制非线性效应，MOPA 使用的增益光纤需要采用大模场光纤，这样在净输出功率提升的条件下，在光纤纤芯横截面的单位面积功率密度依然维持较低的水平。

　　目前在 1 μm 基于掺镱石英光纤的单频 MOPA 中，最大的输出功率超过了800 W[53]；在 1.5 μm 基于铒镱共掺石英光纤的单频 MOPA 中最大的输出功率超过了 200 W[54]；在 2 μm 基于掺铥石英光纤的单频 MOPA 中，最大的输出功率超过了 600 W[55]。

参考文献与深入阅读

[1] DIGONNET M J F. Rare-earth-doped Fiber Lasers and Amplifiers：Revised and Expanded [M]. 2nd ed. New York：Marcel Dekker Inc,2001.

[2] YIN F,YANG S,CHEN H,et al. Tunable single-longitudinal-mode ytterbium all fiber laser with saturable-absorber-based auto-tracking filter[J]. Optics Communications,2012,285（10/11）：2702-2706.

[3] RODRIGUEZ-COBO L,RUIZ-LOMBERA R,QUINTELA M A,et al. Single longitudinal mode fiber ring laser[J]. Optics & Laser Technology,2018,107：361-365.

[4] FAROKHROOZ F,KIM C,SHARMA U,et al. Wavelength-switching single-longitudinal-mode fiber ring laser based on cascaded composite Sagnac loop filters[C]. Los Angeles：Optical Fiber Communication Conference Technical Digest,2004.

[5] BALL G A,MOREY W W,GLENN W H. Standing-wave monomode erbium fiber laser [J]. IEEE Photonics Technology Letters,1991,3(7)：613-615.

[6] ZHANG Y,GUAN B,TAM H. Ultra-short distributed Bragg reflector fiber laser for sensing applications[J]. Optics Express,2009,17(12)：10050-10055.

[7] WONG A C L,CHEN D,WANG H J,et al. Extremely short distributed Bragg reflector fibre lasers with sub-kilohertz linewidth and ultra-low polarization beat frequency for sensing applications[J]. Measurement Science and Technology,2011,22(4)：045202-045209.

[8] LOH W H,SAMSON B N,DONG L,et al. High performance single frequency fiber grating-based erbium：ytterbium-codoped fiber lasers[J]. Journal of Lightwave Technology,1998,16(1)：114-118.

[9] SPIEGELBERG C,GENG J,HU Y,et al. Low-noise narrow-linewidth fiber laser at 1550 nm[J]. Journal of Lightwave Technology,2004,22(1)：57-62.

[10] XU S H,YANG Z M,LIU T,et al. An efficient compact 300 mW narrow-linewidth single frequency fiber laser at 1.5 μm[J]. Optics Express,2010,18(2)：1249-1254.

[11] HOU Y,ZHANG Q,QI S,et al. 1.5 μm polarization-maintaining dual-wavelength single-frequency distributed Bragg reflection fiber laser with 28 GHz stable frequency difference [J]. Optics Letters,2018,43(6)：1383-1386.

[12] YANG Z,LI C,XU S,et al. Single-frequency Fiber Lasers [M]//Optical and Fiber Communications Reports. Singapore：Springer,2019.

[13] LEE C C,CHI S. Single-longitudinal-mode operation of a grating-based fiber-ring laser using self-injection feedback[J]. Optics Letters,2000,25(24)：1774-1776.

[14] PAN Z Q,ZHOU J,YANG F,et al. Low-frequency noise suppression of a fiber laser based on a round-trip EDFA power stabilizer[J]. Laser Physics,2013,23(3)：035105.

[15] KRINGLEBOTN J T,ARCHAMBAULT J L,REEKIE L,et al. Er^{3+}：Yb^{3+}-codoped fiber distributed-feedback laser[J]. Optics Letters,1994,19(24)：2101-2103.

[16] ASSEH A,STOROY H,KRINGLEBOTN J T,et al. 10 cm Yb^{3+} DFB fibre laser with

permanent phase shifted grating[J]. Electronics Letters,1995,31(12): 969-970.

[17] SEJKA M,VARMING P,HUBNER J,et al. Distributed feedback Er^{3+}-doped fibre laser [J]. Electronics Letters,1995,31(17): 1445-1446.

[18] LOH W H,LAMING R I. 1. 55 μm phase-shifted distributed feedback fibre laser[J]. Electronics Letters,1995,31(17): 1440-1442.

[19] LOH W H,DONG L,CAPLEN J E. Single-sided output Sn/Er/Yb distributed feedback fiber laser[J]. Applied Physics Letters,1996,69(15): 2151-2153.

[20] HARUTJUNIAN Z E, LOH W H, LAMING R I, et al. Single polarisation twisted distributed feedback fibre laser[J]. Electronics Letters,1996,32(4): 346-348.

[21] STORAY H,SAHLGREN H,STUBBE R. Single polarisation fibre DFB laser [J]. Electronics Letters ,1997,33(1): 56-58.

[22] AGGER S,POVLSEN J H,VARMING P. Single-frequency thulium-doped distributed-feedback fiber laser[J]. Optics Letters,2004,29(13): 1503-1505.

[23] CODEMARD C A,HICKEY L M B,YELEN K,et al. 400-mW 1060-nm ytterbium-doped fiber DFB laser[C]. San Jose: Lasers and Applications in Science and Engineering,2004.

[24] VOO N Y,SAHU J K,IBSEN M. 345 mW 1836 nm single-frequency DFB fiber laser MOPA[J]. IEEE Photonics Technology Letters,2005,17(12): 2550-2552.

[25] BABIN S A,CHURKIN D V, ISMAGULOV A E, et al. Single frequency single polarization DFB fiber laser[J]. Laser Physics Letters,2007,4(6): 428-432.

[26] ZHANG Z,SHEN D Y,BOYLAND A J,et al. High-power Tm-doped fiber distributed-feedback laser at 1943 nm[J]. Optics Letters,2008,33(18): 2059-2061.

[27] LI X H,LIU X M,GONG Y K,et al. A novel erbium/ytterbium co-doped distributed feedback fiber laser with single-polarization and unidirectional output[J]. Laser Physics Letters,2010,7(1): 55-59.

[28] LI Q,YAN F,PENG W,et al. DFB laser based on single mode large effective area heavy concentration EDF[J]. Optics Express,2012,20(21): 23684-23689.

[29] BERNIER M, MICHAUD-BELLEAU V, LEVASSEUR S, et al. All-fiber DFB laser operating at 2. 8 μm[J]. Optics Letters,2015,40(1): 81-84.

[30] WESTBROOK P S, ABEDIN K S, NICHOLSON J W,et al. Raman fiber distributed feedback lasers[J]. Optics Letters,2011,36(15): 2895-2897.

[31] SHI J,ALAM S,IBSEN M. Highly efficient Raman distributed feedback fibre lasers[J]. Optics Express,2012,20(5): 5082-5091.

[32] SHI J,ALAM S, IBSEN M. Sub-watt threshold, kilohertz-linewidth Raman distributed-feedback fiber laser[J]. Optics Letters,2012,37(9): 1544-1546.

[33] LORANGER S, KARPOV V, SCHINN G W, et al. Single-frequency low-threshold linearly polarized DFB Raman fiber lasers[J]. Optics Letters,2017,42(19): 3864-3867.

[34] LORANGER S,KASHYAP R. Efficiency increase of distributed feedback Raman fiber lasers by dynamic control of the phase shift[J]. Optics Letters,2018,43(23): 5705-5708.

[35] LORANGER S,TEHRANCHI A,WINFUL H,et al. Realization and optimization of phase-shifted distributed feedback fiber Bragg grating Raman lasers[J]. Optica,2018,

5(3)：295-302.

[36] ABEDIN K S,WESTBROOK P S,NICHOLSON J W,et al. Single-frequency Brillouin distributed feedback fiber laser[J]. Optics Letters,2012,37(4)：605-607.

[37] LORANGER S,LAMBIN-IEZZI V,WAHBEH M,et al. Stimulated Brillouin scattering in ultra-long distributed feedback Bragg gratings in standard optical fiber[J]. Optics Letters, 2016,41(8)：1797-1800.

[38] IBSEN M,SET S Y,GOH G S,et al. Broad-band continuously tunable all-fiber DFB lasers [J]. IEEE Photonics Technology Letters,2002,14(1)：21-23.

[39] ZHU X,PEYGHAMBARIAN N. High-power ZBLAN glass fiber lasers：review and prospect[J]. Advances in Opto Electronics,2010：1-23.

[40] AGRAWAL G P. Nonlinear Fiber Optics[M]. 2nd ed. San Diego,Calif. ：Academic Press,1995.

[41] PERLIN V E,WINFUL H G. Distributed feedback fiber Raman laser[J]. IEEE Journal of Quantum Electronics,2001,37(1)：38-47.

[42] Hu Y,BRODERICK N G R. Improved design of a DFB Raman fibre laser[J]. Optics Communications,2009,282(16)：3356-3359.

[43] SHI J,IBSEN M. Effects of Phase and Amplitude Noise on Phase-Shifted DFB Raman Fibre Lasers[C]. Germany Karlsruhe：Bragg Gratings,Photosensitivity,and Poling in Glass Waveguides,2010.

[44] WINFUL H G,KABAKOVA I A,EGGLETON B J. Model for distributed feedback Brillouin lasers[J]. Optics Express,2013,21(13)：16191-16199.

[45] WESTBROOK P S,ABEDIN K S,KREMP T. Distributed Feedback Raman and Brillouin Fiber Lasers[M]//FENG Y. (eds)Raman Fiber Lasers：Springer Series in Optical Sciences 207. Singapore：Springer,2017：235-271.

[46] DE STERKE C M,JACKSON K R,ROBERT B D. Nonlinear coupled-mode equations on a finite interval：a numerical procedure[J]. Journal of the Optical Society of America B, 1991,8(2)：403-412.

[47] BEHZADI B,ALIANNEZHADI M,HOSSEIN-ZADEH M,et al. Design of a new family of narrow-linewidth mid-infrared lasers[J]. Journal of the Optical Society of America B, 2017,34(12)：2501-2513.

[48] GALEENER F L,MIKKELSEN J C,GEILS R H,et al. The relative Raman cross sections of vitreous SiO_2,GeO_2,B_2O_3,and P_2O_5[J]. Applied Physics Letters,1978,32(1)：34-36.

[49] SHI J,FENG X,HORAK P,et al. 1.06 μm picosecond pulsed,normal dispersion pumping for generating efficient broadband infrared supercontinuum in meter-length single-mode tellurite holey fiber with high Raman gain coefficient [J]. Journal of Lightwave Technology,2011,29(22)：3461-3469.

[50] SHI J,ALAM S,IBSEN M. Ultrawide-range four-wave mixing in Raman distributed-feedback fiber lasers[J]. Optics Letters,2013,38(6)：944-946.

[51] SHI J,HORAK P,ALAM S,et al. Detailed study of four-wave mixing in Raman DFB fiber lasers[J]. Optics Express,2014,22(19)：22917-22924.

［52］　FU S，SHI W，FENG Y，et al. Review of recent progress on single-frequency fiber lasers
　　　　［J］. Journal of the Optical Society of America B，2017，34(3)：A49-A62.

［53］　ROBIN C，DAJANI I，PULFORD B. Modal instability-suppressing，single-frequency
　　　　photonic crystal fiber amplifier with 811 W output power［J］. Optics Letters，2014，39(3)：
　　　　666-669.

［54］　CREEDEN D，PRETORIUS H，LIMONGELLI J，et al. Single frequency 1560 nm Er：Yb
　　　　fiber amplifier with 207 W output power and 50. 5％ slope efficiency［C］. San Francisco：
　　　　Fiber Lasers ⅩⅢ：Technology，Systems，and Applications，2016.

［55］　GOODNO G D，BOOK L D，ROTHENBERG J E. Low-phase-noise，single-frequency，
　　　　single-mode 608 W thulium fiber amplifier［J］. Optics Letters，2009，34(8)：1204-1206.

第 **7** 章

光纤超快脉冲和超连续谱产生技术

随着激光技术的快速发展,高功率、高能量、高性能(譬如单频窄线宽、波长可调谐性、宽谱等)的激光器成为整个激光技术发展的重要方向。本章概述了光纤超快脉冲激光产生机理、光纤超连续谱产生机理及其最新研究进展。

7.1　光纤超快脉冲产生机理

超快脉冲激光具有极高的激光峰值功率(太瓦至拍瓦级)、高脉冲能量(毫焦耳至焦耳)和超短的时域能量分布(飞秒至阿秒),由此可以创造出超高时间分辨率、超强电磁场、超高温度等极端物理条件。新的物理化学现象、新技术,以及新的交叉学科(如飞秒材料科学、飞秒等离子体物理、飞秒光电子学、飞秒半导体物理、飞秒光谱全息学、高能量物理、超快反应动力学等)应运而生[1]。超快激光脉冲产生技术及其应用已经成为目前国内外激光技术前沿研究的重点之一。在国际上,美国、英国、法国、德国一直十分重视超短脉冲激光技术与超快现象的研究,譬如美国的劳伦茨里佛摩尔国家实验室和贝尔实验室等都早早地开展了超快激光技术的研究。目前,超快脉冲激光技术已经被广泛地应用于医学成像、飞秒外科手术、超快化学检测、光通信等领域,并极大地推动了相关行业的发展。

自1960年激光发明以来,缩短激光脉冲宽度技术的发展经历了三个重要阶段:调 Q 脉冲激光技术阶段、锁模激光脉冲技术阶段、啁啾脉冲放大阶段。光纤超快脉冲产生技术也同样经历了这三个阶段。

表 7.1.1 给出了物理中常用的国际单位制(SI)词头。

表 7.1.1 物理上常用的 SI 词头

因数	词头名称		符号
	英文名称	中文名称	
10^{-18}	atto	阿[托]	a
10^{-15}	femto	飞[母托]	f
10^{-12}	pico	皮[可]	p
10^{-9}	nano	纳[诺]	n
10^{-6}	micro	微	μ
10^{-3}	milli	毫	m
10^{-2}	centi	厘	c
10^{-1}	deci	分	d
10^{1}	deca	十	da
10^{3}	kilo	千	k
10^{6}	mega	兆	M
10^{9}	giga	吉[咖]	G
10^{12}	tera	太[拉]	T
10^{15}	peta	拍[它]	P
10^{18}	exa	艾[可萨]	E

7.1.1 光纤调 Q 脉冲激光产生技术

调 Q 脉冲激光产生技术是指在光纤激光器中实现高能量、短脉冲的有效技术手段。首先,光纤增益介质被泵浦提升到一个较高的增益水平,同时用于调 Q 的损耗调制器件处于损耗状态,使得腔内损耗大于增益,从而阻止激光能量在谐振腔内的积累;当增益介质中储存了足够的能量时,损耗调制器件被迅速切换到高透过模式,使得腔内损耗迅速低于增益,谐振腔以极高的效率从光纤增益介质中提取能量并使激光迅速起振,从而产生高能量的短脉冲。

调 Q 光纤激光器的产生技术较多,通常包括:①通过电控损耗调制器的主动调 Q 技术;②通过激光场控制腔中的可饱和吸收体的被动调 Q 技术。光纤调 Q 技术产生脉冲宽度一般等于激光在腔内往返几次的时间,所以调 Q 光纤激光器产生脉冲宽度在纳秒到微秒量级。[2]

7.1.2 光纤锁模脉冲激光产生技术

光纤锁模脉冲激光产生技术是在光纤中实现皮秒或百飞秒量级超快脉冲的主要技术手段。

数学上,当激光在光纤环形腔内振荡时,会产生一系列间隔为 ω_R(ω_R 为谐振腔的基频)的振荡频率 ω_i[3]:

$$\omega_i - \omega_{i-1} = \frac{\pi c}{L} = \omega_R \qquad (7.1.1)$$

式中，L 为环形腔的长度；c 为真空中的光速。由此产生的激光在时域上的电场是振荡模之和，即

$$e(t) = \sum_n E_n e^{j[(\omega_0 + n\omega_R)t + \Phi_n]} \qquad (7.1.2)$$

式中，ω_0 作为参照的中心振荡频率；E_n 和 Φ_n 是第 n 个腔模的振幅和相位；$j = (-1)^{1/2}$。

图 7.1.1 给出了相位随机分布的 5 个独立脉冲腔模叠加后的多纵模激光输出在时域上的功率分布（强度为任意单位）。

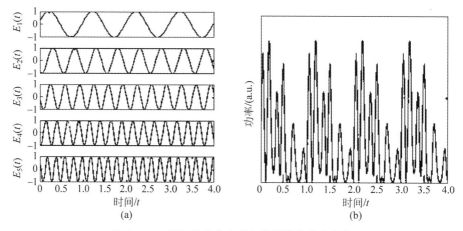

图 7.1.1　相位随机分布的多纵模激光输出曲线

（a）相位随机分布的 5 个独立腔模的电场强度分布；

（b）由此叠加的多纵模激光输出在时域上的功率分布[3]

如果锁定上述脉冲腔模的相位，即所有 N 个腔模具有相同的相位或相位差为 2π 的整数倍，E_n 和 Φ_n 成为常数。最简单的形式就是 $E_n = 1，\Phi_n = 0$，这样式(7.1.2)就成为

$$e(t) = \cos\omega_0 t \frac{\sin(N\omega_R t/2)}{\sin(\omega_R t/2)} \qquad (7.1.3)$$

此时激光在振荡频率 ω_0 调制以正弦包络函数 $f(t) = \dfrac{\sin(N\omega_R t/2)}{\sin(\omega_R t/2)}$ 变化。

脉冲输出平均功率可以表示为

$$P(t) \propto \frac{\sin^2(N\omega_R t/2)}{\sin^2(\omega_R t/2)} \qquad (7.1.4)$$

　　如图 7.1.2 所示,锁模后,激光输出演变为一个周期性的脉冲序列,其脉冲周期 T 为 $2\pi/\omega_R$,电场强度的峰值是单个腔模的 N 倍,激光脉冲的峰值功率是单个腔模平均功率的 N^2 倍,脉冲宽度 τ(定义为峰值到其后的第一个功率为零的时间)缩短为 T/N。即锁模后,激光脉冲的能量大幅度提升,而其脉宽大幅度压缩。

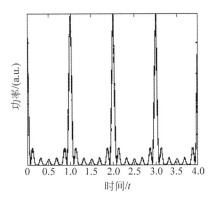

图 7.1.2　锁模激光输出脉冲序列

由图 7.1.1(a)所示 5 个腔模相位锁定后叠加而成

　　技术上,锁模技术可以分为被动锁模和主动锁模两大类。

　　无源被动锁模是指不注入外部射频信号的锁频技术,其腔内激光超快脉冲的形成完全是由激光内部结构引起的,优点就是低损耗、高增益。被动锁模最简单的方法就是将可饱和吸收体插入腔中(见图 7.1.3)。可饱和吸收体是非线性光学元件,当激光功率密度强度增加时,其吸收系数降低,与具有相同能量的连续激光相比,由于高峰值功率的脉冲序列的能量集中在周期性的脉冲序列的峰值部分,所以高峰值功率的脉冲序列能够以极低的损耗通过吸收体且在腔内稳定地形成。

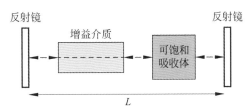

图 7.1.3　利用可饱和吸收体的被动锁模激光器结构示意图

　　非线性偏振旋转(nonlinear polarization rotation,NPR)锁模是另外一种实现被动锁模的方式。如图 7.1.4 所示,当一个脉冲的两正交偏振分量在光纤中传输时,由非线性自相位调制(self-phase modulation,SPM)和交叉相位调制(cross-phase modulation,XPM)效应引起强度依赖的偏振态变化,配合两个偏振控制器产生一个非线性相位移动。这样,信号的偏振态发生一定角度的旋转,使得其偏振方向和隔离器的光轴一致,从而信号就以最低损耗通过隔离器;而具有较低功率的连续激光信号因为不存在以上的偏振态旋转,就被阻止通过隔离器,该过程等效为具有自幅度调制作用的等效快速可饱和吸收体的被动锁模机制,其结果就是腔内形成稳定的高峰值功率的超快脉冲序列。

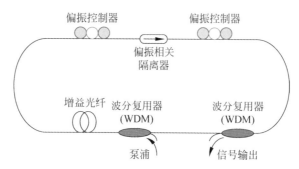

图 7.1.4 NPR 被动锁模激光器结构示意图

无源被动锁模激光技术能够产生飞秒量级的超快激光脉冲;同时,被动锁模是一种相位的自我锁定现象,脉冲序列的形成不需要任何外部调制信号;但是,被动锁模产生的脉冲序列的间隔是随机非均匀分布的,因为被动锁模技术里面不存在对重复频率的控制机制。所以,在要求脉冲间隔有着高精度时间要求的应用场景(如高速光通信)中,被动锁模技术具有一定的局限性。

主动锁模是通过振幅调制(AM)、相位调制(PM),或频率调制(FM)三种途径来实现的。在主动锁模过程中,通常是针对谐振腔的增益或损耗加载一个频率为激光器基频 f_R 的外在信号。以振幅调制为例,如图 7.1.5 所示,当激光振幅被加载一个频率为 f_m 的外部射频调制信号时,频率为 f_0 的振荡模将其能量部分迁移到其两侧频率为 $f_0 - f_m$ 和 $f_0 + f_m$ 的两个边带上;当调制频率 f_m 被设定等于腔内基频间隔 f_R 时,f_0 两侧的边带和激光脉冲序列在时域上重合,第 i 个模的能量就迁移到与其相邻的第 $i-1$ 个模和第 $i+1$ 个模上;这样,在注入外加调制信号后,激光振荡的脉冲序列的能量重新分配到相位锁定的一个脉冲序列上,从而实现稳定锁模。

光纤锁模激光技术能够实现重复频率在亚兆赫兹到百吉赫兹范围、脉冲宽度从纳秒到近 30 fs 量级的激光脉冲。目前大部分超快光纤激光器都是通过被动锁模技术产生超快脉冲,然后通过多级放大达到较高的脉冲能量。由于光纤器件的紧凑结构和小尺寸,功能强大的光纤锁模激光技术在超快脉冲激光技术中具有独特的优势。随着光纤锁模激光技术的日益成熟,锁模光纤激光器已投入商业应用,被广泛地应用于许多不同的领域,如激光雷达、全光扫描延迟线、非线性频率转换、双光子显微镜,乃至太赫兹波的生成等。

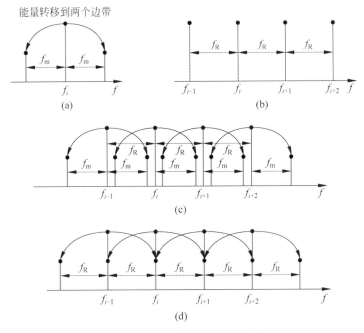

图 7.1.5　主动锁模的调制方式

(a) 调制时能量迁移到两个边带；(b) 腔内振荡的具有基频间隔 f_R 的激光脉冲序列；

(c) 对腔内振荡的具有基频间隔 f_m 的脉冲序列进行调制时能量发生重新分配；

(d) 当 $f_m = f_R$ 时，在脉冲序列的能量迁移过程中形成稳定的相位锁定的脉冲序列

7.1.3　光纤啁啾脉冲放大技术

要获得更高脉冲能量，需要使用到啁啾脉冲放大(chirped-pulse amplification，CPA)技术[1,4]。2018 年度诺贝尔物理学奖的一半授予了法国科学家 Gerard Mourou 和加拿大科学家 Donna Strickland，以表彰他们发明了可用于产生高强度超短光学脉冲的方法，即啁啾脉冲放大方法。啁啾脉冲放大用于产生高强度、超短激光脉冲。目前 CPA 技术实现激光单脉冲的高能量可以达到拍瓦(10^{15} W)以上，一般实验室脉冲宽度都可达飞秒(10^{-15} s)量级，有的实验室可做到阿秒(10^{-18} s)量级。高能量的超短激光脉冲具有重要的工业和军事应用价值，由于它可以把单脉冲时域降至阿秒(10^{-18} s)水平，所以其超高的时间分辨本领提供了研究原子和亚原子层面超快过程的可能，对基础物理研究的影响是不可估量的。

CPA 技术获得超短脉冲的基本思想是将种子脉冲通过展宽器得到纳秒或亚纳秒量级（在时域上拉伸），再通过放大器放大展宽后的长脉冲，得到高峰值超强脉冲后，再采用与脉冲展宽器相逆的脉冲压缩器将它压缩回与种子脉冲相等宽度的超短脉冲，以获得超短超强脉冲（见图 7.1.6）。CPA 技术的优点是它不仅可以提

高超短脉冲能量,还可以经过展宽、放大和压缩,有效提取放大介质的能量,避免直接放大过程中由于激光功率密度超过介质损坏阈值而损伤放大器。

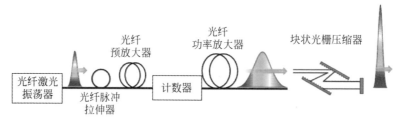

图 7.1.6　光纤啁啾脉冲放大实现原理示意图

【花絮 1】　加拿大科学家 Donna Strickland 在 2018 年由于在高能量超短光学脉冲产生方法(啁啾脉冲放大方法)上的贡献,成为历史上诺贝尔物理学奖的第三位女性得主,此前的诺贝尔物理学奖两位女性得主分别是 1903 年获奖的 Marie Curie,以及 1963 年获奖的 Maria Goeppert Mayer。

【花絮 2】　Gerard Mourou 和 Donna Strickland 于 20 世纪 80 年代在美国罗切斯特大学在研究高能激光脉冲技术时(当时 Mourou 是 Strickland 的博士生导师),由于受到雷达技术的启发,他们首先将激光脉冲的时间延长了几个数量级,从而降低了其峰值功率,然后通过放大器传递被拉伸的脉冲,最后再次压缩脉冲(即所谓的啁啾脉冲放大),最后获得了功率大大增强的超短脉冲。他们并没有像大家今天那样把这一创造性的结果发表在高影响因子的期刊上,而是投到了非常普通的 *Optics Communications* 期刊上。短短 3 页的文章迄今已经被引用了近 6000次。可见重要的是文章的内容和背后的物理思想,而不是发表在哪里;是金子,放在哪里都会发光的。

7.2　光纤超连续谱光源产生机理

1970 年,R. R. Alfano 和 S. L. Shapiro 首次利用 Nd 玻璃激光器倍频得到 530 nm 的吉瓦级皮秒激光泵浦块状 BK7 光学玻璃,得到覆盖 400～700 nm 整个可见光范围的超连续谱[5]。

光纤超连续谱光源(supercontinuum source,SC)[6]是同时兼具传统宽带灯源和光纤激光器优点的一种新型宽带激光光源。其产生机理是：高能量超短激光脉冲在具有高非线性系数和色散调节的光子晶体光纤[7-8]中传输时，由于激光脉冲的高峰值功率、光纤的高非线性系数、光纤的低色散值和低色散系数的相互影响，发生了多种非线性效应（如自相位调制 SPM、拉曼散射、四波混频（FWM）等），从而使得输出脉冲光谱发生了大幅度的展宽。在光谱上，超连续谱是由在不同波长上具有低平均功率和高峰值功率的激光脉冲组成的，因此超连续谱光源的热效应相对较低。因此，作为一种新型的宽带脉冲紫外激光光源，基于特种光纤的超连续谱光源的研究具有实际应用价值。

2005 年，英国 BATH 大学的 D. V. Skryabin 和 A. V. Yulin 从理论上解释了超连续谱同时向短波和长波两个方向扩展的动力学过程[9]。如图 7.2.1(a) 所示，在泵浦脉冲沿着非线性光纤传播时，通过拉曼效应产生向长波不断扩展的孤子波，同时在短波方向产生与之共轭的色散波；由于孤子波位于光纤的反常色散区，其色散值为正，且色散值向长波方向不断增加，因此向长波扩展的孤子波的群速度逐渐减小，使得在短波方向的色散波的群速度能够和孤子波匹配，不断地向短波扩展（见图 7.2.1(b)），从而可以实现从可见光延伸到紫外光的超连续谱；这要求光子晶体光纤必须在大工作波长范围内具有低色散值和低色散斜率，使色散波和孤子波在较宽的波长间隔内都满足群速度的匹配[10-11]。

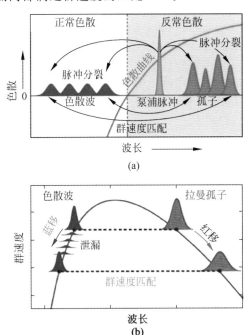

图 7.2.1　光纤超连续谱产生过程中产生色散波和孤子波的原理示意图[9]

7.3　光纤超快脉冲和超连续谱技术的最新进展

7.3.1　光纤超快脉冲技术最新进展

随着调 Q、锁模和 CPA 等超快脉冲技术的发展,光纤脉冲激光输出的峰值功率和平均功率在过去 20 多年中获得了长足的进步。如图 7.3.1 所示,脉冲光纤激光输出在 2010 年后达到了一个更高的水平,其平均功率接近了千瓦的水平,而其峰值功率突破了 10 GW 的水平(单脉冲能量超过了毫焦耳的水平)。

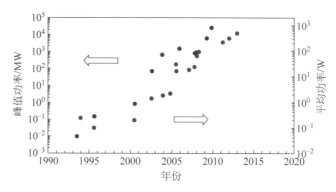

图 7.3.1　超快脉冲光纤激光输出功率水平逐年发展趋势[1,12]

迄今为止在光纤超快飞秒脉冲光源中实现的最高脉冲峰值功率的纪录由德国耶拿大学的 Tünnermann 研究团队于 2013 年创造[12]。如图 7.3.2 所示,他们结合了相干合束技术和光纤 CPA 技术,获得了 1.1 mJ、340 fs、重复频率 250 kHz、平均功率 280 W 的超快脉冲激光输出。上述超快激光脉冲被耦合进入充有惰性气体氪的空芯光纤中传输,脉冲光谱被大幅度展宽,其后啁啾反射镜将脉冲宽度压缩到 26 fs,脉冲能量提升到 540 μJ,平均功率达到 135 W,脉冲峰值功率超过了 11 GW 的纪录水平。其放大级采用大模场光子晶体光纤结构的掺镱光纤,增益光纤芯径为 60 μm。如此高的峰值功率和平均功率的超快脉冲对于未来多维度的表面科学研究和相干软 X 射线的产生具有深远的意义。

总而言之,光纤超快激光脉冲技术的发展极大地推动了光电子学、光通信、信息技术、化学等研究向高时间分辨能力、高频率、高速率的方向发展。增益光纤、啁啾脉冲放大和光纤脉冲压缩等技术的创新和相互结合促使化学、生物、物理、材料、能源等学科研究在空间维度上深入到纳米乃至原子量级、在时间维度上深入到飞秒乃至阿秒量级,这对光电子学和它所基于的光电子材料科学的研究发展都意义重大。

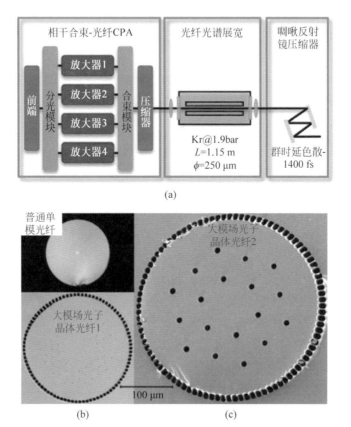

图 7.3.2 德国耶拿大学的 Tünnermann 研究团队光纤飞秒激光研究成果

(a) 相干合束和光纤 CPA 技术结合获得飞秒脉冲能量超快激光输出示意图[12]；

(b)、(c) 采用大模场光子晶体增益光纤的横截面扫描电镜照片

7.3.2　光纤超连续谱技术最新进展

超连续谱光源作为超快脉冲光源的延伸，除具有较高的峰值功率之外，还具有较宽的光谱范围，因此在高精度激光光谱检测和高光谱成像等领域具有很广阔的应用前景。

由于光纤超连续谱光源兼具了光纤激光光源结构紧凑、便携性高的优点，因此非常适合于机载（包括近年来迅速发展起来的无人机）、星载遥感。以基于激光雷达的高光谱遥感成像技术为例，检测系统利用成像光谱仪，可在数十，甚至数百条光谱波段对目标物体连续成像，在获得目标形貌特征的同时，也获得目标的光谱信息。通过不同目标反射光谱的"指纹"效应，对目标进行探测和识别。目前，高光谱成像技术已应用在农业、植被生态、地质矿产、海洋科学等领域；由于高光谱激光

雷达遥感测试光谱范围广,原有依靠几个不同波长窄线宽激光光源的技术方案不再能满足对多维信息同时监测的技术需求,而高光谱功率密度光纤超连续谱源的出现正好能够填补这一空缺。

以上光纤超连续谱光源除了需要有足够高的光谱功率密度外,还需要实现全波段覆盖。下面具体对光纤超连续谱光源在可见光、近红外、紫外和中红外波段的发展进行介绍。

1. 高光谱功率密度可见光-近红外光纤超连续谱源研究

英国的 Fianium 公司在 2005 年推出了国际上首台可见光-近红外高功率石英光纤超连续光源产品(SC450-2),该产品采用 1 μm 飞秒光纤激光器泵浦一段零色散波长位于 1 μm 的非线性石英光子晶体光纤,产生的超连续谱覆盖 0.4～2.4 μm,输出功率达到了 2 W[13]。Fianium 公司在此后的 10 年一直主导着同类产品的国际市场,直至 2016 年该公司被丹麦的 NKT 公司高价收购。

图 7.3.3 给出了 Fianium 公司推出的 20 W 石英光纤超连续谱光源的照片和光谱数据,可以看到,该产品在整个 400～2400 nm 波段的光谱功率密度都超过了 6 mW/nm。该产品在 2015 年被国际光学工程学会(SPIE)授予了为优秀光学激光器件产品专门设立的棱镜奖(Prism Awards)[14]。

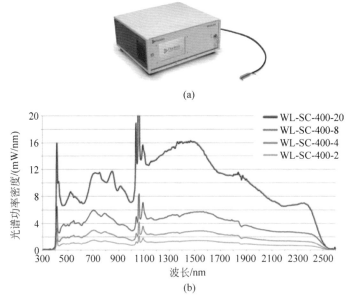

(a)

(b)

图 7.3.3　英国 Fianium 公司的光纤超连续谱光源

(a) 20 W 的 390～2400 nm 白光超连续谱源(WL-SC-400-20)样机照片;
(b) WL-SC-400-20 和同款低功率超连续谱源(2 W、4 W 和 8 W)产品的输出光谱功率密度谱线

　　2010 年成立的武汉安扬激光公司生产的产品在国内同类产品中一枝独秀。他们以自主研发的飞秒和皮秒超快光纤激光器作为泵浦,在石英光子晶体光纤超连续谱光源的输出性能的各类指标都已经追上了国外同类产品[15]。图 7.3.4 是武汉安扬激光公司生产的输出功率为 8 W 的白光超连续谱源样机照片及其输出光谱功率密度谱线。

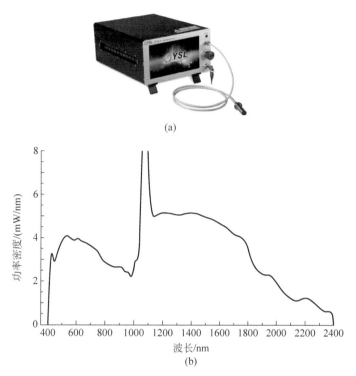

图 7.3.4　国产商用光纤超连续谱光源

（a）武汉安扬激光公司生产的输出功率为 8 W 的白光超连续谱源样机照片；（b）输出光谱功率密度谱线

　　在商用产品之外,实验室中基于石英光子晶体光纤的 0.4～2.4 μm 超连续谱光源的输出功率已经接近了百瓦。例如,中国国防科技大学侯静科研团队于 2018 年在国产的 7 芯非线性石英光子晶体光纤（见图 7.3.5）中实现了输出功率为 80 W 的超连续谱。技术上,该工作比以前的工作做了两部分的改进:①采用多芯光纤设计是由于零色散波长位于 1 μm 附近的光子晶体光纤的纤芯 2～3 μm,这么小的纤芯能够承受的泵浦功率和输出的超连续谱功率都是有限的,通过同时泵浦多芯光纤可以提升超连续谱输出功率;②该工作还采用了 1016 nm 泵浦波长,对较常见的1060 nm 泵浦而言,采用较短波长泵浦更容易提升超连续谱在短波部分的能量,尤其是提升可见光 400 nm 及其以下的紫外光谱成分在整个超连续谱能量的比例;

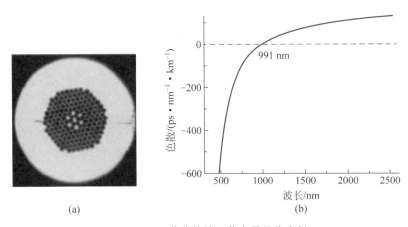

图 7.3.5　7 芯非线性石英光子晶体光纤

(a) 光纤横截面的电镜照片；(b) 单芯群速度色散曲线[16]

最终在脉宽为 120 ps、重频为 27 MHz、平均功率为 114 W 的 1016 nm 激光泵浦下，产生的超连续谱覆盖了 350～2400 nm 的波长范围（见图 7.3.6）[16]。

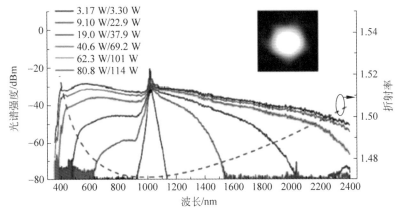

图 7.3.6　7 芯非线性石英光子晶体光纤中产生的 80 W 紫外增强宽谱超连续谱光谱图[16]

2. 紫外-深紫外波段光纤超连续谱源研究

在生物医学应用中，超快紫外激光是非常有用的光源，可以用于激发超短的荧光和观察超快的光化学反应过程。但是作为一种结构紧凑、便携性高的激光光源，产生紫外激光并不是光纤激光器的强项，这是因为：①产生紫外光的稀土离子跃迁效率很低；②常用的稀土掺杂石英玻璃光纤在长时间紫外光和可见光的照射下，会产生色心等电子缺陷，不利于器件长时间工作。一般产生紫外激光的技术手段是在光纤激光器中产生较高平均功率和峰值功率的 1 μm 激光，然后通过非线性晶体倍频的方法产生短波可见光至紫外激光。这种方法的缺点当然也是显而易见的，整个系统的光路由于不是全光纤结构的,所以不可能做到非常紧凑。

从上述可见光-近红外光纤超连续谱光源的工作中可以看到,在 1 μm 超快激光泵浦下,石英光子晶体光纤可以产生延伸到 350 nm 的可见光-近红外光纤超连续谱[10];当然如果把纤芯做得更小,使其零色散波长移到可见光 500 多纳米,再采用倍频的 1 μm 超快激光泵浦,这也可以是产生高效率可见光和紫外超连续谱的一种技术方案,但由于倍频需要在光路内部使用到非光纤元件,此结构不如全光纤方案紧凑,同时色散迁移到可见光的亚微米纤芯能够承受的泵浦功率更低,所以综合而言,1 μm 激光泵浦是较优的方案。

2013 年,丹麦的 NKT 公司在原有石英光子晶体光纤超连续谱光源的基础上,推出了深紫外超连续谱光源(SuperK Extend-UV),系统通过在原有可见光-近红外光纤超连续谱光源的输出端加上约 10 nm 带宽的滤波器件,实现了波长可调谐的 270～400 nm 波段的紫外激光输出,激光脉宽为 20 ps,功率水平为 10～100 μW(见图 7.3.7)。

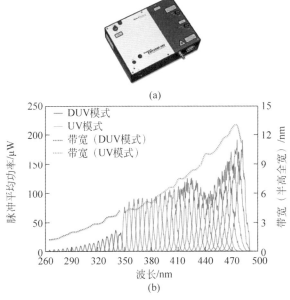

图 7.3.7　丹麦 NKT 公司深紫外超连续谱光源
(a) SuperK Extend-UV 样机照片;(b) 输出光谱图

由于紫外色散波产生效率和色散波波长的色散值与色散波相位匹配的长波孤子波波长的色散值关系密切,在深紫外波段,光纤的波导色散远远小于材料色散,因此在石英光子晶体光纤中产生的紫外光谱成分在波长和效率方面都非常受限。要解决这个问题,必须改变光纤的基质材料,把材料色散向更短波长延伸。2015年,德国马克斯·普朗克光物理研究所罗素、江昕团队采用在 200～5000 nm 波长范围内都高度透明的氟锆玻璃作为基质材料,制备了亚微米芯径的氟化物光子晶体光纤[17]。图 7.3.8(a)~(c)是氟锆玻璃光子晶体光纤横截面的扫描电镜照片;用于产生深紫外超连续谱的是图 7.3.8(b)和(c)中的 3 个相邻微孔的三角形结合部。图 7.3.8(d)给出了氟锆玻璃光子晶体光纤纤芯和结合部 A、B 等的群速度色散曲线,其中结 A 为光子晶体光纤包层中与最外圈空心孔构成的三角形结合部,结 B 为包层中第二和第三圈空心孔构成的三角形结合部。可以看到,三角形结合部 A 具有两个零色散波长(670 nm 和 1300 nm),因此选择泵浦在光纤两个零色散点之间的零色散斜率波长(1 μm 附近)处,可以使得超连续谱向长波和短波两个方向上有效地展宽。

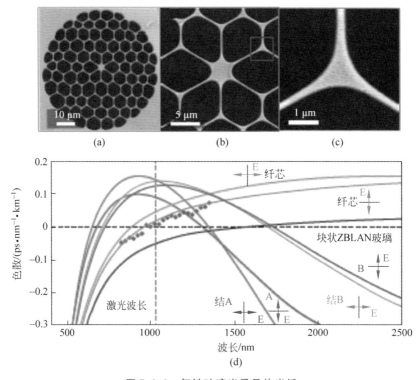

图 7.3.8　氟锆玻璃光子晶体光纤
(a)~(c) 光纤横截面的扫描电镜照片; (d) 群速度色散曲线[18]

图 7.3.9 给出了在 1042 nm 飞秒激光泵浦下,在氟锆玻璃光子晶体光纤中产生的深紫外-可见光-近红外宽谱超连续谱光谱图。可以看到,由于氟化物玻璃在深紫外波段的色散值比石英玻璃的要小很多,在同样的 1 μm 超快脉冲泵浦方式下,在色散调节的高非线性氟化物光子晶体光纤中,色散波和孤子波更容易实现相位匹配,从而有利于色散波延伸到深紫外波段的 200 nm 处。

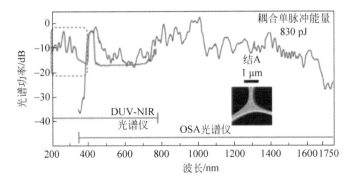

图 7.3.9　氟锆玻璃光子晶体光纤中产生深紫外-近红外宽谱超连续谱光谱图[18]

3. 高光谱功率谱密度 2～5 μm 光纤超连续谱研究

中红外波段(2～20 μm)包含了 3～5 μm 和 8～14 μm 两个大气透明窗口,激光在这两个窗口内能够实现几千米到几十千米的远距离传输。此外,大量分子的基频振动频率落在中红外波段,这些分子振动吸收截面大,波长和谱线线型呈现指纹式的特征。因此,中红外 3～5 μm 和 8～12 μm 激光技术在遥感检测、医疗健康、国防安全等领域有着重大需求和市场价值[19-23]。

中红外激光光源主要有量子级联激光器、中红外光纤激光器、气体激光器和其他固体激光器等。其中,稀土掺杂中红外光纤激光器的输出波长受限于中红外增益光纤和可用的泵浦光源,目前报道的激光输出波长小于 4 μm,且由于光纤增益基质玻璃声子能量和稀土增益离子能级跃迁概率的限制,红外输出功率和泵浦-激光转换效率随波长增长而呈现指数式下降。中红外气体激光器(如 10.6 μm 的二氧化碳(CO_2)激光器和 5.4 μm 的一氧化碳(CO)激光器)的输出功率大且输出光束质量高,波长具有一定的可调谐能力,但是高功率气体激光器需很长的气体腔,所以通常体积较大、便携性极低。中红外固体激光器主要以 Cr^{2+}、Co^{2+}、Fe^{2+} 等过渡金属离子掺杂的硫系晶体(或陶瓷)激光器和以中红外非线性晶体构成的光参量振荡器或放大器组成,具有较宽的波长可调谐范围,但是其光路复杂、成本高,同样具有体积较大、便携性低的缺点。而量子级联激光器具有电光转换效率高、尺寸小、激光波长能够覆盖 4 μm 以上所有中红外波段等一系列优点,因此被视为最有发展前景的中红外激光光源;但是目前量子级联激光器的输出功率仅为瓦级,单个激光器输出波长最多为百纳米左右,且其制备成本高,单个瓦级激光器的价格在 1 万美元以上,显然不能满足中红外光源全波段覆盖的应用需求。

在军事上,连续输出的高功率 3～5 μm 激光器的主要用途包括:远距离气体遥感(如爆炸物气体)、自由空间通信、光电对抗等。以中红外光电对抗为例,中红外对抗系统通过高功率定向中红外激光将红外制导导弹上的光电探头致盲,从而起到保护战区内飞机和地面车辆免受红外制导导弹攻击的目的。为了阻止各种寻热导弹的威胁,需要在中红外区域进行多波段覆盖。目前可用的红外对抗(IRCM)解决方案非常昂贵,且存在各种局限和缺点,如尺寸和重量过大、初始冷却时间长、工作时间短、占空比有限、包装复杂、光束质量差、输出功率有限等。

英国宇航系统(BAEs)最早在 2005 年就开始研究中红外 3～5 μm 高光谱功率密度光纤超连续谱光源在 3～5 μm 光电对抗的应用的可能性[24],目标光源输出波段能够覆盖整个 3～5 μm、光谱功率密度为 1～100 mW/nm,即在 3～5 μm 的光谱总功率为 10～100 W。研究人员在非石英玻璃光纤(氟化物光纤[25-31]、碲酸盐光纤[24,32]和锗酸盐光纤[33])中开展了宽谱中红外超连续谱产生的研究。

目前在非石英光纤中产生最宽、最高输出功率中红外超连续谱的工作是在氟锆玻璃光纤中实现的,产生的中红外 2～4 μm 超连续谱输出的最高功率达到了 30 W[29](见图 7.3.10);由于氟锆光纤在 4.5 μm 以上损耗较高,目前在氟锆光纤中产生的高功率中红外超连续谱没有能覆盖 4.5 μm 以上的报道。

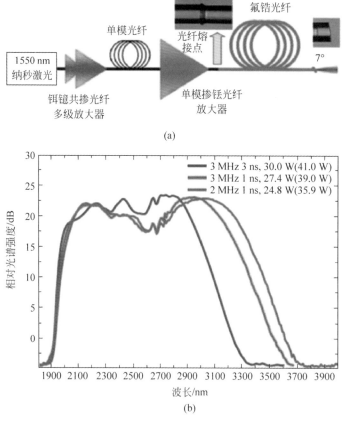

图 7.3.10 氟锆玻璃光纤中产生的宽谱中红外超连续谱

(a) 实验装置图；(b) 最高输出功率为 30 W 的超连续谱光谱图[29]

在 3~5 μm 波段,由于大气中存在很强的 3~3.5 μm 的含氢键气体吸收和 4.2~4.5 μm 的二氧化碳气体吸收,3.5~4 μm 和 4.6~5 μm 是大气透过率最高的区域。而后者与 3~5 μm 中红外光电探头的最佳灵敏度波段的重合度更高,因此 4.6~5 μm 波段对 3~5 μm 中红外光电对抗应用是极为重要的波段。为了填补氟锆光纤超连续谱源在这个波段的技术空档,人们开始采用中红外透过波段更长的氟铟玻璃光纤作为产生超连续谱的非线性介质[29-31];目前国防科技大学侯静团队已经在氟铟光纤中实现了 1.85~4.53 μm、最高功率达到 11.3 W 的超连续谱输出(见图 7.3.11)[31];加拿大拉瓦尔大学 VALLÉE 和生产氟化物光纤的法国 Le Verre Fluoré 公司合作,在氟铟光纤中实现了 2.4~5.4 μm、输出功率达到 21 mW 的超连续谱输出[29]。

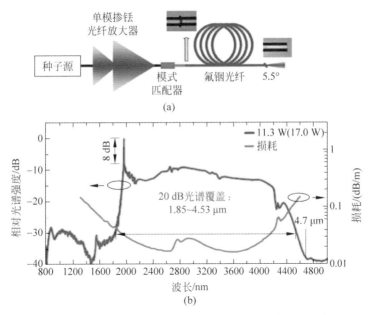

图 7.3.11　氟铟玻璃光纤中产生的宽谱中红外超连续谱

(a) 实验装置示意图;(b) 最高输出功率为 11.3 W 的超连续谱光谱图[31]

4. 中红外 2~14 μm 光纤超连续谱产生研究

如图 7.3.12(a)所示,与中波红外波段(3~8 μm)相比,被称为长波红外的 8~14 μm 波段同样具有重要的研究和应用价值。首先,这是因为 8~14 μm 波段集中了各类基团分子的基频振动峰,对于医疗诊断中譬如呼吸气体诊断、非侵入式的血糖检测等,这个波段是非常有用的[34];其次,8~14 μm 波段是热成像波段,即红外探头可以有效地避开日光的干扰,而探测物体的热辐射可以直接使用相对廉价的非制冷式红外探头;再次,中波红外和长波红外交界的 7~10 μm 波段在国防领域

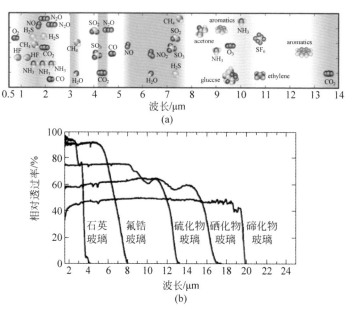

图 7.3.12　中红外传感应用与中红外光学玻璃材料

(a) 中红外气体分子振动特征吸收光谱波长[34]；(b) 石英玻璃、氟锆玻璃、

硫化物玻璃、硒化物玻璃、碲化物玻璃的中红外透过光谱[35]

和安检中也是非常重要的波段，这是因为大量涉及恐怖活动的化学物质和爆炸物气体都位于这个波段，同时在很多工业生产过程中的泄漏气体也通常位于这个波段。因此一个覆盖整个 $2\sim14~\mu m$ 波段的高光谱功率密度的激光光源是非常重要的。

由于前面用于产生 $2\sim5~\mu m$ 中红外超连续谱的氟化物玻璃光纤和碲酸盐玻璃光纤在 $4\sim5~\mu m$ 以上都呈现较高的光纤传输损耗，要产生宽谱 $2\sim14~\mu m$ 的光纤超连续谱，非线性光纤必须基于一种在这整个波段都高度透明的玻璃材料。基于硫族元素硫、硒、碲的硫系玻璃则是最为适合的玻璃材料，从图 7.3.12(b) 可以看到，硫系玻璃的长波透过限都在 $10~\mu m$ 以上，而其中的碲化物玻璃的长波透过限则更是延伸到了 $20~\mu m$[35]。因此，要实现 $2\sim14~\mu m$ 宽谱中红外光纤超连续谱，可以采用硒化物或碲化物玻璃光纤作为非线性介质。

2014 年丹麦科技大学和英国诺丁汉大学等在欧盟第七框架计划(FP7)多国合作项目(MINERVA：MId-to NEaR infrared spectroscopy for impro Ved medical diAgnostics)的资助下，报道了通过采用 $4.5~\mu m$ 和 $6.3~\mu m$ 飞秒激光参量放大器为泵浦源，在阶跃型折射率分布的硫系玻璃光纤(硒化砷)中分别实现了 $1.5\sim11.7~\mu m$ 和 $1.4\sim13.3~\mu m$ 的宽谱超连续谱输出，首次把中红外光纤超连续谱扩展到了 $8\sim14~\mu m$ 的气体指纹式吸收光谱波段[36]。图 7.3.13 给出了实验用的光纤横截面照片和色散曲线;图 7.3.14 给出了在 6.3 μm 飞秒激光泵浦下,在硒化砷光纤中得到的宽谱超连续谱输出,以及与数值模拟得到的超连续谱输出的比较[36]。

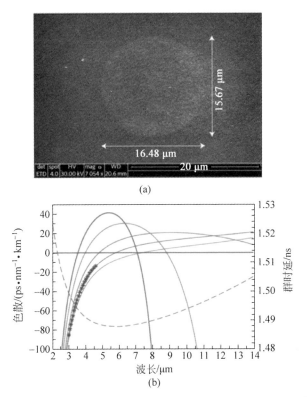

图 7.3.13　用于产生中红外超连续谱的 16 μm 芯径硒化砷光纤[36]

(a) 纤芯横截面电镜照片;(b) 色散曲线(蓝线)

5. 级联泵浦生成中红外 2~14 μm 高功率光纤超连续谱

由于对中红外超连续谱输出功率提升能力的要求,采用的硫系光纤的芯径需要在 10 μm 以上;而硫系光纤的材料零色散波长在 4 μm 以上,因此在上述 10 μm 以上芯径的硫系光纤中生成了 2~14 μm 宽谱超连续谱,它采用了波长位于 4~7 μm 的超快飞秒激光器作为泵浦;但是基于参量放大或振荡的中红外超快激光器不是理想实用型超快激光器,其输出功率也很难超过目前的百毫瓦量级,因此必须采用一种结构紧凑、可便携性高的超快激光光源作为硫系光纤的泵浦源。上面已经讲到,1.5~2 μm 稀土掺杂的石英光纤超快激光器(或放大器)是满足这一条件的理想光源。因此,中红外高功率 2~14 μm 光纤超连续谱光源采用了级联泵浦技术方案。

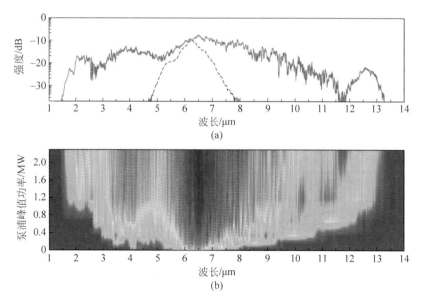

图 7.3.14 硒化砷玻璃光纤在 6.3 μm 飞秒激光泵浦下生成的宽谱超连续谱

(a) 输出光谱；(b) 在上述实验参数下数值拟合的光纤超连续谱谱线[36]

所谓的级联泵浦方案，如图 7.3.15 所示，基本原理为：

(1) 采用依次级联的几段中红外光纤(例如，依次为：氟化物光纤、硫化物光纤、硒化物光纤(或者可再加上碲化物光纤))；

(2) 采用 1.5 μm 或 2 μm 的高功率超快石英光纤激光器作为泵浦，由于普通芯径氟化物光纤的零色散波长在 1.5~2 μm 之间，超快石英光纤激光器泵浦第一级氟化物光纤生成的超连续谱可以扩展到近 5 μm；

(3) 越过第二级硫化物光纤的零色散波长(约 4.5 μm)的光谱成分接着作为硫化物光纤的泵浦光，继而生成超过第三级硒化物光纤的零色散波长(约 6.5 μm)的

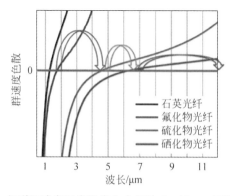

图 7.3.15 级联泵浦多级光纤产生中红外 2~14 μm 超连续谱示意图

超连续谱;超过硒化物光纤零色散波长的光谱成分作为硒化物光纤的泵浦,继而生成扩展到 $10\sim14~\mu m$ 的中红外超连续谱。

此外,级联泵浦方案也是唯一可能生成全光纤结构的高功率中红外超连续谱光源的技术途径。

2018 年,美国密西根大学、美国空军实验室和生产中红外硫系光纤的美国 IRFlex 公司等单位联合报道了通过级联泵浦方案产生高功率宽谱中红外超连续谱的最高输出功率水平[37]。图 7.3.16 为他们采用的实验装置图和超连续谱输出光谱图。一个 $1.553~\mu m$ 纳秒脉冲的半导体种子源被注入到铒镱共掺的石英光纤功率放大器中;$1.553~\mu m$ 纳秒脉冲被放大后,再经过一段 10 m 长的 SMF28 普通石英光纤,由于 SMF28 光纤的零色散波长位于 $1.3~\mu m$ 附近,$1.553~\mu m$ 纳秒脉冲处于光纤的反常色散波段,脉宽较长的高峰值功率的纳秒脉冲在时域上由于模式不稳发生分裂,变成少数个脉宽在皮秒乃至几百飞秒的超快脉冲,其峰值功率得到进一步提高,同时由于 SMF28 光纤的反常色散,脉冲沿光纤传输时因为受激拉曼散射的辅助效应在波长上向长波频移;波长频移到 $2~\mu m$ 波段的超快脉冲的平均功率经掺铒的石英光纤放大器得到有效放大后,耦合进入一段氟锆玻璃光纤(纤芯 $7.5~\mu m$,长度 $6.5~m$),生成 $1.5\sim4.5~\mu m$ 宽谱超连续谱,输出功率达到 1.7 W;其跨越 $4~\mu m$

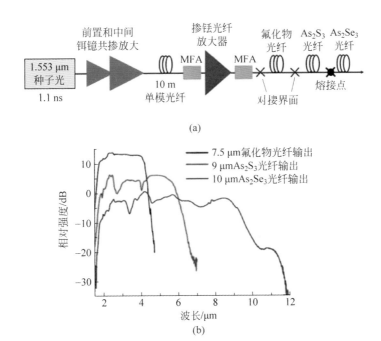

(a)

(b)

图 7.3.16　级联泵浦多级光纤产生迄今最高功率输出水平的中红外 $2\sim14~\mu m$ 超连续谱

(a) 实验装置示意图;(b) 超连续谱输出光谱[37]

的宽谱超连续谱成分作为第 2 级的硫化砷玻璃光纤(纤芯 9 μm,长度 4 m),生成 1.5~6.5 μm 宽谱超连续谱,输出功率达到 0.46 W;其跨越 6 μm 的宽谱超连续谱成分作为第 3 级的硒化砷玻璃光纤(纤芯 12 μm,长度 4 m),生成 1.5~11 μm 宽谱超连续谱,输出功率达到 0.14 W。[37]

级联泵浦技术采用的泵浦源是短波 1.5 μm 或 2 μm 超快光纤激光源,而串联的是一系列零色散波长向长波逐级移动的中红外非线性光纤;要把最后一级 2~14 μm 超连续谱输出平均功率提升到实际需求的几十瓦至百瓦水平,必须在由泵浦源和中红外特种光纤构成的整个链条上寻找可行性方案。

从泵浦源来看,级联泵浦采用的泵浦源可以等效为一个高平均功率、高峰值功率的 2 μm 超快光纤激光器。图 7.3.17 总结了 2005—2018 年 2 μm 掺铥石英光纤飞秒激光源的输出峰值功率和平均功率增长趋势[38-44],其中激光脉冲宽度在 100~800 fs 之间。可以看到,在 14 年的时间中,2 μm 飞秒光纤激光光源的平均功率从区区的瓦级提升到了 1000 W 以上、峰值功率从 200 kW 提升到了 2 GW 的水平,平均每年就能提升近两倍。而目前级联泵浦产生 2~14 μm 高功率超连续谱源的工作使用的泵浦功率(无论是平均功率还是峰值功率)尚不到目前 2 μm 光纤飞秒激光最高输出功率的 1%,因此泵浦源不是限制实现高功率中红外宽谱超连续谱的主要原因。

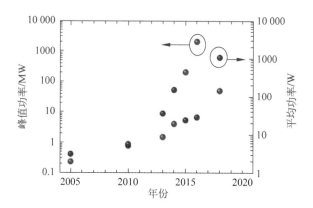

图 7.3.17　2005—2018 年 2 μm 飞秒光纤激光源的输出峰值功率和平均功率增长趋势[38-44]

从中红外非线性光纤来看,用于产生中红外 3 μm 以上波段宽谱超连续谱的光纤都是基于非石英的光学玻璃。由于光学玻璃的长波透过限由组成玻璃的元素的原子量和化学键强度决定,重元素和弱化学键有利于玻璃在中红外波段获得较高的透过性能,而这同样导致了非石英玻璃较低的激光损伤阈值。所以要实现高功率 2~14 μm 宽谱超连续谱输出,仅仅通过调控玻璃组分来提高玻璃的激光损伤阈值的效果肯定是有限的,必须从光纤设计入手。

　　前面在高功率稀土掺杂石英光纤激光器的发展过程中已经讲到,采用超大模场光子晶体光纤可以在增大模场面积和输出功率的同时,保持光纤近单模输出的高光束质量。引入超大模场光子晶体光纤结构、提高级联泵浦方案中所有非石英玻璃中红外光纤的模场直径,是解决通过级联泵浦生成高功率中红外 $2\sim14~\mu m$ 超连续谱的有效手段。江苏师范大学于 2019 年底报道了工作波段 4 μm 以上的硒化物玻璃超大模场光子晶体光纤的工作,将单模硫系玻璃光纤的模场直径提升到了 80 μm[45];紧接着于 2020 年初又报道了模场面积超过 10 000 μm^2 的硒化物玻璃少模光子晶体光纤和通过合理弯曲在少模超大模场光纤中实现有效单模输出的工作[46]。

　　可以预见,将目前最高水平的 2 μm 掺铥石英光纤飞秒光源和超大模场光子晶体光纤结构的中红外光纤(包括串联的氟化物光纤、硫化物光纤、硒化物光纤等)运用到目前的级联泵浦技术中,有望最终研发出平均输出功率在百瓦以上的 $2\sim5~\mu m$ 宽谱超连续谱源和平均输出功率接近 50 W 的 $2\sim14~\mu m$ 宽谱超连续谱源[45]。

参考文献与深入阅读

[1]　FERMANN M E,HARTL I. Ultrafast fibre lasers[J]. Nature Photonics. 2013,7(12),868-874.

[2]　DIGONNET M J F. Rare-Earth-Doped Fiber Lasers and Amplifiers,Revised and Expanded [M]. 2nd ed. New York：Marcel Dekker,Inc. ,2001.

[3]　BINH L N,NGO N Q. Ultra-Fast Fiber lasers：Principles and Applications with MATLAB Models[M]. Boca Raton：CRC Press,Taylor & Francis Group. ,2010.

[4]　STRICKL D,MOUROU G. Compression of amplified chirped optical pulses[J]. Optics Communications,1985,56(3)：219-221.

[5]　ALFANO R R,SHAPIRO S L. Emission in the region 4000 to 7000 Å via four-photon coupling in glass[J]. Physical Review Letters,1970,24(11),584-587.

[6]　RANKA J K,WINDELER R S,STENTZ A J. Visible continuum generation in air-silica microstructure optical fibers with anomalous dispersion at 800 nm[J]. Optics Letters. 2000,25(1),25-27.

[7]　BIRKS T A,KNIGHT J C,RUSSELL P S. Endlessly single-mode photonic crystal fiber [J]. Optics Letters. 1997,22(13),961-963.

[8]　RUSSELL P. Photonic crystal fibers[J]. Science,2003,299(5605),358-362.

[9]　SKRYABIN D V,YULIN A V. Theory of generation of new frequencies by mixing of solitons and dispersive waves in optical fibers[J]. Physical Review E. 2005,72(1),1-10.

[10]　MØLLER U,SØRENSEN S T,LARSEN C,et al. Optimum PCF tapers for blue-enhanced supercontinuum sources[J]. Optical Fiber Technology,2013,18(5),304-314.

[11]　STONE J M,KNIGHT J C. From zero dispersion to group index matching：How tapering

fibers offers the best of both worlds for visible supercontinuum generation[J]. Optical Fiber Technology,2012,18(5),315-321.

[12]　HÄDRICH S,KLENKE A,HOFFMANN A,et al. Nonlinear compression to sub-30-fs, 0. 5 mJ pulses at 135 W of average power[J]. Optics Letters. ,2013,38(19),3866-3869.

[13]　Supercontinuum source boxed up and ready to go[EB/OL]. [2005-07-13]. https://optics. org/article/22663.

[14]　Fianium,WhiteLase SC400-20[EB/OL]. 2015. http://www. photonicsprismaward. com/ winners.

[15]　安扬激光飞秒光纤激光器[EB/OL]. [2020-01-01]. http://www. yslphotonics. com/.

[16]　QI X,CHEN S,LI Z,et al. High-power visible-enhanced all-fiber supercontinuum generation in a seven-core photonic crystal fiber pumped at 1016 nm[J]. Optics Letters, 2018, 43 (5), 1019-1022.

[17]　Deep-UV supercontinuum-powered laser from NKT Photonics[EB/OL]. [2013-07-17]. https://optics. org/products/P000019966.

[18]　JIANG X,JOLY N Y,FINGER M A,et al. Deep-ultraviolet to mid-infrared supercontinuum generated in solid-core ZBLAN photonic crystal fibre[J]. Nature Photonics, 2015, 9 (2), 133-139.

[19]　SCHLIESSER A,PICQUÉ N,HÄNSCH T W. Mid-infrared frequency combs[J]. Nature Photonics,2012,6(7),440-449.

[20]　YAO Y, HOFFMAN A J, GMACHL C F. Mid-infrared quantum cascade lasers[J]. Nature Photonics,2012,6(7),432-439.

[21]　JACKSON S D. Towards high-power mid-infrared emission from a fibre laser[J]. Nature Photonics,2012,6(7),423-431.

[22]　MIROV S B,FEDOROV V V,MARTYSHKIN D,et al. Progress in mid-IR lasers based on Cr and Fe-doped Ⅱ-Ⅵ chalcogenides[J]. IEEE Journal of Selected Topics In Quantum Electronics,2014,21(1).

[23]　MAJEWSKI M R,WOODWARD R I,CARREÉJ J,et al. Emission beyond 4 μm and mid-infrared lasing in a dysprosium-doped indium fluoride(InF$_3$) fiber[J]. Optics Letters, 2018,43(8),1926-1929.

[24]　DELMONTE T, WATSON M A, O'DRISCOLL E J, et al. Generation of Mid-IR Continuum Using Tellurite Microstructured Fiber[C]. Long Beach: 2006 Conference on Lasers and Electro-Optics and 2006 Quantum Electronics and Laser Science Conference, 2006.

[25]　XIA C,KUMAR M,KULKARNI O P,et al. Mid-infrared supercontinuum generation to 4. 5 μm in ZBLAN fluoride fibers by nanosecond diode pumping[J]. Optics Letters,2006, 31(17),2553-2555.

[26]　LIU K,LIU J,SHI H,et al. High power mid-infrared supercontinuum generation in a single-mode ZBLAN fiber with up to 21. 8 W average output power[J]. Optics Eexpress , 2014,22(20),24384-24391.

[27]　YANG L,ZHANG B,WU T,et al. Watt-level mid-infrared supercontinuum generation from

2. 7 to 4. 25 μm in an erbium-doped ZBLAN fiber with high slope efficiency[J]. Optics Letters, 2018,43(13),3061-3064.

[28] YANG L,LI Y,ZHANG B,et al. 30W supercontinuum generation based on ZBLAN fiber in an all-fiber configuration[J]. Photonics Research,2019,7(9),1061-1065.

[29] GAUTHIER J C,FORTIN V,CARRÉE J Y,et al. Mid-IR supercontinuum from 2. 4 to 5. 4 μm in a low-loss fluoroindate fiber[J]. Optics Letters,2016,41(8),1756-1759.

[30] YANG L,ZHANG B,JIN D,et al. All-fiberized,multi-watt 2-5-μm supercontinuum laser source based on fluoroindate fiber with record conversion efficiency[J]. Optics Letters, 2018,43(21),5206-5209.

[31] WU T,YANG L,DOU Z,et al. Ultra-efficient,10-watt-level mid-infrared supercontinuum generation in fluoroindate fiber[J]. Optics Letters,2019,44(9),2378-2381.

[32] SHI H,FENG X,TAN F,et al. Multi-watt mid-infrared supercontinuum generated from a dehydrated large-core tellurite glass fiber[J]. Optical Materials Express,2016,6(12): 3967-3976.

[33] YANG L,ZHANG B,YIN K,et al. 0. 6—3. 2 μm supercontinuum generation in a step-index germania-core fiber using a 4. 4 kW peak-power pump laser[J]. Optics Express, 2016,24(12),12600-12606.

[34] 气体分析[EB/OL]. [2023-05-17]. https://www. hamamatsu. com. cn/cn/zh-cn/applications/ analytical-equipment/gas-analysis. html.

[35] SANGHERA J S,AGGARWAL I D,SHAW L B,et al. Applications of chalcogenide glass optical fibers at NRL[J]. Journal of Optoelectronics and Advanced Materials. 2001,3(3), 627-640.

[36] PETERSEN C R,MØLLER U,KUBAT I,et al. Mid-infrared supercontinuum covering the 1. 4—13. 3 μm molecular fingerprint region using ultra-high NA chalcogenide step-index fibre[J]. Nature Photonics,2014,8,830-834.

[37] MARTINEZ R A,PLANT G,GUO K,et al. Mid-infrared supercontinuum generation from 1. 6 to >11 μm using concatenated step-index fluoride and chalcogenide fibers[J]. Optics Letters,2018,43(2),296-299.

[38] IMESHEV G,FERMANN M E. 230-kW peak power femtosecond pulses from a high power tunable source based on amplification in Tm-doped fiber[J]. Optics Express,2005, 13(19),7424-7431.

[39] HAXSEN F,WANDT D,MORGNER U,et al. Pulse energy of 151 nJ from ultrafast thulium-doped chirped-pulse fiber amplifier[J]. Optics Letters,2010,35(17),2991-2993.

[40] WAN P,YANG L M,LIU J. High power 2 μm femtosecond fiber laser[J]. Optics Express,2013,21(18),21374-21379.

[41] STUTZKI F,GAIDA C,GEBHARDT M,et al. 152 W average power Tm-doped fiber CPA system[J]. Optics Letters,2014,39(16),4671-4674.

[42] STUTZKI F,GAIDA C,GEBHARDT M,et al. Tm-based fiber-laser system with more than 200 MW peak power[J]. Optics Letters,2015,40(1),9-12.

[43] GAIDA C,GEBHARDT M,STUTZKI F,et al. Thulium-doped fiber chirped-pulse

amplification system with 2 GW of peak power[J]. Optics Letters，2016，41（17），4130-4133.

[44] GAIDA C，GEBHARDT M，HEUERMANN T，et al. Ultrafast thulium fiber laser system emitting more than 1 kW of average power[J]. Optics Letters，2018，43(13)，5853-5856.

[45] REN H，QI S，HU Y，et al. All-solid mid-infrared chalcogenide photonic crystal fiber with ultralarge mode area[J]. Optics Letters，2019，44(22)，5553-5556.

[46] FENG X，REN H，XU F，et al. Few-moded ultralarge mode area chalcogenide photonic crystal fiber for mid-infrared high power applications[J]. Optics Express，2020，28(11)，16658-16672.

光纤激光器的应用

激光是 20 世纪以来人类科学史上的又一重大发明,被称为"最快的刀""最准的尺"和"最亮的光"。经过整整 60 年的研究和发展,激光器已经成为最强大的高亮度光源,其应用覆盖了制造、医疗、军事、科研等各个领域,极大地促进了科学技术的发展与进步。而在所有的激光器中,光纤激光器无论在结构紧凑、可集成化和成本等各个方面都是最有发展前景的。本章主要概述了高功率光纤激光器、单频窄线宽光纤激光器和超连续谱光源这 3 类光纤激光器分别在传统加工制造、增材加工及制造、激光清洗和国防,遥感、相干通信,以及环境监控、大气监测等领域的应用。

8.1 高功率光纤激光器的典型应用

8.1.1 在传统加工制造方面的应用

传统机械加工是通过高硬度材料车刀对未成形的工件进行切削钻磨,在数控车床的控制下高速旋转工件或高速旋转车刀,通过车刀和工件之间的相对横向和纵向移动进行高精度加工。

激光加工就是用高功率激光取代传统的车刀。激光束可以被聚焦成极小的焦斑(如微米级),形成极高的功率密度,高达 $10^{26}\sim10^{28}$ $\mathrm{W/cm^2}$[1]。将功率密度为 $10^6\sim10^9$ $\mathrm{W/cm^2}$ 的激光束照射到金属表面时,足以在瞬间使金属表面的局部区域熔化、气化、蒸发、电离,可进行切割、焊接、打孔和改性等材料加工过程。因此激光器是激光加工的核心部件。

在光纤激光器步入高功率时代之前,激光加工的高功率光源主要是二氧化碳激光器(CO_2激光,波长 10.6 μm)。由于在 20 世纪二氧化碳激光器就已经步入了千瓦-万瓦的时代,二氧化碳激光器在传统激光加工中的地位一度不可动摇。但是由于二氧化碳激光器的高输出功率要求谐振腔内有足够的增益介质,高功率二氧化碳激光器体积巨大。对于高功率二氧化碳激光器的激光输出,在 9～11 μm 激光工作波段找不到合适的柔性可弯曲的波导传输介质,因此二氧化碳激光输出的传输需要通过设计复杂的反射镜组协作完成,同时在高功率激光下,反射镜非常容易发生损伤。

高功率光纤激光器的出现,完全改变了激光加工的游戏规则,全光纤结构的高功率激光器的激光输出光束可以直接面对被加工工件;输出光束空间能量分布(如将高斯型光束改变为平顶型)也可以通过低损耗熔接一段特殊光纤来实现模场分布的调控。这样传统机械加工和光纤激光器就可以实现无缝衔接。另外,由于光纤激光器结构紧凑,易于集成,在高精度车床上换装高功率光纤激光器基本不增加整个系统的尺寸,图 8.1.1 为工业用高功率光纤激光器进行焊接和切割的系统照片。

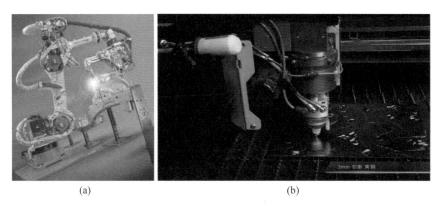

(a)   (b)

图 8.1.1　工业用高功率光纤激光器进行焊接和切割的系统照片

(a) 日本 FANUC 公司的光纤激光器焊接机人;(b) 英国 SPI 公司 1 kW 光纤激光器切割系统

国外的 IPG 公司和 SPI 公司,以及国内的大族激光公司等是生产高功率光纤激光制造装备的主要代表。目前,用于工业加工的高功率光纤激光器的输出波长约为 1.07 μm,可加工材料包括金属与合金材料、陶瓷和玻璃材料、橡胶材料、天然的石材等。光纤激光器在切割、焊接和打标等传统加工方式方面具有独特的优势。

高精度、高速和高质量的激光切割技术已经成为当前无数行业先进制造的首选技术。光纤激光切割的优点主要体现在:

(1) 精确度高,且可重复切割;

(2) 高速切割;

（3）非接触式切割，切割工艺处理对材料质量无退化影响；

（4）免维护，维护费用几乎为零；

（5）光源的形式多样化（有脉冲、连续、准连续等），多种光源能满足材料切割，可选择性大；

（6）易于自动化，实现高生产率等。

图 8.1.2 是英国 SPI 公司用 1 kW 连续掺镱石英光纤激光器切割不同厚度、材料的金属组装成的拼图模型，可以将 8 mm 以内厚度的黄铜、铜、铝、不锈钢切割成任意形状，并且保持切割面的高质量（锋利的边缘，无渣，低粗糙度）。图 8.1.3 所示为 IPG 公司用平均功率为 150 W、峰值功率为 1500 W 的准连续（QCW）光纤激光器切割低碳钢、铝、不锈钢和铜四种金属的切割速度与金属厚度的关系，在相同的激光功率条件下，切割越厚的金属，需要越低的加工速度，加工时间也相应地延长。所以，对于厚金属的加工，为了保证加工效率，需要采用更高功率的光纤激光器。

图 8.1.2　SPI 公司光纤激光器切割不同厚度、材料的金属组装成的拼图模型

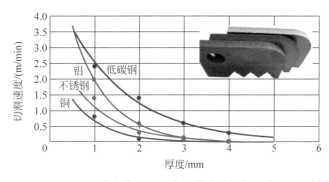

图 8.1.3　IPG 公司 150W 准连续（QCW）光纤激光器切割四种金属材料参数曲线

激光器为无数行业的先进制造提供无接触、高速金属焊接的解决方案。光纤激光焊接已经成为高度可靠、易于自动化的工艺，可提高零件加工质量，与传统焊接技术相比，光纤激光焊接的优点主要有：

(1) 高精度和高精确度,且可焊接非常小的零件;

(2) 超低热量的输入,可实现最小的零部件失真;

(3) 非接触式焊接,对焊接后零部件质量无退化影响;

(4) 焊接过程中无电流通过焊接零部件;

(5) 可将不同材料的金属焊接起来;

(6) 易于自动化,实现高生产率、高产量的制造等。

光纤激光器借助其高质量的输出光束质量,可以将输出光斑通过不同透镜及其组合汇聚到加工所需的任意尺寸,极大地提高了焊接的质量和速度。光纤激光焊接的方式有线焊、点焊等多种形式,根据目标焊接材料的属性、厚度选择恰当的光纤激光器光源。例如,500 W 单模光纤激光器汇聚光斑约 20 μm 时,可以将 0.5 mm 厚度的不锈钢以 80 m/min 的高速度焊接起来。图 8.1.4 为 IPG 公司用 4000 W 光纤激光器焊接碳钢示例,其中,图 8.1.4(a)为将 4000 W 光纤激光器聚焦到 100 μm 光斑耦合进 8 mm 厚的碳钢,采用 3.5 m/min 的速度将碳钢焊接,图中 840 μm 即为主要焊接部位;图 8.1.4(b)为将 4000 W 光纤激光器聚焦到 600 μm 光斑耦合进 8 mm 厚的碳钢,采用 3.5 m/min 的速度进行焊接的图片。

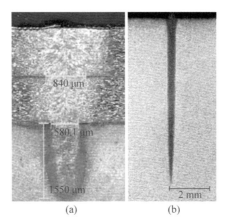

图 8.1.4　4000 W 光纤激光器焊接碳钢示例

光纤激光器具有在不使用油墨和染料的情况下对零件进行高速标记的能力,是多年来的首选打标装置。最近,光纤激光器价格的不断下降使该工艺更具成本效益,每年新增超过十万个新的光纤激光打标装置。与传统的打标技术相比较,光纤激光打标技术的优势主要有:

(1) 无需更换染料、墨水或手写笔等易耗材料;

(2) 非接触打标,确保零件和工艺头之间无污染转移;

(3) 灵活性大,易于编程,对图像类型或样式无限制;

(4) 在作业之间切换时无需进行硬件调整等。

　　传统的喷墨标记技术具有快速、易于编程的特点，在纸张、包装和低成本产品应用中无处不在。而光纤激光打标技术更适合金属、塑料和陶瓷部件，无需油墨和喷射维护，在物理上改变了表面，使表面具有永远无法用墨水实现的永久性。传统的电路板标记采用电化学蚀刻技术，该技术需要制作图案的模具，对大面积设计有效，并且需要零件导电。而光纤激光打标技术可以取代电化学蚀刻技术，并且没有电气限制，没有模具成本，可以实现更改零件序列化的连续标记模式。此外，光纤激光打标分辨率更高，可应用于任何 2D 图像，速度要快得多。在独特设备识别（UDI）标记等应用中，光纤激光器可以实现肉眼都无法识别的小尺寸标记。

8.1.2　在增材加工及制造方面的应用

　　增材制造技术（3D 打印）是通过计算机辅助设计（CAD）软件或 3D 对象扫描仪来引导硬件将材料层层沉积为精确的几何形状的新型制备方法。和增材制造技术相对应的是传统的切削钻磨等通过去除工件上的多余材料（即减材）的方法获得一定形状工件的制造方法。和传统的减材制造方法不同，增材制造方法可以大幅度地节省原材料；此外，增材制造的过程是通过局部来构建整体的过程，能够完美重现设计的三维结构、复杂的几何形状并简化制造工艺，因此特别适合制造具有传统减材制造无法实现的特殊几何形状的工件。必须指出，增材制造不是万能的，在批量生产和所需材料通用性等方面，增材制造对于传统的减材制造没有优势。

　　增材制造是通过局部来构建整体的制造过程，其原材料一般是粉材、线材等固体原材料或可固化的液体原材料（一般为可光固化的高分子树脂），通过外场（温度场、光场、电子束等）作用于微区使之一层层地固化，形成所需特殊结构的工件。因此其局部形貌的精确程度由调控外场微区的空间精度决定。

　　激光 3D 打印技术是采用激光直接作用于被加工工件的增材制造工艺技术，其材料一般为：①光固化高分子树脂（液态）；②金属或无机非金属材料粉末。对于前者，主要是采用紫外光对液态树脂在微小区域逐个照射固化成型，最后将未固化的液态树脂洗去，得到设计要求的工件；对于后者，主要是利用了粉末材料在激光波长吸收热量发生熔融的现象，激光束从底板开始将粉末逐层地熔融成型，最后将未熔融的粉末吹去，得到设计要求的工件。图 8.1.5 是通过激光直接熔融金属粉末打印金属工件的过程示意图。

　　激光 3D 打印所用主流激光器的种类包括紫外激光器、光纤激光器以及二氧化碳激光器；紫外激光器主要用于光固化式的激光 3D 打印；而对在制造业中最为重要的金属 3D 打印，早期采用的是二氧化碳激光器，但是由于金属材料在中红外 $9\sim11~\mu m$ 波段的吸收率低但反射率高，早期金属打印过程中要求二氧化碳激光器功率达到千瓦以上；而 $1~\mu m$ 掺镱光纤激光器输出波长与金属的耦合效率高、加工

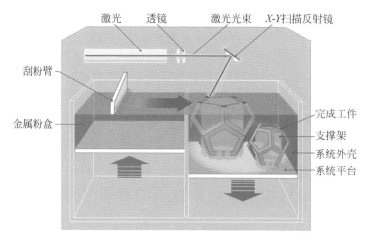

图 8.1.5　激光直接熔融金属粉末打印金属工件的过程示意图

性能良好,所以在高功率掺镱石英光纤激光器问世后,光纤激光器在金属激光 3D 打印中完全取代了其他激光器。当然,除金属之外,各类非金属材料在二氧化碳激光工作波长具有很高的吸收率,因此二氧化碳激光器在对于陶瓷粉末等非金属材料、高聚物材料的 3D 打印应用中依然是高功率石英光纤激光器无法取代的。

　　特别地,金属激光增材制造技术在航空、航天、航海和医疗等领域具有巨大应用需求,是先进智能制造的关键基础技术之一,是当前科研和工业界研究攻关的热点技术[2-3]。金属增材制造工艺需要有稳定的高能热源和持续的材料分配,目前主要的热源有激光束、电子束、微束等离子三大高能束,相比较而言,激光束具有光斑小、成本低、可定向作用到指定材料位置等优点,可实现金属材料的瞬间熔凝,满足零件搭接和成型的要求[3]。

　　金属增材制造技术主要包括粉末床熔融、定向能量沉积、黏结剂喷射和薄材叠层等工艺。后两者需要采用先成形、后高温烧结等多步工艺,较复杂,且成形精度难以控制。粉末床熔融技术经历了激光选区烧结(selective laser sintering,SLS)、立体光固化(stereo lithography appearance,SLA)和激光选区熔化(selective laser melting,SLM)的发展过程[3]。定向能量沉积技术是由 20 世纪 70 年代末提出的激光熔覆技术发展而来的[4]。这两种技术所采用的光源都经历了 Nd：YAG 高功率激光器、二氧化碳(CO_2)大功率激光器以及近些年新一代具有高功率密度和高光束输出质量的掺镱光纤激光器的发展过程,而且,高功率光纤激光器逐渐取代了传统的 CO_2 气体激光器和 Nd：YAG 固体激光器,成为粉末床熔融和定向能量沉积系统的优选光源。这是因为光纤激光器具有以下优势：①光纤是一种柔性介质,可弯曲、易于集成,通过光纤传输的激光可以较容易地传输到目标物的任何位置上；②具有较高的光电转换效率；③光纤的比表面积大,易于散热,冷却效率高,输出功率的提升能力大,可支持 100 kW 及以上的连续输出;④输出光束质量高,发散角小,定向性好和可聚焦能力强;⑤可实现不同脉宽和重复频率的脉冲激光输出;⑥与相同功率的气体激光器和传统的 Nd:YAG 固体激光器相比,光纤可以弯曲和盘绕,结构更紧凑,振动稳定性更高,使用寿命更长,成本更低。

典型的粉末床熔融工艺有激光选区熔化(SLM)、激光选区烧结(SLS)和电子束选区熔化(electron beam selective melting,EBSM)三种,其主要参数对比如表 8.1.1 所示[3]。相比较而言,SLM 具有高精度成形诸多金属零件的功能,弥补了其他两种技术的不足,成为近年来增材制造的研究热点。

表 8.1.1　粉末床熔融三种工艺的主要参数对比

工 艺 名 称	主 要 热 源	速度	精度	主 要 材 料
激光选区熔化(SLM)	1 μm 光纤激光器	慢	高	金属粉末
激光选区烧结(SLS)	10.6 μm CO_2 气体激光器	快	高	聚合物粉末
电子束选区熔化(EBSM)	电子束	快	低	金属粉末

SLM 技术对激光器的选择主要考虑其中心波长、光束质量、平均功率以及连续或脉冲工作模式四个方面。激光器的中心波长与待加工材料的吸收率密切相关。宏观上,金属和碳化物粉末对激光的吸收系数随激光波长的增加而减小,二氧化物和聚合物粉末对激光的吸收率则随着波长的增加而增加。例如,不锈钢、纯铁、钼等金属在 1.06 μm 的吸收率可达 30%,而在 10.6 μm 波段的吸收率不到 10%,采用较高吸收率的激光源进行加工,能够有效提高加工效率。激光器的输出功率和光束质量决定了激光束的输出强度,即功率密度。通常用光束质量因子 M^2 来衡量输出光束质量,光纤激光器的单模输出 M^2 接近理论值 1,低于 CO_2 气体激光器的光束质量因子,在相同输出功率的条件下,光纤激光器的输出功率密度远大于 CO_2 激光器。此外,光纤激光器可以通过调 Q、锁模等技术产生不同脉冲和频率的脉冲光束。所以,基于上述优点,1 μm 掺镱光纤激光器成为 SLM 工艺的首选光源。

图 8.1.6(a)为采用光纤激光器的 SLM 的典型系统原理图,粉末成形过程如图 8.1.6(b)所示[5]。目前,国内外研究人员针对 SLM 技术成形均质传统材料进行了大量的研究,传统粉末材料主要包括青铜基合金、铝基合金、不锈钢、铁基混合粉末等,研究结果表明:SLM 成形金属材料的致密度可达到 95% 以上,甚至接近100%,尺寸精度为 ±0.05 mm,表面粗糙度在 10~20 μm 范围内,力学性能一般高于铸件[3]。

除传统粉末材料成形之外,数字化材料及结构成形是 SLM 的一个新兴研究方向。目前已有研究人员针对多种材料的送粉方式、不同材料之间的结合特性进行

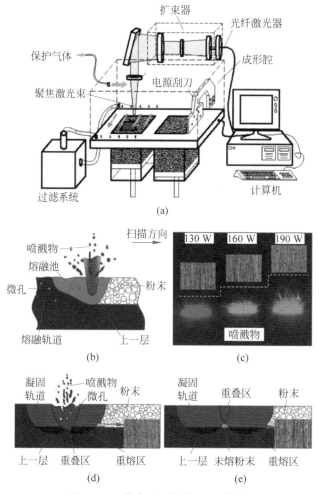

图 8.1.6　激光选区熔化（SLM）技术

（a）典型系统图；（b）SLM 成形过程；（c）其喷溅物的特性；

（d）扫描区间太小对成形的影响示意图；（e）扫描区太大对成形的影响示意图[5]

了研究,但还停留在简单方块的多种材料成形上。基于 SLM 的多种材料结构性能
一体化增材制造基础研究,涉及零件的材料构成、几何特征、材料本体、微观结构单
元物理属性及 SLM 成形工艺,具体的研究内容包括数字化材料、数字化结构的成
形工艺以及典型应用[4]。数字化材料主要包括从单质材料到合金材料,从合金材
料到梯度及复合材料等新型功能材料。数字化结构就是对零件结构整体或局部进
行基于性能的单元体替代及拓扑优化,改变传统零件的均质要求,实现结构性能的
一体化。华南理工大学团队已在 SLM 成形数字化材料及结构方面开展了一些研
究[3],结果如图 8.1.7 所示。

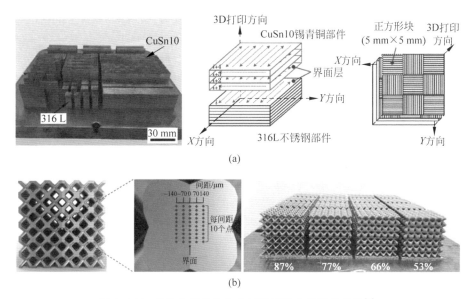

(a)

(b)

图 8.1.7　几种典型的数字化材料及数字化结构样件[3]

　　定向能量沉积(DED)是金属增材制造的一种代表性技术,按材料供给方式可分为送粉式和送丝式两大类,它利用聚焦的热能同步熔化输送的粉末状或丝状材料,按照预设的轨迹进行逐层零件制造或单层熔覆、修复[3],所使用的热源主要有激光束、电子束、等离子束三种,其中以激光束和电子束为热源的定向能量沉积技术的成形精度更高。光纤激光器作为热源不仅具有成本低、能量高的特点,而且便于激光头灵活移动,方便激光 3D 打印装备集成设计和生产。图 8.1.8 为典型的送丝式定向能量沉积系统示意图。

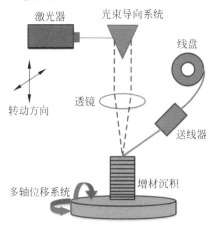

图 8.1.8　送丝式定向能量沉积系统示意图[3]

定向能量沉积对激光器的需求方面，由于它的成形范围及成形速度远大于激光选区熔化技术，所以为了满足不同材料类型的粉材及丝材顺利熔凝直接成形的工艺窗口，要求激光束的光斑尺寸更大、输出功率更高。目前，新一代高功率激光器如掺镱光纤激光器、半导体激光器、激光二极管泵浦 Nd：YAG 激光器逐渐取代了传统的 CO_2 激光器和闪光灯泵浦 Nd：YAG 激光器，成为定向能量沉积系统的优先光源。近年来，国内外围绕典型金属材料的光纤激光器定向能量沉积增材制造工艺进行了大量研究，得到了合金、不锈钢、金属玻璃复合材料、多层材料等典型材料的成形件，图 8.1.9 为 Ti6Al4V 合金[6]、镍铁 718 合金[7]、316L 不锈钢和铁素体多层材料[8]的成型件。通过优化定向能量沉积工艺的扫描速度、激光功率及扫描策略等参数，最终成形出的钛合金、镍基合金、316L 不锈钢等典型材料的力学性能优于铸造材料，并接近于锻造件，且定向能量沉积成形件与粉末床熔融成形件具有类似的力学性能。

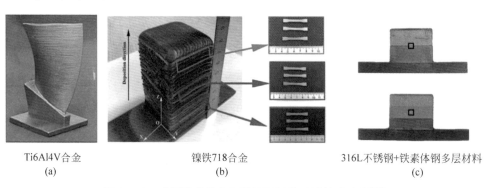

Ti6Al4V合金
(a)

镍铁718合金
(b)

316L不锈钢+铁素体钢多层材料
(c)

图 8.1.9　光纤激光器定向能量沉积典型材料成形件[6-8]

目前，国内外激光增材制造工艺研究仍主要以试验测试为主。基于激光与物质相互作用原理进行数值仿真，结合成形过程在线监控技术，构建激光增材制造工艺的数字孪生，是激光增材制造工艺未来的发展方向[4]。开展具有自主知识产权的激光加工头等核心器件的研制，重点在于研发高光束质量激光器及光束整形系统、大功率激光扫描振镜、动态聚焦镜等精密光学器件，这是我国激光增材制造突破关键技术的重要途径。光纤激光器在激光增材制造中的应用越来越广，进一步发展光纤激光器的性能并降低其成本，进而控制激光增材制造装备的整体成本，是推进光纤激光增材制造产业化进程的必然要求。

8.1.3　在激光清洗方面的应用

光纤激光器还在激光清洗等场景下具有较广泛的应用。

国外的 IPG 和国内的大族激光都推出了基于 1064 nm 光纤激光器的激光清

洗机,功率在数十瓦到千瓦不等。与传统方法相比,激光清洁具有多种优势。它不
涉及溶剂,也没有磨料、废物等的处理。与其他手动处理的工艺相比,激光清洗是
可程控的,只能应用于零件的特定区域,可以轻松实现自动化,以最大限度地提高
生产率及可重复性。激光器可以在几乎所有行业提供高速清洁和表面处理。低维
护、易于自动化的工艺可用于去除油和油脂、剥去油漆或涂层,或修改表面纹理,例
如添加粗糙度以增加黏附性。光纤激光清洗技术的优势主要有:

(1) 无需使用研磨材料,无需分离或处理污染物的问题;

(2) 无需溶剂,无化学试剂,是绿色环保工艺;

(3) 具备任意的空间选择性,仅清洁所需的区域,通过忽略无关紧要的区域来
节省时间和成本;

(4) 非接触式工艺;

(5) 易于自动化,从而降低运营成本。

基于上述特点,光纤激光清洗技术不但可以用来清洗有机的污染物,也可以用
来清洗无机物,包括金属的锈蚀、金属微粒、灰尘等,可用于除锈、脱漆、去油污、去
涂层、去镀层等,由于激光清洗可以采用手持式或自动模式进行大面积的快速清
洗,对船舶制造维护、汽车制造、食品行业、轨道交通制造,及文物保护等行业有着
重要的价值和意义[9]。

8.1.4 在国防领域的应用

由于激光具有方向性强、单色性好、亮度高、相干性好等特征,作为武器应用于
国防领域的重要性不言而喻。激光武器系统的核心是高功率激光器,此外配有定
位、跟踪、光束控制、发射装置等。激光武器是利用高能激光束的热效应、力学破
坏、辐射破坏等直接杀伤目标的定向能武器,分为致盲型、近距离战术型和远距离
战略型激光武器[10]。它的优点是速度快、射束直、射击精度高、抗电磁干扰能力
强,在光电对抗、防空和战略防御中发挥独特优势。然而,激光武器受限于大雾、大
雪、大雨的天气,以及大气扰动、湍流等对光束的吸收、衰减和热效应等的影响,不
能全天候作战,具有一定的局限性。再者由于大气的衰减和远距离传输光斑的发
散,随着距离的增加,激光武器的实际打击效果大打折扣,现有的激光技术难以实
现大气中远距离的硬毁伤战略打击,因此,远距离战略型激光武器的技术难度大,
关键技术有待突破,所需研究费用高昂,目前还处于研究阶段。

近距离战术型激光武器是指利用数万瓦以上的高能激光作为“光弹”,像常规
武器那样安放在飞机、卫星、舰船、车辆等运动载体上,直接打击数公里以外的军事
目标(诸如无人机、炮弹、快艇、敌方人员、光学传感器、卫星、导弹和飞机等)。
小型、可靠、高效、高光束质量、高功率激光器技术是战术型激光武器的核心。近几

十年来,激光武器研究重点由超大功率、大体积、基于气体(化学)激光器的激光武器,逐渐转向到高功率、小体积、基于固体(尤其是光纤)激光器的战术型激光武器。合束或相干合束是获取高功率、高亮度激光和远距离传输的有效途径(详见第 5 章),也是战术型激光武器实现 10 kW 以上功率量级输出的关键技术。作为目前世界上最先进的固体激光器——光纤激光器具有无与伦比的独特优势,包括光束质量好、转换效率高、柔软细长、口径小且易于合束等,极大地促进了相干合成或光谱合成技术的发展,它已广泛应用于战术型激光武器[11]。

2014 年,美国海军在"庞塞"号军舰上采用舰载激光武器(LaWS)实现了对海上目标的摧毁; LaWS 系统采用了 6 路光纤激光器的非相干合束技术,总的输出功率达到 33 kW,LaWS 激光武器照片如图 8.1.10 所示[12]。

图 8.1.10　激光武器 LaWS 图片[12]

为应对小型空基和海基目标,洛克希德・马丁公司研发了先进测试高能武器(advanced test high energy asset,ATHENA,又称雅典娜)系统,该系统采用光谱合束技术和模块化设计方案,激光能量可以按照特定任务的需求自由选择。2015年 3 月,采用 30 kW 功率的光纤激光器,迅速烧毁了一英里(即 1.61 千米)之外的汽车发动机歧管[12],该武器模块成为了美军 60 kW 车载激光武器系统的核心。2015 年 10 月,洛克希德・马丁公司宣布在博塞尔开始生产该系统,2017 年 3 月,完成了该系统的设计、开发和实验测试,同年给美军使用,该系统如图 8.1.11 所示[13]。

德国莱茵金属公司和欧洲导弹集团(MBDA)均采用光束合成技术,开展多载运平台,尤其是车载光纤激光武器的研制。分别研制出 5 kW、10 kW、40 kW、50 kW、80 kW 等多型激光器,最终研制目标为 120 kW。其中,莱茵金属公司 10 kW 光纤激光武器已安装在"拳击手"8×8 多用途装甲车的高能战术型激光武器系统和瑞士厄利孔公司"天空哨兵"35 mm 高炮系统的炮塔武器系统中,未来也可装在空中客车公司 A400M 飞机内[11]。英国国防部在 2016 年 9 月已正式签署一份价值 3000 万英镑的合同,生产一种被称为"龙火"的激光高能武器原型机,并由 MBDA 公司于 2019 年完成研制和测试,目标是研制 50 kW 的激光高能武器[14]。

图 8.1.11 车载激光武器图片[13]

激光武器既可以单独使用,又可以与其他武器一起,组合成威力倍增的"光、弹、炮"一体化武器系统。目前,激光武器主要在舰载和车载上进行实验或实战。面向未来,天基激光武器将成为激光武器发展的主要方向,这是因为:①卫星对于各国的军事、通信、信息感知等都极为重要;②太空中的卫星目前基本处于不设防状态,极易遭受毁灭式的打击;③太空中无大气干扰,是激光发挥威力的绝佳环境;④通过天基激光武器系统,可以构建全球导弹防御体系,用以应对高超音速武器等威胁[11]。以现有的技术水平,研发适用于太空作战的小型、可靠、高效的光纤激光器是极有可能的。

8.2 单频窄线宽光纤激光器的应用

单频窄线宽光纤激光器具有单色性好、相位噪声低、频率稳定等特点,具有公里级的相干长度,因此是长距离相干通信、分布式传感、遥感、光谱与成像等应用领域的理想光源。

在传感方面,单频窄线宽光纤激光器是相干光学传感、分布式传感和干涉传感技术或系统的主要光源,可以用于压力、温度、应力、速度、超声波和引力波等多种物理量的检测,检测精度与光源的线宽、噪声和功率等参数有关[15]。另外,光纤属于无源器件,结构紧凑、质量轻、传输可靠,可多路复用,易于构成分布式传感器阵列进行检测。以单频、低噪、窄线宽的光纤激光器为光源的新型光纤传感器,可延长传感范围,具有高动态范围和灵敏度,并可在恶劣环境下运行。譬如,用于石油和天然气勘测,确保传感器的高稳定性和长使用寿命[16]。此外,光纤激光传感器具有良好的多路复用能力,能够以传感器阵列或网络的形式监控多个物理量或多个位置[17-18]。一般而言,传感器核心部件主要有迈克耳孙干涉仪、马赫-泽恩德干涉仪、光纤光栅和法布里-珀罗激光腔等,通过检测相位或频率差,得到预期待测物理量。

　　以最近较热的引力波探测为例,引力波探测是通过迈克耳孙干涉仪的方法进行测试,如图 8.2.1 所示:干涉仪的正交两臂的长度为公里级,光源为一个单色性好、相位噪声低的单频窄线宽光纤激光器。光源分成两束后分别进入干涉仪的两臂,在没有测试到任何信号时,干涉两臂光程相同,两臂激光干涉信号完全相消;当有微弱的引力波信号进入干涉臂的一路时导致一个极小的空间扭曲,两臂光程发生微小变化,干涉仪观察到微小的相位变化。因此所使用的激光干涉仪要用到极低相位噪声的单频、单偏振、单横模激光器作为光源,其输入光源功率为 5~125 W,其线宽要求在千赫兹量级[19]。

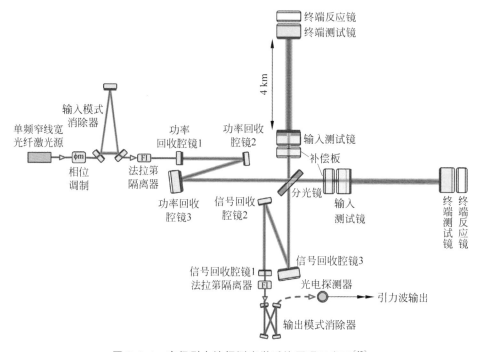

图 8.2.1　高级引力波探测光学系统原理示意图[19]

　　目前引力波探测器主要是地基的(图 8.2.2 为位于利文斯顿的探测基地照片),由于位于太空的天基探测器可以避免来自地球的各类噪声,这样单频窄线宽光纤激光器的输出功率可以相对较低。欧洲航天局(ESA)、美国国家航空航天局(NASA),以及我国中山大学发起的中国天琴计划都已经开始了由卫星构成的天基引力波探测器,图 8.2.3 为天琴计划示意图。2019 年 9 月,欧洲航天局(ESA)和美国国家航空航天局(NASA)报道了用于观察来自太空深处的引力波信号的天基激光干涉仪空间天线(laser interferometer space antenna,LISA)项目的 1064 nm 单频窄线宽掺镱光纤激光器光源样机成功组建。该光源采用种子放大技术:通过

图 8.2.2 激光干涉引力波天文台 LIGO 实验室利文斯顿探测基地

一个几十毫瓦输出功率的自注入锁定 1064 nm 单频窄线宽掺镱光纤激光器种子，进入到一个纤芯泵浦的掺镱光纤放大器和一个双包层结构的大模场掺镱光纤放大器，最终实现近 3W 的单频输出[20]。

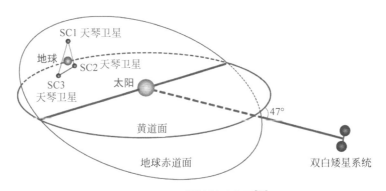

图 8.2.3 天琴计划示意图[21]

在相干光通信方面，采用单频窄线宽光纤激光源，并结合相关的光源调制格式和接收检测技术，将极大提高光纤通信网络的信道容量和光谱效率，被视为下一代光通信的核心技术之一，是国内外研究的热点[16,22]。随着相干检测技术和数字信号处理(DSP)技术的不断发展，基于低噪、窄线宽光源的相干光通信系统比传统光通信网络具备更优的抗色散和偏振模色散的性能，可以实现更高灵敏度和高信息容量的高质量信息传输[23]。在相干光通信系统中，简单地讲，来自载波的解码信息通过将信号与本地振荡器混合来获取激光的振幅、频率、相位或偏振中的编码信息。要获取高可靠性的解码信息，要求本地振荡器的相位和偏振与发送激光器的精确匹配，所以需要低噪和高稳定性的激光源，否则会导致较高的误码率。半导体单频激光器在传统光通信系统中被广泛应用。然而,由于半导体激光器的相位噪声和线宽较大,单频半导体激光器不能满足高速通信网络系统的需要,所以近年来,众多学者致力于研究半导体单频激光器的相位和线宽的压缩技术,最终得到低噪、千赫兹线宽的激光输出。相应地,单频光纤激光器具有低噪、窄线宽的特性,比半导体单频激光器更适用于高速相干通信系统。在 2015 年,S. Beppu 等学者报道了采用单频光纤激光器实现了单载波 2048 QAM(66 Gbit/s)的 150 km 长距离相干传输,并创下了最高光谱效率记录,为 15.3 bit/(s/Hz)。该记录于 2018 年被同组更新为 15.8 bit/(s/Hz)[24-25]。

此外,单频窄线宽光纤激光器是激光相干合束技术实现千瓦级以上高功率窄线宽光纤激光输出的重要光源。目前,单频光纤激光放大器直接输出的最高功率在百瓦(见第 6 章),主要受限于光纤非线性效应和热效应的影响。合束技术是实现激光功率提升的有效手段,其基本原理在第 5 章已经阐述,其中相干合束技术是实现窄线宽、高功率激光输出的有效手段。2011 年,Y. Ma 等人采用 1064 nm、线宽为 20 kHz 的保偏掺镱光纤激光器,通过相干合束技术实现了 1.08 kW 的高功率输出[26]。2017 年,该波段的功率被提升至 2 kW,采用了相干极化合束技术和保偏的全光纤放大系统[27]。在其他波段,如 1.55 μm 和 2 μm 连续或脉冲的单频窄线宽相干合束高功率光纤激光器也已有报道[28-31]。

8.3　超快脉冲光纤激光器的应用

当皮秒、飞秒量级的激光脉冲作用到材料上时,高峰值功率密度的激光脉冲能轻易地剥离外层电子,使电子脱离原子的束缚,形成等离子体。同时激光与材料相互作用的时间极短,等离子体还没来得及将能量传递给周围材料,就已经将材料表面烧蚀掉,因此产生的热效应基本可以忽略不计,因此超快激光加工被称为"非热加工"或"冷加工"。同时,超快激光可加工包括金属、半导体、陶瓷、聚合物、复合材料等在内的几乎所有材料,被广泛应用于消费电子、显示面板、印刷电板(printed circuit board,PCB)、生物医疗、航空航天等行业的精密加工。

随着自动化、智能化时代的产业升级,精密加工的要求也越来越高,逐渐朝着更高的精度、更高的效率发展。超快激光是精密加工领域的新一代主流技术,在加工方面有着显著优势。它可以高速、高精度地加工薄、透明和半透明的材料,比如薄玻璃、有机玻璃(聚甲基丙烯酸甲酯,PMMA)、塑料等。这些材料在光子学、微电子学、显示和生物医学芯片等领域具有广泛的应用,需要可靠的高产量、高质量的微加工工艺,超快飞秒激光提供了一种在脆性材料(比如薄玻璃)上产生切口、孔和划痕的可靠方法[32-34]。先前,采用长脉冲激光加工时引起明显的热损伤,因此对玻璃进行激光微加工的良率很低。如今,飞秒激光器提供了超短脉冲,很好地抑制热影响区的形成和热损害,实现了高精度和高分辨率的微加工处理,极大提高了成品率和加工效率。图 8.3.1(a)为采用 1030 nm 波长的飞秒激光器在 100 μm 厚的 AF32® 玻璃上切割轮廓图片,显示了非常干净的边缘切口,并且可以切割各种复杂的线条或闭合形状(如圆形)。此外,近年来,随着移动通信的飞速发展,及终端设备中使用薄、柔性的显示面板的高速增长,市场对薄玻璃切割技术的关注日益增长。使用飞秒激光技术进行玻璃的划线和折断,可以使切割边缘更直、一致性更好、产量更高。图 8.3.1(b)为采用 1030 nm 的飞秒激光在 50 μm 厚度薄玻璃上划刻深度为 20 μm 的干净划痕,其横截面轮廓显示出理想的干净 V 形,没有任何裂纹。飞秒激光还提供了一种非接触式和清洁的钻孔技术,图 8.3.1(c)为在 100 μm 厚的玻璃上钻出非常小的 15 μm 直径的孔。

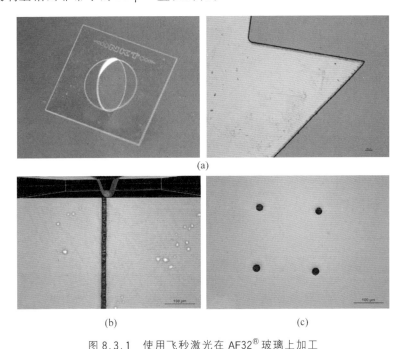

(a)

(b)　　　　　　　　　　　(c)

图 8.3.1　使用飞秒激光在 AF32® 玻璃上加工

(a) 切割出复杂的线条和曲线;(b) 划刻出一个 V 形通道,其宽度和深度分别为 15 μm 和 20 μm;
(c) 钻出直径 15 μm 的孔[34]

在消费电子领域,超快激光在全面屏和手机摄像头盖板的切割中优势显著。随着智能手机的不断普及,人们对视觉体验有了更高的要求。自苹果公司发布全面屏产品以来,其他各家厂商全面跟进,全面屏技术正式进入量产阶段。然而,全面屏对加工技术提出了更高要求。目前的主流技术有刀轮切割、CNC 研磨及超快激光切割。表8.3.1对上述三种技术进行了对比,可见超快激光切割在崩边、加工精度、效率等方面具有非常明显的优势,未来将成为全面屏切割的主流技术。图8.3.2展示了超快激光器在手机摄像头蓝宝石盖板切割中的应用。此外,超快光纤激光器在柔性电路板、有机发光二极管(organic light-emitting diode,OLED)显示屏、PCB板、手机屏幕异形切割等精细微加工领域具有广泛的应用。

表8.3.1　全面屏采用不同切割技术比较[35]

性　　能	刀轮切割	CNC研磨	超快激光切割
崩边	$>100~\mu m$	$\sim 40~\mu m$	$<10~\mu m$
加工精度	$>70~\mu m$	$<30~\mu m$	$<10~\mu m$
效率	快	慢	很快
强度(4PB载荷)	$<10~N$	$>15~N$	$>15~N$
粗糙度(Ra)	$>100~\mu m$	$>1~\mu m$	$<1~\mu m$
异形切割	无法切割小尺寸异形	无法切割U形	切割任意尺寸和形状
良率	低	高	高
粉尘污染	有	有	无

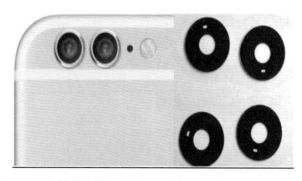

图8.3.2　超快激光器在手机摄像头蓝宝石盖板切割中的应用[35]

在医疗领域,超快飞秒激光与长脉冲激光相比,能量高度集中,作用期间几乎没有热量传输效应,因此也不会引起周围环境温度的上升,这在激光手术医疗应用方面非常重要。目前用飞秒激光器作为超精密外科手术刀,已经成为近视治疗的主流方式之一。同时,超快飞秒激光也可用于无痛牙科治疗,避免了因温度变化引起的神经痛感。此外,超快激光还可用于去除色素和纹身等。

超快激光在航空航天领域的应用有以下方面:①引擎喷油嘴打孔。传统的微孔加工多用电火花,但对于孔径小于$200~\mu m$的微孔,电火花的加工精度受到限制。近几年,德国开发出了飞秒微孔加工技术,能够精密加工直径$100~\mu m$以下的微孔,如图8.3.3(a)所示。②发动机叶片斜孔加工。发动机叶片有大量的斜孔,加工难度大,效率低下。用飞秒激光进行斜孔加工也是近年各国大力投入研究的新型加工技术,如图 8.3.3(b)所示。③航空滤网超快激光清洗。航空过滤片超快激光清洗效果能达到新产品的 90% 的透过率,而传统的超声清洗只能达到新产品的 60% 的透过率。

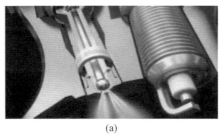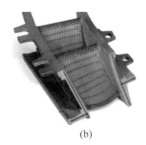

(a)   (b)

图 8.3.3 超快激光在航空航天领域的应用示例

(a)喷油嘴打孔;(b)发动机叶片斜孔打孔[35]

在科学研究领域,超快脉冲激光被应用于光纤器件[36-38]、光波导[39,40]、石墨烯材料[41]、仿生表面[42]等的制备及微纳加工中,比传统激光加工或物理化学等方法具有更高的灵活性、可控性和高精度性。例如,对于广泛应用于光纤通信系统、光纤激光器和光纤传感器等领域的光纤光栅器件,目前最为成熟和通用的制备方法是紫外激光曝光法,该方法要求光纤具有一定的光敏性[43],通常只能在掺锗、硼或者经过载氢处理的石英光纤中刻写光纤光栅,并且需要提前将光纤涂覆层去除,这在很大程度上影响了光栅刻写的灵活性,也增加了光栅刻写的流程和难度。超快脉冲激光的出现为光纤光栅的制备提供了一条新途径。由于超快脉冲激光具有非常高的峰值功率和极短的脉冲宽度,它在与透明介质相互作用时产生非线性效应(非线性场电离和雪崩电离),从而在材料中产生永久性的缺陷或折射率改变,所以比传统紫外曝光法具有更高的灵活性和可控性,光纤不需要具有光敏性,光纤涂覆层也无需去除,几乎可以在任意光纤类型中制备光纤光栅结构。飞秒激光器与高精度位移平台、高清成像系统以及计算机辅助设计的图像识别程控系统等相结合,可以构成高精度光纤功能器件制备系统,可以实现光纤表面或体内的多维光功能器件的加工,是当前研究新型光纤微纳器件的主要制备手段[44]。在上述应用中,目前实验室所采用的超快脉冲激光主要是固体激光器,比如 800 nm 波长的钛宝石飞秒放大器系统,具有输出能量高(几个毫焦量级)、输出功率稳定的特点,但同时有光路复杂、体积庞大、维护成本高等的缺点。超快脉冲光纤激光器很好地克服了上述缺点,但是由于起步较晚,还未广泛普及。

作为全球高功率光纤激光器的领头羊,美国 IPG 公司目前已经推出了飞秒和皮秒光纤激光器系列,以高峰值功率飞秒光纤激光器系列为例,其平均输出功率达到 50 W,重复频率范围为 50~2000 kHz,通过高光束质量、超短脉宽和高脉冲能量的完美结合，可以实现对几乎所有材料(金属、玻璃、陶瓷、半导体和塑料等)的微加工。

我国武汉安扬激光公司则在 2019 年率先发布了全球首台千瓦级工业用飞秒光纤激光器(FemtoYL^{TM}-1000)，其核心光纤器件全部由安扬激光公司自行研发和生产，最小脉冲宽度为 500 fs、重复频率为 1 GHz、输出平均功率大于或等于 1000 W，飞秒光纤激光器，较普通高平均功率连续激光有更高的峰值功率，能够适用于复合材料加工、高产率工业加工、3D 打印等需要用到高重频的激光的场合。这标志着飞秒光纤激光器真正迈入了千瓦级的时代，国产高功率超快光纤激光器已得到长足发展。

8.4 超连续谱光源的应用

光谱和图像是我们识别对象的最重要的两种依据。光谱成像技术把由物质成分决定的光谱信息和由对象三维形貌决定的空间影像完整地结合起来，对每一个空间影像的像元附加上其本身特征的光谱信息。国际遥感界定义：光谱分辨率在 $\lambda/10$ 量级的称为多光谱(multispectral)遥感，这样在可见光和近红外光谱区只存在几个波段；光谱分辨率在 $\lambda/100$ 量级的称为高光谱(hyperspectral)遥感；光谱分辨率在 $\lambda/1000$ 量级的称为超高光谱(ultraspectral)遥感。

目前正在从研究走向实用化的高光谱遥感技术，在可见光、近红外、中长波红外波段，可以获取许多非常窄的光谱连续的影像数据。高光谱遥感利用的光谱信息具有极高的光谱分辨率，是当前遥感技术的前沿领域，它利用很多很窄的电磁波波段从目标物体获得有关数据，包含了丰富的空间、辐射和光谱三重信息。高光谱遥感和多光谱遥感的区别在于，前者的光谱分辨率极高，达到 $10^{-2}\lambda$ 量级，在最常用的 400～2500 nm 波段，其光谱分辨率一般小于 10 nm；而传统的多光谱遥感技术在光谱上采样比较离散，只能分析光谱信号中的部分信息[45-46]。

图 8.4.1 给出了高光谱遥感技术的示意图[47]。机载或星载激光雷达系统同时扫描采集视域中被测区域(如地表)的图像和光谱的信息，在影像上可以获取连续的光谱信息；利用高光谱遥感测定提供的高光谱分辨率的光谱信息，足以分辨出具有诊断性光谱特征的物质(如大气、土壤、水体、植被)，这样在丰富的数据中进行反演计算，可以建立丰富的地表物质的分布信息。

主动式高光谱遥感技术需要用到波长覆盖广、光谱功率密度高的高能脉冲激光光源，以使它在每个通道里具有足够的光子数。在激光光谱功率密度不足的情况下，一般可以通过延长积分时间的方法来获取足够多的光子数。但由于星载或机载的高光谱激光雷达测试系统都是处于一个高速飞行的状态，所以，通过延长积

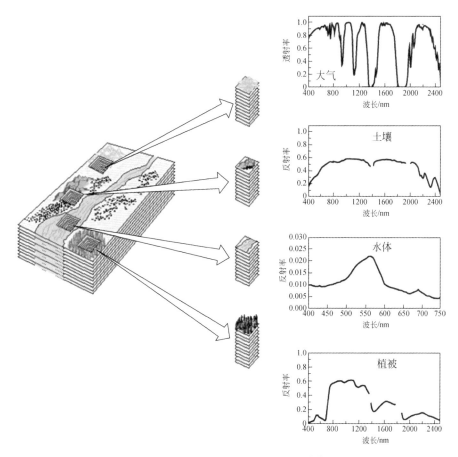

图 8.4.1　高光谱遥感技术示意图[48]

分时间获取信号的方法,必然会牺牲光谱分辨精度和空间分辨精度中的一个。此外,一个高光谱功率密度的宽谱激光光源能够同时获取目标的光谱特征和三维空间特征,避免日照和其他气候状态带来的影响。

　　具有激光特性的光纤超连续谱光源是适合于高光谱遥感技术的理想光源。2010 年前后,高功率石英光纤超连续谱光源刚进入商用,芬兰、德国和法国等国家的研究单位开始研究将光纤超连续谱光源作为主动式有源高光谱遥感技术的光源的可行性[48-51]。我国武汉安扬激光生产的 400～2400 nm 高光谱功率密度的可见光-近红外光纤超连续谱源已经被用于主动式有源高光谱激光雷达中;2019 年,其客户之一的中国科学院光电研究院与芬兰地理空间研究所合作,利用超连续谱光源的超宽波段以及声光可调滤光器的选频特性,成功开发出了一种可以同时收集来自目标的空间信息和广泛光谱信息的有源高光谱激光雷达系统,获得了高达 10 nm

的光谱分辨率[52]。

覆盖可见光、近红外,乃至中红外波段的高光谱功率密度光纤超连续谱光源有望被广泛应用于具有高空间分辨率、高时间分辨率和高光谱分辨率能力的航空航天高光谱激光雷达中,应用于国土资源测绘、林业、气象和环境监测等领域。

参考文献与深入阅读

[1] 钟敏霖.激光:照亮我们的神奇之光[J].中国激光,2020,47(5):0500000.

[2] 郭绍庆,刘伟,黄帅,等.金属激光增材制造技术发展研究[J].中国工程科学,2020,22(3):56-62.

[3] 杨永强,吴世彪,张越,等.光纤激光器在金属增材制造中的应用进展及展望[J].中国激光,2020,47(5):0500012.

[4] KAIERLE S,BARROI A,NOELKE C. Review on laser deposition welding from micro to macro [J]. Physics Procedia,2012,39: 336-345.

[5] BAI Y,YANG Y,WANG D,et al. Influence mechanism of parameters process and mechanical properties evolution mechanism of maraging steel 300 by selective laser melting [J]. Materials Science and Engineering. 2017,703(4): 116-123.

[6] LIU S,SHIN Y C. Additive manufacturing of Ti6Al4V alloy: A review[J]. Materials and Design. 2019,164(15),107552.

[7] LI Z,CHEN J,SUI S,et al. The microstructure evolution and tensile properties of Inconel 718 fabricated by high-deposition-rate laser directed energy deposition [J]. Additive Manufacturing,2020,31: 100941.

[8] KIM D K,WOO W,KIM E Y,et al. Microstructure and mechanical characteristics of multi-layered materials composed of 316L stainless steel and ferritic steel produced by direct energy deposition[J]. Journal of Alloys and Compounds,2019,774: 896-907.

[9] 激光清洗机[EB/OL].[2023-05-17]. https://www. hanslaser. com/pro-cleaning. html.

[10] 激光武器[EB/OL].[2023-05-17]. https://baike. baidu. com/item/%E6%BF%80%E5%85%89%E6%AD%A6%E5%99%A8.

[11] 程勇,郭延龙,唐璜,等.战术激光武器的发展动向[J].激光与光电子学进展,2016,53(11):39-49.

[12] CHATWIN C R,YOUNG R C D,BIRCH P. High Power Lasers-Systems & Weapons [C]. UK Kent,Folkestone: SREK - IET Colloquium,2017-04-11.

[13] Lockheed Martin to Deliver World Record-Setting 60kW Laser to U. S. Army[EB/OL]. [2017-03-16]. https://news. lockheedmartin. com/2017-03-16-Lockheed-Martin-to-Deliver-World-Record-Setting-60kW-Laser-to-U-S-Army.

[14] Laser weapon prototype part of new defence innovation initiative[EB/OL]. [2016-09-12]. https://missiledefenseadvocacy. org/missile-defense-news/laser-weapon-prototype-part-of-new-defence-innovation-initiative/.

[15] YANG Z, LI C, XU S, et al. Single-frequency fiber lasers [M]. Optical and Fiber

Communications Reports 8 Singapore Springer,2019.

[16]　Oil and gas sensing[EB/OL]. [2023-05-17]. https://www. nktphotonics. com/lasers-fibers/application/oil-gas-sensing/.

[17]　WANG P,CHANG J,ZHU C,et al. A four-element sensor array consisting of asymmetric distributed-feedback fiber lasers[J]. Photon Sensors,2014,4(2): 180-187.

[18]　YU K,WU C,MAO Y,et al. Distributed Bragg reflector fibre laser-based sensor array for multi-parameter detection[J]. Electronics Letters,2014,50(18): 1301-1303.

[19]　SAVAGE R,FRITSCHEL P,WILLKE B,et al. Pre-stabilized laser design requirements [A]. Technical Report. LIGO-T050036-v4,2010.

[20]　Laser prototype for space-based gravitational wave detector. ScienceDaily. ScienceDaily,18 September 2019.

[21]　天琴计划[EB/OL]. [2023-05-17]. https://baike. baidu. com/item/%E5%A4%A9%E7%90%B4%E8%AE%A1%E5%88%92.

[22]　LI G F. Recent advances in coherent optical communication [J] Advances in Optics and Photonics. 2009,1: 279-307.

[23]　SHIEH W,YI X,MA Y,et al. Coherent optical OFDM: has its time come? [J]. Journed of Optical Networking,2008,7(3): 234-255.

[24]　BEPPU S,KASAI K,YOSHIDA M,et al. 2048 QAM(66 Gbit/s) single-carrier coherent optical transmission over 150 km with a potential SE of 15. 3 bit/s/Hz[J]. Optics. Express,2015,23(4): 4960-4969.

[25]　TERAYAMA M,OKAMOTO S,KASAI K,et al. 4096 QAM (72 Gbit/s) Single-Carrier Coherent Optical Transmission with a Potential SE of 15. 8 bit/s/Hz in All-Raman Amplified 160 km Fiber Link[C]. San Diego: Optical Fiber Communications Conference and Exposition (OFC),2018.

[26]　MA Y,WANG X,LENG J,et al. Coherent beam combination of 1. 08 kW fiber amplifier array using single frequency dithering technique[J]. Optics Letters. 2011,36(6): 951-953.

[27]　LIU Z,MA P,SU R,et al. High-power coherent beam polarization combination of fiber lasers: progress and prospect[J]. Joumal of Optical Society of America. B,2017,34(3): A7-A14.

[28]　SU R,ZHOU P,WANG X,et al. Active coherent beam combining of a five-element, 800 W nanosecond fiber amplifier array[J]. Optics Letters,2012,37(19): 3978-3980.

[29]　SU R,ZHOU P,MA Y,et al. 1. 2 kW average power from coherently combined single-frequency nanosecond all-fiber amplifier array [J]. Applied Physics Express,2013, 6(12): 122702.

[30]　LOMBARD L,AZARIAN A,CADORET K,et al. Coherent beam combination of narrow-linewidth 1. 5 μm fiber amplifiers in a long-pulse regime[J]. Optics Letters. 2011,36(4): 523-525.

[31]　WANG X,ZHOU P,WANG X,et al. 108 W coherent beam combining of two single-frequency Tm-doped fiber MOPAs[J]. Laser Physics Letters. 2014,11(8): 105101.

[32]　DU K,LI X,YANG B,et al. Research progress of femtosecond laser microhole drilling on

non-metallic materials[J]. Laser & Optoelectronics Progress,2020,57(11)：111417.

[33] 杜坤,李晓炜,杨炳东,等.飞秒激光非金属微孔加工研究进展[J].激光与光电子学进展,2020,57(11)：111417.

[34] APP NOTE ♯ 14 . Laser Micromachining of thin glass[EB/OL]. [2020-06-26]. https://www. nktphotonics. com/wp-content/uploads/sites/3/2020/02/app-note-14-laser-micromachining-of-thin-glass. pdf? 1599525057.

[35] 罗政,刘卓.超快激光器应用场景及发展空间分析[EB/OL]. [2020-08-07]. https://mp. weixin. qq. com/s/JR17qcBY3U8woRrwFScTsg.

[36] 李金健,刘一,曲士良.飞秒激光微纳加工光纤功能器件研究进展[J].激光与光电子学进展,2020,57(11)：111402.

[37] 李宏业,饶斌裕,赵晓帆,等.基于飞秒激光刻写光纤光栅的研究进展[J].激光与光电子学进展,2020,57(11)：111420.

[38] 王解,赵宗晨,江超,等.飞秒激光在单模光纤中精密加工微孔及其传感应用[J].激光与光电子学进展,2020,57(11)：111425.

[39] 李萌,张茜,杨栋,等.飞秒激光加工凹陷包层波导及其应用[J].激光与光电子学进展,2020,57(11)：111427.

[40] 张彬,李子琦,王磊,等.飞秒激光直写激光晶体光波导的研究进展[J].激光与光电子学进展,2020,57(11)：111415.

[41] 原永玖,李欣.飞秒激光加工石墨烯材料及其应用[J].激光与光电子学进展,2020,57(11)：111414.

[42] 方瑶,雍佳乐,霍静岚,等.飞秒激光仿生制备超滑表面及其应用[J].激光与光电子学进展,2020,57(11)：111413.

[43] KASHYAP R,Fiber Bragg Gratings[M]. 2nd Ed. San Diego,CA：Academic Press,2010.

[44] YU Y,SHI J,HAN F,et al. High-precision fiber Bragg gratings inscription by infrared femtosecond laser direct-writing method assisted with image recognition[J]. Optics Express,2020,28(6)：8937-8948.

[45] 童庆禧,张兵,郑兰芳.高光谱遥感：原理、技术与应用[M].北京：高等教育出版社,2006.

[46] 浦瑞良,宫鹏.高光谱遥感及其应用[M].北京：高等教育出版社,2003.

[47] GREEN R O,EASTWOOD M L,SARTURE C M,et al. Imaging Spectroscopy and the airborne visible/infrared imaging spectrometer (AVIRIS)[J]. Remote Sensing of Environment,1998,65(3)：227-248.

[48] CHEN Y W,RÄIKKÖNEN E,KAASALAINEN S,et al. Two-channel hyperspectral LiDAR with a supercontinuum laser source[J]. Sensors,2010,10(7)：7057-7066.

[49] SUOMALAINEN J,HAKALA T,KAARTINEN H,et al. Demonstration of a virtual active hyperspectral LiDAR in automated point cloud classification[J]. ISPRS Journal of Photogrammetry and Remote Sensing,2011,66(5)：637-641.

[50] CEOLATO R,RIVIERE N,HESPEL L. Reflectances from a supercontinuum laser-based instrument：hyperspectral,polarimetric and angular measurements[J]. Optics Express,2012,20(18)：29413-29425.

［51］ MANNINEN A，KÄÄRIÄINEN T，PARVIAINEN T，et al. Long distance active hyperspectral sensing using high-power near-infrared supercontinuum light source［J］. Optics Express，2014，22(6)：7172-7177.

［52］ CHEN Y W，LI W，HYYPPÄ J，et al. A 10-nm spectral resolution hyperspectral LiDAR system based on an acousto-optic tunable filter［J］. Sensors，2019，19(7)：1620.

光纤激光器的未来

历经了 60 余年的发展,光纤激光器的性能日新月异,已经可以做到输出"任意波长、任意脉宽、任意功率"的水平。目前,高功率光纤激光器技术已日渐成熟,并被广泛地应用于先进制造、国防、医疗、科学等各个领域。光纤激光器凭借其自身的高光束质量、能效更高、小型轻量化、易安装、维护成本低、长期稳定性好、易实现大功率化等优点,不断地开拓着新的下游应用空间,例如,在传统的切割加工、打标、焊接等工业加工领域,光纤激光器已经逐步取代其他加工方法,成为新的工业利器。

随着光纤激光技术在国防安全、国民经济和国计民生等领域的渗透和应用需求的不断增长,对光纤激光器本身的性能指标及其配套设施等提出了更高的要求,进而不断牵引着光纤激光技术的突破和发展,所谓机遇与挑战并存。

9.1 从市场角度看光纤激光器的机遇与挑战

近年来全球激光市场增速持续回升,2019 年同比增长 7.1%,2020 年受新冠疫情影响,有所收缩。根据 2020 激光产业发展报告,2019 年材料加工与光刻市场规模位居第一,占比 41%,显示工业加工为全球激光器的主要应用市场[1]。然而,非工业应用领域的增速却大大超过了工业加工领域,如表 9.1.1 所示,其中增速位居前两位的分别是科研与军事和医疗与美容市场领域。因此,不断挖掘和拓宽光纤激光器在这些快速增长的非工业领域的持续增长点,是发展光纤激光器的有效途径之一。

表 9.1.1　2019 年全球下游细分应用领域增速

领　　域	增速/%
科研与军事	38
医疗与美容	29
仪器与传感器	16
通信与光存储	4

资料来源：2020 激光产业发展报告

光纤激光器在工业激光中的占比持续上升，国产光纤激光企业的市场份额逐步提升。据 Optech Consulting 统计，2019 年全球金属切割激光设备中使用光纤激光器占比为 78.74%，规模为 10.7 亿美元，全球焊接与钎焊激光设备中光纤激光器占比为 61.08%，规模为 2.26 亿美元。目前，伴随我国装备制造业的快速发展，对激光器的需求量巨大，占据了全球约一半工业激光器应用市场，成为全球最大激光设备市场。由于我国激光产业整体起步较晚，在高端光纤激光器及其装备等领域，与国外领头企业仍存在较大的差异。纵观全球光纤激光器生产商，2019 年收入规模位居前四的分别为美国 IPG 公司、美国 Night 公司、英国 SPI(被德国通快集团(Trumpf)收购)和德国 Rofin(被美国相干公司收购)，其次才是国内锐科激光、创鑫激光和杰普特。对标海外光纤激光器龙头企业，国内激光器公司的利润增长点主要为技术含量高的高功率光纤激光器。自 2011 年以来，武汉锐科激光公司自主研制出第一台 1 kW、4 kW、10 kW 连续光纤激光器，填补了国内高功率光纤激光器领域的空白，率先实现了工业光纤激光器国产化，大大提升了国产光纤激光器在国际上的市场竞争力。

从光纤激光器的各项性能指标来看，国产光纤激光器已经突破万瓦的功率瓶颈，与国际激光器巨头 IPG 公司的产品性能较为接近。在 2020 年 9 月召开的第 22 届中国国际工业博览会中，万瓦光纤激光器已经成为国内光纤激光器行业的标配产品，参展的国内光纤激光器厂商基本上都推出了万瓦以上连续输出的光纤激光器产品，设备商装配的国产品牌激光器装机量已基本接近进口品牌的数量，这显示了高功率光纤激光器技术的快速迭代和市场竞争的升级[2-3]。

高功率工业光纤激光器的应用极大程度地集中在金属切割市场上。在万瓦级高功率光纤激光器国有产品市场占有率提高的同时，也应该看到，如被广泛用于新能源行业的环形可调光斑技术，用于汽车生产的激光器光闸技术、高功率激光清洗技术，用于高端熔覆的高功率半导体激光器技术等核心技术依然被国外所垄断，国内技术的空缺使得相关领域非常依赖进口产品。

另外，万瓦级高功率光纤激光器的应用能够大幅提升加工效率，但稳定的万瓦级高功率光纤激光器需要各类光纤器件和配套设备的跟进。仅以切割应用为例，高功率光纤激光器功能部件的发展远远落后于激光器的发展速度，这也制约了更高功率激光应用的发展。

因此，掌握核心技术、开拓高端应用已经成为国内高功率光纤激光器行业共同的发展目标和方向。

9.2 超大功率光纤激光器的光场调控技术

激光切割和焊接已被广泛用于工业领域，对于许多场景，原始激光束的高斯光斑并不是最理想的。在高功率条件下，高斯光斑由于能量分布在光斑中心，在厚板切割时，切割速度受到影响；同理，光斑中心能量高导致在中心金属熔融温度过高形成金属蒸气，易在金属表面形成飞溅物，从而影响工件的质量[4-5]。因此需要对光纤激光器输出光束进行光束整形，理想的激光光斑应该是在空间上能量集中分配在四周，而在光斑中心形成一个匙孔，即构成类似于面包圈的环形光斑，从而减少中心金属熔体过热，减少金属蒸气的产生。

为了实现以上所需的能量分布的光束，国内外高功率光纤激光器行业采用了多种光束成形方案（包括衍射光学元件、特殊排列的定制光纤束、成形光纤芯、折射微光学等）。

IPG 公司采用小光斑高能、高亮度中心光束和较大环形光束进行组合的方法，它推出的 YLS-AMB 光束模式可调激光器可提供高达 25 kW 的总输出功率，并自动调整输出光束模式参数。50 μm 芯径的中心光束可提供高达 9 kW 的输出功率，100 μm 芯径的中心光束可提供高达 12 kW 的输出功率；而环形光束的外径可以选择 100 μm、300 μm 或 600 μm。通过输出光束模式独立程序化调整实现中心小光斑高能、高亮度中心光束和较大环形光束的任意组合，从而构建复杂的非高斯光束能量分布（见图 9.2.1）。这样客户可以按照材料厚度范围选择不同的光束能量分布结构，从而提高焊接（或切割）质量和焊接速度，实现无飞溅的焊接或切割，最大程度地减少熔融金属的污染；因此 YLS-AMB 系列光纤激光器号称可以通过同一激光器对任何厚度材料进行最佳处理[6]；同时这种设计无需使用外部（如光闸、变焦加工头等）辅助功能的自由空间光学器件。

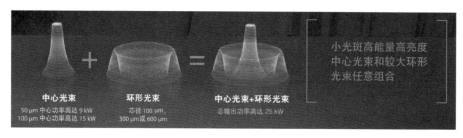

图 9.2.1　IPG YLS-AMB 光束模式可调激光器输出复杂环形光束组合原理图

美国相干公司利用 FL-ARM 环形激光合束器和传输光纤,其终端输出光纤采用圆形纤芯外套一圈环形截面的光纤纤芯,并通过光场调控技术调节输出端能量在中心纤芯和环形纤芯中的分布,实现复杂的环形激光光斑(见图 9.2.2)。

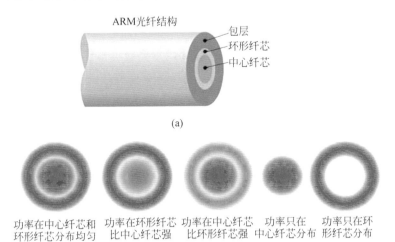

(a)

(b)

图 9.2.2 相干光束 FL-ARM 环形激光合束器((a))和传输光纤构建复杂环形光束原理图((b))

武汉锐科激光公司 2020 年则推出了新一代光束可变激光器 RFL-ABP,填补了国产光纤激光器光束模式可调技术的空白。武汉锐科激光公司的定制化光纤合束器,可以实现高斯光斑、环形光斑、混合光斑等不同模式输出,根据加工要求任意切换(见图 9.2.3)。同时,中心纤芯、环形纤芯功率可独立调节,实现中心纤芯/环形纤芯任意功率比,从而满足高品质激光切割及焊接的需求[7]。

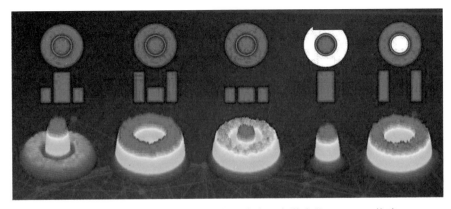

图 9.2.3 武汉锐科激光公司的新型光束可变激光器 RFL-ABP 构建
复杂环形光束原理图

9.3   高平均功率超快光纤激光器的未来发展趋势

超快超强激光同时具有超快时域特性和超高峰值功率特性，可以在实验室中模拟极限条件下的超快时间、超高光场、超高温度和超高压力等极端物理条件，因此基于超快激光的强光光学是拓展人类认知的重要前沿基础科学研究[8]。

与基于块样材料的增益介质不同，当以振荡器或放大器的形式产生高功率超快激光的条件时，要在单纤中实现更窄脉冲宽度、更高平均功率和更高峰值功率的强激光光纤，由于光纤具有较小的模场尺寸，非线性效应是最终的制约因素，所以超快光纤激光光源的未来主要在于高重复频率、高平均功率的超强激光光源。

2012 年，欧盟第七框架计划（FP7）资助了由巴黎综合理工学院的杰哈·莫罗教授（Gérard Mourou，2018 年诺贝尔物理学奖获得者）牵头的"国际放大相干网络"（international coherent amplification network，ICAN）项目，旨在通过光纤飞秒激光技术及光纤相干合束技术，实现高重复频率、高平均功率和高峰值功率的超强激光脉冲，并探索应用于新一代粒子加速器的驱动源[9]。图 9.3.1 是预期高峰值功率强激光的未来发展趋势。ICAN 项目的目标是在石英光纤基质中能够实现几十焦耳脉冲能量、百飞秒脉宽、10 kHz 重复频率的超强激光的传输；由于非线性效应的限制，单纤最大脉冲输出能量约在毫焦耳水平，要实现几十焦耳脉冲能量的超强激光输出，理论上需要将 10^4 量级的光纤激光输出进行相位相干合束。图 9.3.2 是 ICAN 项目通过数万根相位相同的飞秒光纤激光光源合束实现几十焦耳高脉冲能量飞秒激光输出的原理示意图。作为项目合作单位之一的德国耶拿大学完成了

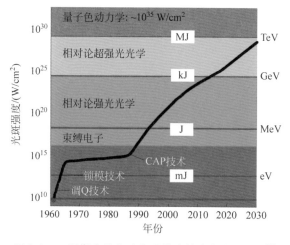

图 9.3.1   预期高峰值功率强激光的未来发展趋势[9]

光纤飞秒激光时间与空间组束的众多研究,譬如通过将 16 束光纤飞秒激光合束获得了平均功率达到千瓦水平的高重复频率激光输出,提出空间相干组束(16×32)与时间相干组束或脉冲堆积相结合的新方案[10]。

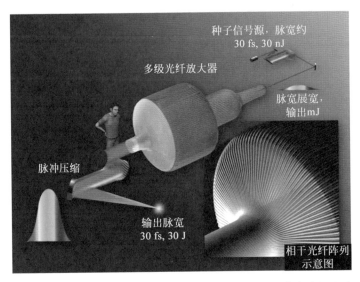

图 9.3.2 ICAN 项目通过数万根相位相同的飞秒光纤激光光源合束
实现几十焦耳高脉冲能量飞秒激光输出的示意图[9]

ICAN 项目展现了通过高效率飞秒光纤激光技术和相干合束技术实现脉宽百飞秒、峰值功率百太瓦($100×10^{12}$ W)的超强激光输出的前景。

9.4 单频窄线宽光纤激光器的未来应用前景

单频窄线宽激光器主要用于分布式光纤声波传感系统、水听器、高精度相干激光雷达成像、遥感探测、激光原子冷却、空间激光通信以及微波光子学等领域。光纤激光器是实现低成本单频窄线宽激光光源的有效途径[11]。1 kHz 以下线宽的单频窄线宽激光光源由于其超长的相干长度,可以用于百公里以上超远距离、超高空间分辨精度(1 m 以下)的激光遥感测距。因此未来单频窄线宽光纤激光器必然会向百赫兹量级线宽发展,这具体需要通过对光纤谐振腔参数和光纤结构进行更为精确的设计和控制。另外,在功率方面,目前在单频窄线宽光纤激光器的单纤输出功率已经接近千瓦[13],未来在功率方面必然会向千瓦以上发展,这需要抑制受激布里渊散射等导致线宽和激光效率退化的有害非线性效应,具体可以通过光纤结构和激光腔的控制来实现。

总之,光纤激光技术朝着"更高功率、更短脉冲、更窄线宽、任意模场"的方向发展和更新,从而满足更广泛、更高端的应用需求,更好地服务国防、国民经济和人民生活。

参考文献与深入阅读

[1] 最新发布：2020 年光纤激光器行业深度报告［EB/OL］.［2020-07-12］. https://www.sohu.com/a/407167029_100034932.

[2] 工博会万瓦成标配 国产激光器走向高端应用势在必行［EB/OL］.［2020-09-17］. https://laser.ofweek.com/2020-09/ART-240002-8500-30459483.html.

[3] 激光器国产替代已到万瓦级别 超高功率驱动激光产业链全线发展［EB/OL］.［2020-09-19］. https://laser.ofweek.com/2020-09/ART-240002-8500-30460035.html.

[4] 功能可调的光束整形方法［EB/OL］.［2020-06-28］. http://www.highlightoptics.com/Technology/237.html.

[5] 无飞溅焊接,我们是认真的！［EB/OL］.［2019-06-20］. https://laser.ofweek.com/2019-06/ART-240002-8130-30393938.html.

[6] YLS-AMB 系列：光束模式可调激光器［EB/OL］.［2023-05-18］. https://www.ipgphotonics.com/cn/products/lasers/high-power-cw-fiber-lasers/1-micron-3/yls-amb.

[7] 高端替代｜锐科展示高功率的更多可能［EB/OL］.［2020-09-17］. https://www.sohu.com/a/418995657_157139.

[8] 刘军,曾志男,梁晓燕,等. 超快超强激光及其科学应用发展趋势研究［J］. 中国工程科学, 2020,22(3)：42-48.

[9] MOUROU G,BROCKLESBY B,TAJIMA T,et al. The future is fibre accelerators［J］. Nature Photonics,2013,7(4)：258-261.

[10] BREITKOPF S,EIDAM T,KLENKE A,et al. A concept for multiterawatt fibre lasers based on coherent pulse stacking in passive cavities［J］. Light：Science & Applications, 2014,3：e211.

[11] YANG Z,LI C,XU S,et al. Single-Frequency Pulsed Fiber Lasers：Optical and Fiber Communications Reports 8［M］. Singapore：Springer,2019：97-104.

[12] ROBIN C,DAJANI I,PULFORD B. Modal instability-suppressing, single-frequency photonic crystal fiber amplifier with 811 W output power［J］. Optics Letters,2014,39(3)：666-669.

索　引

GT-WAVE 光纤　　145

ZBLAN 光纤　　121

包层泵浦　46

贝塞尔函数　19

泵浦　7

波动方程　2

布拉格反射(DBR)　95

掺铒光纤　24

掺杂浓度　33

超快脉冲　157

超连续谱　200

弛豫振荡　50

大模场光纤　140

单偏振　77

电磁波的衰减　3

电磁波谱　4

电偶极子　11

氟化物光纤　121

改进的气相沉积法　32

高斯函数　40

光谱合束　161

光束参数积　164

光束质量因子　143

光纤的结构　13

光纤的模式　16

光纤光栅　94

光栅分布式反馈(DFB)　95

光子晶体光纤　140

亥姆霍兹方程　5

混合掺杂　28

激光 3D 打印　231

激光清洗　227

级联泵浦　140

极化和偏振　11

交叉弛豫　108

可饱和吸收体　126

粒子数反转　7

能级　6

能流密度　2

偏振度　12

偏振取向　46

偏振受激截面比　50

频率上转换　94

全反射　12

受激布里渊散射(SBS)　144

受激辐射　7

受激拉曼散射(SRS)　144

数值孔径(NA)　15

双包层光纤　103

双折射　44

斯涅尔定律　14

斯托克斯效应　57

速率方程　7

锁模　94

调 Q　37

稀土溶液浸泡法　34

稀土元素　28

线宽　90

线偏振　12

相干合束　161

谐振腔　7

钇铝石榴石　26

引力波探测　240

荧光、超荧光和激光　8

预制棒　24

阈值条件　10

跃迁截面　59

增材制造　231

自发辐射　7